译文纪实

FAUST IN COPENHAGEN

Gino Segrè

[美]吉诺·塞格雷 著　　舍其 译

哥本哈根的浮士德

上海译文出版社

推荐序 量子力学：谁是魔鬼？谁是浮士德？

江晓原

本书是一位理论物理学家的作品，不过看来作者并不打算写一部物理学著作，也不打算写一部物理学史著作，而是打算尝试一种文学性的写作，这种写作方式有点像中国读者比较熟悉的非虚构写作。本书的书名《哥本哈根的浮士德》（*Faust in Copenhagen*：*A Struggle for the Soul of Physics*），也体现了这种文学性写作的强烈愿望。

作者以1932年4月在哥本哈根举行的一次小型年度聚会为切入点，试图描绘量子力学从诞生到确立这一过程中的某些历史画卷。对于一位理论物理学家来说，这确实是一种全新的尝试。

量子力学是一个逆子

念过理论物理或天体物理专业的人，都知道所谓“四大力学”，这是要完成一般的大学物理课程之后才念的高阶课程。四大力学从易到难，通常的先后顺序是这样的：理论力学、统计力学、电动力学、量子力学。量子力学公认是四大力学中最难学的一门。

量子力学之所以难学，是因为它非常像经典物理学这座贵族城堡中出现的一个逆子，这个逆子不仅行为乖张离经叛道，最后甚至

（从观念上）将祖传的城堡都弄坍塌了。四大力学中的前三大力学，都可以在经典物理学的贵族城堡中衣香鬓影自在逍遥（或者可以说它们都是这个城堡的一部分），但到量子力学，却要求学生在观念上欺师灭祖自毁长城，这不仅让刚刚被灌输了满脑子“实在论”“确定性”“实验可重复性”之类观念的理科生感觉难以接受，事实上不少物理课教师自己也很难“弄通思想”——他们往往很难从哲学上接受量子力学的一些具体结论。

按照某些物理学家的意见，量子力学可以“公正地被称为经典力学的智慧之子”。确实，这个逆子当初在经典物理学这一贵族之家的家族地位，是极为正式并且相当尊贵的，而且还颇受家族中诸头面人物的宠爱。但是不过二十几年时间，到量子力学“成人礼”的时候，经典物理学的贵族城堡已经被折腾得家翻宅乱。一些物理学家用文学比喻的语言描绘当时的情景：

> 牛顿力学处于深重的危机之中——机械决定论的宇宙崩溃了，现在宇宙仿佛处于“绝对的无政府状态”。
>
> 物理学家们就像一座着火的房子中的猫那样走投无路，而这幢房子（经典物理学的贵族城堡）对他们是多么重要啊！
>
> ……

量子力学之前世今生

有一种说法认为，量子力学诞生于1900年12月17日。这天其实在经典物理学贵族城堡中仍是岁月静好的一天，但不幸的是德国物理学家普朗克在柏林科学院物理学会做了一次关于热辐射理论的报告，这一天后来就被人们视为量子力学的诞辰。

普朗克提出，在热辐射中，能量不是像人们惯常想象的那样以连续的形态输出，而是以一小包一小包的形态输出。这一小包一小包的能量被称为“能量子”，普朗克给出了如下简单的关系式：

$$E = hv$$

其中，E 为能量，v 为量子的频率，h 通常被称为“普朗克常数”，其数值为：6×10^{-27} 尔格·秒。“量子”的概念由此诞生——经典物理学世界中的连续性被破坏了。

不过当时科学界对普朗克的报告反应并不热烈，毕竟人们（包括普朗克本人）还完全无法想象量子力学这个逆子会弄出多大的麻烦。

如果我们继续沿用前面的比喻，那么这个逆子长到五岁那年，世界上又出了一件和量子力学有关的大事。

那是 1905 年，我们知道这一年还有一个响亮的名字——“爱因斯坦奇迹年”。在这一年，不知名的专利局小职员爱因斯坦一下发表了五篇物理学论文，狭义相对论就是在这一年创立的。爱因斯坦至死没有因为相对论而获得诺贝尔物理学奖，但诺贝尔委员会以“光电效应”为理由给了他一个（1921 年）。“光电效应”就是爱因斯坦在 1905 年另一篇论文中讨论的主题。

爱因斯坦提出了“光量子”的概念，他认为光无非就是一束“能量子”形成的流，而同一波长的所有量子都携带着同样的能量。这些“光量子”后来就得名“光子”。这种观念和普朗克的“量子”异曲同工，又一次破坏了经典物理学世界的和谐安宁——经典物理学认为光是一种电磁波，四大力学的“电动力学”中就包括电磁波的系统理论。

其实光的微粒说之前就有，但麦克斯韦的电磁理论将光视为一种波，并且在理论和实验上都取得了完美的证明，微粒说已经被放弃许久了。而现在完美无瑕的电磁理论竟然无法解释光电效应——因此爱因斯坦主张用“光的波粒二象性”来解释光电效应，微粒说再次复活，光的本质再次成为未解之谜。物理学家们为光是粒子还是波，以及如何理解光的本质，喋喋不休争论了二十年，没想到在1924年，他们迎来了量子力学的成人礼。

这一年的英国《哲学杂志》9月号，发表了法国人德布罗意的一篇文章，德布罗意提出了“物质波”的概念。这个概念是如此的石破天惊，如此的难以理解，所以有时候人们索性就称之为“德布罗意波”。

德布罗意出身法国贵族（1960年他承袭了公爵和亲王两个贵族头衔），大学念的是索邦神学院（今巴黎大学的前身），本来学的是历史，但后来改念物理，甚至还得了诺贝尔物理学奖（1929年）。相传他得诺贝尔物理学奖的论文只有半页长，记得当年笔者在南京大学念天体物理专业，有一次量子力学课测验，一道难题全班无人答对，事后教授告诉大家：这道题是根据德布罗意得诺奖的论文改编的，“你们要是能答对就怪了”。听教授这么一说，班上那些尖子同学才释然了。

所谓“物质波”，简单粗暴地说就是“世间万物只要运动就会产生波”，它也有一个十分简单的关系式：

$$\lambda = h/mv$$

其中，λ表示德布罗意波的波长，h 还是普朗克常数，m 是物体质量，v 是物体的运动速度。上式明显提示我们，当物体静止时，波即消失。因为 $v=0$ 时，波长就变成无穷大，而无穷大的波长当然意味着波的消失。别看这个简单的关系式好像人畜无害的样子，实际上对经典物理学贻害无穷。

按照德布罗意的想法，物质波就好比一个粒子在冲浪——粒子坐在波上随波而驰，而波是粒子自身产生出来的。换句话说，就是“粒子骑在自己的波上”，这真是一种难以理解的滑稽而且怪诞的意象，被一些人戏称为“半人半马的怪物”，但用来说明“光的波粒二象性”倒似乎又言之成理。

对经典物理学来说，德布罗意波的出现简直就是一场浩劫。因为物理学家们发现：德布罗意波是一种“几率波”，这种波以几率（而不是完全准确的）形式决定着粒子（比如电子）的运动。

尽管在经典物理学中，几率也有一席之地，比如统计力学中处理气体的温度、密度、压强等关系时，就会使用几率理论。但这种使用是在“我们可以写出每一个气体分子的运动方程式，只是太多太烦而已”的假定之上，换句话说，使用几率理论只是某种“抄近道”的做法，经典物理学世界的确定性并未因此发生动摇。但几率波——即德布罗意所主张的物质波——却断然否认了这种确定性。

因为可恶的德布罗意波竟构成了现代量子力学的基础，所以我们将它视为量子力学的成年礼。逆子已经长大成人，经典物理学贵族城堡的坍塌已经指日可待，现在就差最后的一场地震了。

1927 年夏天，在布鲁塞尔的世界物理学家大会上，据说德布罗意的学说“遭到了全体一致的否定”（然而这并不妨碍他在两年后获得诺贝尔物理学奖），引领风骚的人物换成了两位德国青年物理学家，海森堡和薛定谔，有人认为这两人决定了此后量子力学的发展方向。

海森堡最出名的当然就是“测不准原理”，该原理也有一个相当简洁的关系式：

$$\Delta x \Delta v_x \geqslant h/2\pi m$$

一眼就能看出，上式和德布罗意波表达式有着明显的血缘关系。左端 Δx 是粒子在 X 轴上位置的测不准量，Δv_x 是粒子在 X 轴上速度的测不准量，该两项的乘积大于或等于右端，右端的 h 仍为普朗克常数，m 是粒子的质量。

只要通过移项的数学游戏，就能知道，左端两个测不准量中的任何一个为 0 时，另一个必为无穷大。换句话说，当我们能够准确确定粒子的位置时（$\Delta x = 0$），粒子的速度必为无穷大，而无穷大的速度意味着粒子的速度完全无法确定；而当我们能够准确确定粒子的速度时（$\Delta v_x=0$），粒子位置的测不准量变成无穷大，这意味着我们完全无法知道粒子此刻位于何处。

至于著名的“薛定谔的猫”，其实只是文学性的修辞或比喻，虽然在文人作品中经常被提起，其实严肃的物理学家基本上不屑于谈论这只猫。

量子力学此后的各种进展，总体上已无关紧要。测不准原理和薛定谔的猫，其实做了同一件事——宣告了经典物理学世界的确定性的崩溃。从今以后，按照量子力学理论，严格的因果关系已经从本质上成为无法证实的事情。狄拉克甚至说：“理论物理……完全不必对现象的整个过程作出任何满意的描述。”因为现在已经根本没有任何圆满的方法，可以从时间和空间、原因与结果这样传统的观点来描述微观世界的事件了。

既有浮士德，那魔鬼是谁？

本书既然用《哥本哈根的浮士德》作为书名，来讲述参与创立量子力学的物理学家们的故事，读者当然会产生“谁是浮士德、谁是魔鬼”这样的问题。

量子力学的创立，与我们通常熟悉的富有个人英雄主义色彩的科学理论诞生故事颇有不同。量子力学的诞生，可以说是一次集体创作，任何单个人署名都是不合适的。我们将万有引力归于牛顿名下，将相对论归于爱因斯坦名下，通常不会有任何问题。人们至多谈论某些人可能对万有引力或相对论有过“启发”或“影响”，但绝不会认为有人应该和牛顿或爱因斯坦联合署名。

本书从 1932 年哥本哈根的一次聚会切入，聚会中共有七人（实际上是六人）：玻尔、狄拉克、海森堡、泡利（往年他都会参加这个年度聚会，但这次缺席了，不过作者认为“他在精神上与他们同在”）、德尔布吕克、埃伦费斯特、迈特纳（七人中唯一的女性）。

如果要在量子力学这一集体创作上署名，上述七人名单中的前四人：玻尔、狄拉克、海森堡、泡利都有资格。当然，在这个七人聚会名单之外，至少还有四人应该参与署名，笔者已经在上文谈到了他们的故事：普朗克、爱因斯坦、德布罗意、薛定谔。至于这八个有资格署名的人应该如何排序，那就见仁见智，无法定论了。他们自己活着的时候，肯定也没有好好商量过。如果按照笔者上面叙述的故事梗概，可以这样排序：

普朗克、爱因斯坦、玻尔、德布罗意、海森堡、薛定谔、泡利、狄拉克。

因为要描绘量子力学创立者们的群像，本书自然对参与哥本哈根年度聚会诸人的故事叙述较多，但为了照顾故事的完整，对爱因斯坦、德布罗意和薛定谔也有叙述。

至于究竟谁是浮士德、谁是魔鬼，这个问题同样见仁见智。本书记述年度聚会诸人排了一出幽默短剧，以纪念歌德逝世一百周年，短剧中魔鬼的角色派给了泡利（但本书开头说泡利没有出席此次聚会，不知他们如何解决这个问题）。

其实按照笔者的意见，在这里浮士德是一个群体，所有参与量子力学创立的各位物理学家都是浮士德，魔鬼则毫无疑问就是——量子力学。

2024 年 6 月 18 日

于上海交通大学科学史与科学文化研究院

1. 约翰 · 沃尔夫冈 · 冯 · 歌德肖像，在罗马平原上，歌德友人约翰 · 蒂施贝因（Johann Tischbein）绘，1787年。

2. 莉泽 · 迈特纳站在柏林的一座花园里，约1910年。

3．阿尔伯特·爱因斯坦与保罗·埃伦费斯特父子在埃伦费斯特位于莱顿的家中，1919 年。

4．爱因斯坦与玻尔在柏林的一条街上散步，1920 年。

5. “僧人免进学术研讨会”，柏林，1920 年。迈特纳居中，右侧为玻尔，奥托·哈恩在她背后。

6. 尼尔斯与玛格丽特·玻尔，1920 年代初。

7. 恩里科·费米、维尔纳·海森堡和沃尔夫冈·泡利于夏季物理学会议期间在科莫湖的一艘游船上，1927 年。

8. 第五次索尔维会议，1927 年 10 月。前排左起第二位是马克斯·普朗克，向右依次为居里夫人、亨德里克·洛伦兹和爱因斯坦。第二排位于居里夫人和洛伦兹之间的是亨德里克·克喇末，其左侧为保罗·狄拉克，跳过一位后向右依次为路易·德布罗意、马克斯·玻恩和玻尔。第三排左起第三位是埃伦费斯特，埃尔温·薛定谔居中，右起第三位和第四位分别是海森堡和泡利。

9．狄拉克和海森堡站在一起，约1928年。

10．泡利和埃伦费斯特坐在前往哥本哈根的渡轮甲板上，1930年4月。

11．1930年的哥本哈根会议。前排左起：奥斯卡·克莱因、玻尔、海森堡、泡利、乔治·伽莫夫、列夫·朗道和克喇末。第二排的费利克斯·布洛赫在伽莫夫正后方，鲁道夫·派尔斯在海森堡和泡利之间。

12．玻尔和海森堡一起滑雪，1930年代初。

13．朗道、伽莫夫和爱德华·特勒（Edward Teller）与玻尔的两个孩子在哥本哈根，1933年初。

14．1933年的哥本哈根会议。前排左起：玻尔、狄拉克、海森堡、埃伦费斯特、德尔布吕克和迈特纳。第二排的卡尔·弗里德里希·冯·魏茨泽克在玻尔正后方，派尔斯在第二排最右。第三排右起第二位是布洛赫，第四排最右是维克托·韦斯科普夫。

15. 斯德哥尔摩火车站，1933年12月。右起：薛定谔、海森堡、狄拉克、狄拉克的妈妈、薛定谔的妻子以及海森堡的妈妈。海森堡与妈妈一同前来领取1932年的诺贝尔物理学奖（1933年才颁发）。狄拉克在妈妈陪同下，薛定谔在妻子安妮陪同下前来领取两人共同获得的1933年诺贝尔物理学奖。

16．1936年哥本哈根会议期间，玻尔、玻恩和德尔布吕克在会间休息时讨论问题。

17．泡利和玻尔在观察一个旋转的陀螺，1950年代中期。

18．子孙绕膝的尼尔斯和玛格丽特·玻尔，1955年，玻尔七十大寿。

19．狄拉克和理查德·费曼在一次会议上讨论物理学问题，1962年。

纪念乔治·伽莫夫

目　录

引 言

本书说的是七名物理学家，六男一女，参加了 1932 年 4 月在哥本哈根举行的一次小型年度集会。说实话，其中真正出席的只有六人。缺席的那位是沃尔夫冈·泡利（Wolfgang Pauli），本来他打算跟前些年一样也参加的，但后来在那年春天，却决定去度假。不过我们也会看到，他在精神上与他们同在。

如果让物理学家们来评选 20 世纪最顶尖的十大物理学家，大部分人都会把这七人中的四位——尼尔斯·玻尔（Niels Bohr）、保罗·狄拉克（Paul Dirac）、维尔纳·海森堡（Werner Heisenberg）和沃尔夫冈·泡利——列上去。无论是谁来列选这个世纪最重要的实验物理学家，七人中唯一的女性莉泽·迈特纳（Lise Meitner）也肯定会榜上有名。七人中还有一位名叫马克斯·德尔布吕克（Max Delbrück），在这次会议后不久就转行去了别的领域，但他仍一直自视为物理学家。后来他成了现代分子生物学的奠基人之一，在该领域的十大科学家中也有其一席之地。他们所有人，都教导了未来整整一代的科学家。七人中的最后一位，保罗·埃伦费斯特（Paul Ehrenfest），也许算得上是他们当中最伟大的老师。

物理学很幸运，因为在这样一个时刻，在那么多人的创造和影响下，发生了名为量子力学的伟大科学革命。实际上我们可以说，这场革命就是因为他们才发生的。20 世纪的物理学还有一次重大的离经叛道，那就是相对论，而量子力学革命的发展与相对论截然不同。1905 年提出的狭义相对论和 1916 年提出的广义相对论完全是阿尔伯特·爱因斯坦（Albert Einstein）一个人的功劳。此外，无论是狭义相对论还是广义相对论，在爱因斯坦最早提出时就已经是基本完整的形式，不需要改进，也不需要做出进一步阐释。但是，量子力学是在经历了漫长的积累期后，才于 1925 年到 1926 年间成形的，其细节随着时间的推移而不断演变，关于其含义的争论也持续了很多年。跟相对论不同，量子力学是很多人共同努力的结果，在推敲量子理论的过程中，他们常常会为其中一些结论而吵得不可开交。那一时期量子力学的最终版本，也就是所谓的哥本哈根诠释并没有被普遍接受，就连这场科学革命的部分缔造者都对此抱有异见。质疑从未停止。

泡利、海森堡、狄拉克等人一起创造了非凡的成就，而在实际意义上，这些成就给我们生活带来的改变，比 20 世纪其他任何科学变革都更加剧烈。这场科学革命带来的创造发明，比如晶体管和激光，既是影响我们日常生活的实际应用，也是未来进行研究的工具。

然而，本书讲述的是科学发展中的人，不仅描述这些物理学家做了什么，也讲述他们是如何做到的，他们自己又是什么样子的人。本书重点讲述这七个人的故事，但其他人也发挥了重要作用。至于说他们都是什么样子，这个问题无法一语道尽，因为跟其他随便什么团体一样，物理学家之间也是千差万别的。在他们当中，我们会看到有喜欢交际的人也有内向孤僻的人，有见异思迁的人也有忠贞不贰的人，有从不挪窝的人也有满世界游荡的人；有的人很有节制，有的人嗜酒如命。他们当中热爱音乐和喜欢登山的可能多得不成比例，但原因或许是有人就是这么告诉他们的，说物理学家都喜欢干这些事。他们的工作习惯也千差万别：有人喜欢一大早就开始干活，也有些人是夜猫子；有人总是独来独往，也有些人需要跟同行议论相长。但量子理论的这些奠基人有一个共同点：他们都是理论物理领域的天才。

他们还有一个共同特征，也许跟他们都是理论物理天才是有关系的。有三位科学家都出生于1900年到1902年之间，也都因为早慧而卓尔不群——泡利、海森堡和狄拉克，在二十多岁时就已成为该领域初创工作的领头羊。几位老一辈的理论物理学家，特别是玻尔、爱因斯坦、马克斯·玻恩（Max Born）和埃尔温·薛定谔（Erwin Schrödinger），在这场科学革命中同样发挥了极为重要的作用，但主要参与者都年轻有为仍是这场革命的显著特征。步入而立之年时，他们全都已经显露出自己的能力，也已经在这个领域声名鹊起。更准确地说，除薛定谔之外，他们在三十岁之前都已经取得了重大成就，而薛定谔也可能只是因为在二十五岁到三十岁之间恰逢第一次世界大战而去服了兵役，才延缓了自己在学术方面的发展。

在所有这些物理学家当中，有一位显得尤其与众不同，不仅因为他的思想和成就，也因为他对这个领域及其他人的个人影响。在玻尔的讣告中，海森堡写道："玻尔对我们这个世纪的物理学和物理学家的影响比任何人都大，就连爱因斯坦都比不上他。"乍一听你可能会觉得，这就是讣告当中常见的那种溢美之词，但海森堡并不喜欢言过其实。读到这句评语我也很惊讶，因为我们这代人对玻尔并不这么看（我承认，我也是理论物理学家，但很难跻身天才之列）。但我越是深入探寻，就越发现这句话有多实在。这一评价并不是在比较学识上的贡献后得出的，因为爱因斯坦在这方面的贡献显然比玻尔要大得多。它说的是玻尔的风格如何影响了物理学家们思考和工作的方式，他们如何一个个地同时也是同心协力地努力寻找答案，如何跟他们的导师、同行和学生建立联系。通过施加这种影响，玻尔也成了20世纪人们最敬爱的理论物理学家。

是的，敬爱。青年物理学家对所有这些伟人都会感到敬重和钦佩，但敬爱又是另一回事。然而在一本本回忆录中，物理学家们说到玻尔时，这个词总会反复出现。本书有很大一部分就致力于解释为什么会这样，在玻尔的人格中，他的行为、他的思考和工作方式中，究竟是什么让人们对他这么深情。

人们喜爱玻尔有很多因素，其中之一是玻尔从不矫揉造作，或者说装腔作势。他身上完全没有个人野心和夸夸其谈的痕迹，尽管他们这些天才中似乎本来也很少有人有这种需求。他们对自己的地位全都心知肚明，然而玻尔对这种事情有一种近乎孩童般的天真。此外，为了让别人的工作得以改进、生活得以改善，他也不遗余力。有无数的例子表明，很多人能够得到自己的职位、开创自己的事业，有时候甚至是能够活下来，都有他的功劳。他知道谁需要帮助，什么时候以及如何去干预，怎么做出改变。

除了上面提到的这些，玻尔身上还有一个特质，似乎也起了相当大的作用。跟他人关联起来，或者用玻尔的传记作家亚伯拉罕·佩斯（Abraham Pais）的说法，跟别人成为联体，是玻尔的一种需求，几乎也可以说是他的必需。他的讨论是以苏格拉底式的对话形式进行的，他通过这种讨论慢慢形成了自己的思想，因此甚至有人说他其实是个哲学家而非物理学家。玻尔酷爱悖论与佯谬，认为能从多个方面看问题才是解决和廓清问题的正确方法。他的密友爱因斯坦就描述他说："他的观点就好像来自一个一直在努力寻找答案的人，从来都不像出自一个相信自己掌握着整个决定性真理的人。"这句评论一语中的，抓住了玻尔的精髓——他一直在为那个决定性的真理全力以赴。

玻尔跟别人成为联体的需求，也表现在他的娱乐活动上，无论是去滑雪、玩帆船，还是随便散散步、玩玩游戏，又或是看看电影。他会让别人感到自己被需要，因为他确实需要他们。玻尔无疑是个伟人，也从来都天真无邪，但他一直吸引着那些与之打交道的人，这也是让他们感到自己敬爱玻尔的重要原因。

这些理论物理学家中还有一位也很值得敬爱，尽管他身边的人用这个词时会很谨慎。后来有人觉得，对他的敬爱比人们对玻尔的敬爱更叫人费解。他跟玻尔形成了很有意思的对比，因为玻尔总是彬彬有礼，而沃尔夫冈·泡利总是粗鲁不堪。他的出言不逊和格言警句都成了传奇，而传奇的一部分在于人们认识到，他损人的时候不分地位也不分年龄。爱因斯坦、玻尔和海森堡都很可能会像学生一样被他贬损一番。而这么做的时候，他从来都不是故意要伤害别人。著名物理学家维克托·韦斯科普夫（Victor Weisskopf）曾说："泡利的诚实就跟小孩子差不多，他总是会把自己的真实想法直接表达出来。"随后又补充道，只要习惯了他的风格，他这个人还是很好相处的。

泡利可能会损你，但从来不会对你视而不见，而他针对你的尖刻话语也会马上成为一种荣誉徽章，在朋友圈里广为流传。泡利很有妙语连珠的天赋，损人的时候经常会很好玩。只有他会这么描述一个人："还这么年轻，就已经那么寂寂无名了。"但他富有表现力的话语传达了真实的情感和忠诚。在量子力学革命正如火如荼之际，玻尔和泡利在一次会议上碰过面，三十多年后玻尔对一位历史学者说起当时他们之间的一次典型交流："我碰到泡利，他对我的背叛表达了最强烈的不满，以这种我们都极为珍视的情感表达方式，强烈谴责了原子物理应该引入新异端的观点。"

运动型的玻尔喜欢远足、滑雪和劈柴，胖乎乎的泡利则更中意歌舞喜剧表演和葡萄美酒夜光杯。玻尔膝下有六个儿子，都是他的挚爱，泡利则没有子嗣。玻尔对自己的祖国丹麦一直深深依恋，第二次世界大战后也一直在为世界和平和裁军孜孜不倦地努力。泡利对全球事务意兴阑珊，他生活在典型的中立国瑞士，成了物理学研究的象征，人间烟火与他毫无瓜葛。泡利的缺点和瑕疵当然比玻尔多，但我们也知道，并不是只有纯洁无瑕的人才值得敬爱。韦斯科普夫对那个时代的所有物理学天才都非常了解，他在办公桌上放了一张泡利的照片，并承认泡利是他"学识上的父亲"。

他们俩之间的鲜明对比，人们对他们俩的喜爱之情，以及他们彼此之间的喜爱之情，在 1932 年 4 月的那次哥本哈根会议上，通过青年物理学家们上演的一出滑稽短剧表现得淋漓尽致。那一年也是约翰·沃尔夫冈·冯·歌德（Johann Wolfgang von Goethe）逝世一百周年，这位人文主义者和科学家的逝去，被广泛认为是人类失去了最后一位真正的全才。欧洲各地都举行了纪念歌德逝世一百周年的活动，因此在哥本哈根一年一度非正式聚会的这一小群物理学家决定，自己也来办一场纪念活动。活动以一出幽默短剧的形式展开，以戏说的方式把歌德的伟大剧作《浮士德》改编到物理学世界中。剧本主要由德尔布吕克执笔，其中高贵的玻尔被写成天主，喜欢冷嘲热讽的泡利成了魔鬼梅菲斯特，而感到苦恼的埃伦费斯特则成了浮士德。在歌德的《浮士德》中，梅菲斯特的台词最为诙谐，而泡利在现实生活中讲话时也确实总是妙语连珠。

这出滑稽短剧意在让人们从长达一周的激烈讨论中解放出来，也是这些非常年轻的物理学从业者眼中的物理学世界的迷人写照。在这部戏说作品中，他们既是编剧和制片，也是实际登台表演的人。这些青年物理学家尽管在剧中亲昵地戏谑着他们杰出的前辈（其中很多人比他们都大不了几岁），但他们都非常清楚，玻尔、狄拉克、海森堡和泡利都在二十五岁出头的时候就已经对这个领域做出了足以彪炳千秋的贡献。他们也都记得，歌德的《浮士德》中学士发出的警告：

> 一个人过了三十岁年龄，
> 他就已经像死了一样。
>
> （《浮士德》，第二部，第二幕，222—223）[①]

并为自己不久的将来担着心。

---

① 本书中歌德《浮士德》译文均采自上海译文出版社钱春绮译本。——译者

举行会议的那一年对他们来说是极为关键的一年。我们会看到，仲夏时节发现的正电子，也就是电子的反物质对应，标志着狭义相对论和量子力学开始走到了一起。对物理学界来说，这就意味着除了少数几种不同寻常的例外情形，实验验证物理学革命的过程已经完成，而这场革命仍然是20世纪中影响最为深远的。

除此之外，就在会议召开前发现的中子，会议结束几个月后又在实验室实现的首次人工诱导核裂变，也开启了物理学的另一场革命，引领我们进入核物理时代。这场革命对我们世界观的影响，以及对人类毁灭世界的可能性的影响，仍然笼罩在我们头上。

这一年也见证了回旋加速器研究的开端，标志着物理学研究从小科学向大科学的转变。尽管詹姆斯·查德威克（James Chadwick）是单枪匹马发现的中子，但回旋加速器的工作需要专家团队和相当规模的资金来源才能进行，如今这类大型实验已经司空见惯。这次会议开完仅仅七年后，持怀疑态度的玻尔就评论称，制造核武器所需的裂变材料，打个比方说，只有“把美国变成一个大工厂”才能得到。后来也确实不幸言中。

1932年的这些科学发现（因此有时候也把这一年叫做实验物理学的奇迹之年），同样将物理学的重心从理论转到了实验，从用纸笔完成的研究转到在实验室里用复杂工具进行的研究。这两种工作模式必然应是齐头并进的，但总会有些时候一个占据了舞台中央，而一些时候又轮到另一个来唱主角。量子物理的理论进展主导了会议之前的十年，然而在实验室里取得的进步成了紧随这次会议之后那段时期的标志。

哥本哈根上演的这出短剧以发现中子结尾，指出了这一转变。该剧也预先昭示了这些物理学家，无论是年轻的还是年长的，在后来的岁月里会遇到的很多个人问题，细想之下很让人觉得诡异。回过头来我们可以看到，1932年对他们来说是一个分水岭。在那之前，他们只是一个很小的圈子，他们中间仅有的紧张气氛是谁会率先实现大家都在孜孜以求的目标。他们一起工作，一起吃饭，一起旅行，一起游泳，一起玩音乐，一起爬山。最重要的是，这些物理学家之间总有说不完的话，有时候是作为敌手，但只是学术意义上的，因为说到底，他们都是志同道合的朋友。1933 年 1 月，阿道夫·希特勒在德国登上了权力宝座，他们这种意气相投的氛围也成了绝唱。

尽管本书聚焦的七名物理学家没有一人是严格意义上的宗教信徒，但包括玻尔在内共有四人至少拥有部分犹太血统。到了 1933 年，他们不得不开始担心人身安全问题并考虑移民。略超过十年后，这个物理学小圈子里的很多人都发现，他们陷入了一场彼此之间你死我活的战斗之中，被迫像浮士德一样和魔鬼做交易，而这些事情几年前根本无法想象。

本书包含了大量科学内容，只要表述的时候不动用方程这种理论物理学的通用语言，大家看着应该也不会感觉头大。我努力在这些限制条件下准确描述这些概念，希望不会给好奇的读者带来太大的负担，但同时也能对读者有些挑战。本书最着意强调的是这七个人的小团体以及他们身边的小圈子如何面对彼此，又如何面对他们自己的魔鬼。为了达到这个目标，我回溯了这场会议之前的十多年时间，以便了解他们都是怎么形成自己的信念和个性的，并从这场会议出发顺流而下，追踪他们的行动都带来了哪些直接后果。

我在物理学这一行摸爬滚打了一辈子，不否认自己对这行会有先入为主的看法，但这些人，个顶个的都是真正的巨人。我们往往没法知道，最近的科学发展中有什么能经受住时间的考验，但他们这些人的贡献肯定会万古长青。他们的成功要部分归因于他们在这个关键时刻——量子力学和核物理学的黎明时分——朝气蓬勃又豪情万丈，他们把握住了这一时刻，让这个领域得以成形。他们的成就是齐心协力的产物：他们中间有人以原创性见长，有人专擅批判，还有人比别人更加大胆，他们一起创造了历史上的一个神奇瞬间。

数百年后，他们的名字也许只会在科学教材的脚注中出现，但他们的贡献仍将继续影响我们后人的思维方式。

1932 年 4 月，有一小群人聚在哥本哈根的一个房间里举行了一次为期一周的会议，他们是这个非凡时代的缩影，而这一时刻，就是本书所述故事的关键。我想先跟你们讲讲这个故事是怎么开始的，以及我为什么要写这个故事，大家且听我道来。

第一章　慕尼黑今昔

就这样通过这狭隘的木棚，
请去跨越宇宙的全境，
以一种从容不迫的速度，
遍游天上人间和地狱。

（歌德《浮士德》，舞台序幕，240—243）

几年前我曾飞往德国慕尼黑，去参加一个关于中微子物理的国际会议，这是我的研究领域。我一直忙到会议开始的前一天晚上才得以动身，所以当我飞往欧洲的航班降落时，其他与会者都正在赶往会场的路上。从机场乘坐火车来到市中心，在入住的酒店火速冲了个澡，刮过胡子吃了早饭，我便从酒店动身前去赶场，但我觉得在去面对四五百名中微子专家之前，呼吸一些新鲜空气对我会很有好处。会议在慕尼黑工业大学举行，走四十分钟的路，穿过让人心旷神怡的慕尼黑市中心前往那里正是现在的我所需要的。那是5月中旬一个美丽的早晨，轻轻松松地散个步能帮我厘清思路，让我为即将到来的错综复杂的讨论做好准备。

那天早上我脑子里最主要想到的，是七十多年前沃尔夫冈·泡利提出的一个想法，就是中微子这种不太可能存在的粒子确实存在。1920年代，人们还认为物质完全由电子和质子组成。假设还存在另外一种实体，它不带电，几乎没有质量，能够畅通无阻不留痕迹地穿过几乎所有测量设备，这听起来简直是天方夜谭。而现在物理学家已经确认了各种各样的基本粒子，还起了好多五花八门的名字，比如夸克、轻子和胶子。基本粒子真是太多了，再引入什么新粒子也见怪不怪了，但在 1930 年这么做仍事关重大，一点儿都不像泡利会干的事儿。他在物理学研究中保守成性，一贯不会提出缺乏可靠实验支持的猜想。

从某些角度来看，泡利的中微子更像是他大学时代的好友维尔纳·海森堡会提出的那种假说。尽管很多人都认为泡利的天资超过海森堡，但他没有海森堡那么大胆，也不像海森堡那样勇于创新。泡利去世十年后，海森堡在他们两人之间作了个比较：

> 泡利的性格跟我不一样。他比我挑剔得多，而且总想一心二用。而我觉得一心二用真的好难，就连最优秀的物理学家也很难做到。他先是试着在实验中找到灵感，并以一种直观的方式查看事物是如何联系起来的。与此同时，他也会让自己的直觉合理化，并找到一个严密的数学框架，这样就能证明他断定的一切内容。我觉得，到这儿就不堪重负啦。

海森堡的评价是对的。泡利的物理学研究更讲究章法，但这一回提出中微子存在时，他确实把一贯的谨慎放在了一边。他并没有一个“严密的数学框架”把这种神秘粒子套进去，甚至再过几年也不会有。当然，他只是非正式地讨论了自己的想法，并未公开发表，所以泡利仍然遵循了自己很高的科学标准。然而他也知道自己的声望有多高，他提出的任何想法，无论发表与否，都会被认真对待。

参会第一天，我走在慕尼黑的大街上，边走边想泡利会怎么看科学界现在从事中微子物理研究的这几千号人。我们当中，包括我在内，有一些是理论物理学家。我们会在上午走进办公室，研究一下实验数据，检查一下我们那些理论的方程式，跟我们的学生及合作者聊一聊，同时尝试为这些难以捉摸的粒子的稀奇古怪的行为找到一两种解释。我们做实验的同行分布在全球各地，有的在巨大的加速器上埋头苦干，但很多时候都身处矿井里或山体下那深埋地下的坑洞中。他们会在那种地方，是因为观察中微子最好是让测量仪器屏蔽掉杂乱无章的干扰信号，而要做到这一点，没有比1000多米厚的岩石更有效的了。每过一两年，就会有一群中微子物理学家聚在一起，一边交换意见，一边讨论未来的计划。这一次我们全都跑到慕尼黑来，就是这个原因。

时差倒得我头疼，我的思绪也飞到了1918年秋天泡利从家乡维也纳来到慕尼黑的时候，遥想着那时候他看到的慕尼黑会是什么样子。那年他十八岁，对科学的追求让他来到了巴伐利亚王国的首都。维也纳正走向没落，所以经过考虑，泡利认定慕尼黑大学是最适合他学习的地方，尤其是如果能在阿诺尔德·索末菲（Arnold Sommerfeld）的指导下学习的话——他可是慕尼黑大学理论物理学的高级教授，也是不断壮大的量子物理学领域公认的领军人物。

对实验物理学来说那个年代可比现在简单多了。那时候还没有大型实验室，不需要电子或计算专家，不需要数百万美元的仪器，也不需要费劲巴拉地到处找资金。那时的理论物理学很大程度上跟今天的样子差不多，对大部分人来说就是单枪匹马一路追寻的过程，而对另一些人来说也就是两三个人一起工作的合作过程。跟今天一样，无论是理论物理学家还是实验物理学家，主要的训练都开始于在一位年长的大师那里当学徒，老师把问题分配给学生去攻克（有时候会是些学界尚未解决的问题），并把处理方法的细节教给他们。

泡利的导师阿诺尔德·索末菲是这个世界上泡利唯一且始终尊崇有加的人。后来同僚们若是看到喜欢损人的泡利在跟索末菲讨论问题的时候毕恭毕敬地说“是的呢枢密顾问先生，对，这样子最有意思，但是我也许会更喜欢……”就会忍俊不禁。这位伟大的老师很快就认识到他门下这位青年才俊的天分，对他鼓励有加，还帮助他开创了事业。索末菲把年轻的泡利引向量子理论，这是当时他自己正在潜心研究的领域，与此同时，他也叫泡利准备写一篇讲述相对论的百科全书式的综述文章。结果这篇文章影响力惊人且备受赞誉，就连爱因斯坦在谈到泡利这篇文章时都说：

> 任何一个仔细揣摩过这篇深思熟虑、立意宏远的作品的人都不会相信，作者是位年仅二十一岁的年轻人。你可能会琢磨到底哪一点最值得钦佩，是从心理学角度出发对思想演变的理解，是深刻的物理洞见，是晓畅、系统的陈述能力与文献知识，是对该主题物理思想的通盘掌握，还是有十足把握的批判性评价。

三年后，仍然把全部注意力都集中在量子理论上的泡利发现了不相容原理，这是20世纪最为关键的科学思想之一，这个世界上从最小到最大的所有结构都深受其影响。为什么原子会排布成我们称之为元素周期表的美丽结构？为什么恒星在耗尽核燃料之后并不是全都会坍缩成黑洞？这两个问题的答案都在于泡利不相容原理规定的物质特性，这一原理就是亚原子成分的组织原则。

泡利真是非同凡响。

泡利第一次来到慕尼黑是在第一次世界大战刚刚结束后，那时他看到的样子一定跟今天这座美丽的城市别无二致，当年这个地方就很美，今天依然如此。第二次世界大战期间的地毯式轰炸摧毁了德累斯顿、汉堡、科隆等德国主要城市，然而慕尼黑却幸免于难，仍然保留着整饬的街道，两旁都是秀美的巴洛克式古老建筑、上世纪末的豪华公寓、雅致的糕点咖啡屋，还有19世纪初规划的美轮美奂的公园——英国花园。

这些思考让我有了更多的个人视角。我们无时无刻不在努力让生活变得有意义，在这番努力中，时不时会出现这样的瞬间：来自久远过去的一些片段重新排列起来，此前从未留意的模式出现了。

也许除了我们看待这些事件的角度之外一切都没有改变，但新的视角暗示了别样的含义，甚至指出了以前我们浑然不觉的关联。我也不知道这一切都是怎么发生的，但在5月的那个早晨，我就经历了这样一个时刻。当我意识到，我妈妈卡蒂娅跟泡利一样，也是在1918年秋天第一次来到慕尼黑的时候，一连串记忆涌上了我的心头。她当年也是十八岁，只比泡利大几个月，刚好出生于19世纪而不是20世纪。

卡蒂娅在莱茵兰最大的城市科隆长大，他们家是一个信奉天主教的德国工人家庭，家里有六个孩子，她是老大。他们生活在贫民窟，面临着巨大的困难，九岁那年她妈妈因肺结核去世后，日子更是雪上加霜。十四岁那年第一次世界大战打响，她去了一家工厂工作，心里想着也许有朝一日自己能成为艺术家，并用这个梦想支撑着自己。她在一本书里读到艺术家都住在慕尼黑，于是1918年11月大战甫一结束，她便跳上了火车前往慕尼黑，希望自己的艺术家梦能在那里实现。

泡利来慕尼黑是学习科学，而卡蒂娅是来学艺术的。几分钟前我还在想着一个十八岁的青年才俊如何走进科学研究的殿堂，现在我则试着想象，十八岁的卡蒂娅对自己刚刚获得的自由会有什么看法。慕尼黑那些美丽而宽阔的街道，是怎样呈现在她眼前的？慕尼黑有两座伟大的美术馆，老绘画陈列馆和新绘画陈列馆，跟慕尼黑工业大学都只隔了几个街区，她对这两座美术馆会有什么想法呢？

我的岳母凯特也在1918年秋天来到了慕尼黑，既非为了科学，也非为了艺术。她跟泡利和卡蒂娅一样也是十八岁，来慕尼黑只是为了看望一位朋友。这位朋友带着她一起去了医院，希望她的出现能让一位在战争中受伤并正在养伤的老熟人振作起来。凯特是来自德国北部的犹太人，她爱上了那天在医院里见到的那个男人，最终两人喜结连理，开开心心地在慕尼黑定居下来，还生了三个孩子。凯特的丈夫是巴伐利亚人，虔诚的天主教徒，既是音乐家也是音乐学家，但到了 1934 年 6 月 30 日，这些身份全都失去意义。刚掌权的纳粹政府，在慕尼黑郊区的达豪镇抓住并杀害了他。那一天和接下来的一天，还有七十多人也遭受了相同的命运，那个夜晚从此被称为“长刀之夜”。这是德国历史上极不光彩的一页，法律对普通德国公民的保护就此宣告结束。被杀害的人很多都是被认为可能会反对希特勒的纳粹党徒，但也有一些人，比如凯特的丈夫，仅仅是纳粹党人不分青红皂白滥杀无辜的受害者。后来凯特再婚，又生了一个孩子，就是后来成为我妻子的贝蒂娜，但那个夜晚的悲剧仍然深深铭刻在凯特的生命中。

需要对凯特丈夫之死负责的那个人，同样也在 1918 年秋天来到了慕尼黑，他就是我们都很熟悉的一战老兵，千夫所指的希特勒。他来这里不是为了科学和艺术，也不是因为友谊。他在这座城市中找到了一种土壤，可以让他把仇恨种下去，任其肆意滋长。

在 1918 年 11 月那个决定命运的时刻，泡利、希特勒、卡蒂娅和凯特齐聚慕尼黑，而整个德国则一片混乱。11 月 2 日，武装部队撤退后，一群水兵接到命令要跟盟军舰队进行一场毫无胜算的战斗，于是他们揭竿而起。他们的叛乱让德国各地掀起了反抗浪潮，让很多人都开始害怕左翼革命，也就是卡尔·马克思设想中的群众起义。

随着德国陷入混乱，巴伐利亚王国的首都慕尼黑也经历了特有的动荡。在 11 月初的一次和平示威中，普鲁士犹太知识分子、巴伐利亚独立社会民主党创始人库尔特·艾斯纳（Kurt Eisner）呼吁建立一个社会主义共和国。简直像奇迹一样，也可以说在慕尼黑市民看来就该如此，巴伐利亚王国的国王第二天竟然退位了，把艾斯纳这样一个现在看来不太可能成为保守、信奉天主教的巴伐利亚王国领导者的人，猛地一把推上了新成立的巴伐利亚共和国的首相宝座。但这个状态并没持续多久，仅仅几个月后，一名右翼反犹太主义者枪杀了艾斯纳。随后马上又成立了一个社会主义政府，但这个政权也很短命，随着当地经济崩溃很快就玩儿完了。

位于柏林的德国中央政府觉得是时候让它眼里各省的这种无政府状态画上句号了，于是下令向巴伐利亚进军。一战后的军队一片混乱，很多士兵现在都隶属于一个由私人在背后操控的准军事组织。军队在一场杀戮和暴力的狂欢中挺进了慕尼黑，在街上留下了一千多具尸体。一个温和的社会主义政府接管了巴伐利亚，但到1920年3月，这个政权也被推翻了，取而代之的是一个右翼政府。现在，慕尼黑毫无疑问成了未来法西斯领导人的温床，其中有几个就是出自入侵慕尼黑的准军事组织。

在1920年代初的混乱中，希特勒控制了规模不大的德国工人党，并按照自己的设想着手改组，使之成为冷酷无情、狂热偏激的反犹太主义政党。希特勒痛恨犹太人。卡蒂娅是天主教徒，嫁给了犹太人。凯特是犹太人，嫁给了天主教徒。犹太人艾斯纳，是信奉天主教的巴伐利亚共和国的首相。犹太人！天主教徒！想到这些奇怪的关联之后，我的思绪也慢慢回到了泡利身上。他的宗教背景是什么样子的？我曾经以为他是犹太人，但后来的研究发现没那么简单。泡利的爷爷是布拉格犹太社区的长老，但他的父亲却搬去了维也纳，把姓从帕舍尔（Pascheles）改成了泡利，并为了在大学的教职生涯而改宗天主教。沃尔夫冈的父亲也向他隐瞒了自己的出身，他一直到十六岁才知道父亲其实是犹太人，所以说泡利既是犹太人又是天主教徒，是1920年代慕尼黑极为常见的模糊界限的典型代表。

我在5月那个早晨的思绪随后从1918年来到1932年，然后又回到了我的母亲身上。卡蒂娅来到慕尼黑几年后便遇到了安杰洛·塞格雷，他受过教育，是一名意大利裔犹太人，出身于上流社会。他们随后搬去了佛罗伦萨，但他们俩都更喜欢慕尼黑，也经常回去，所以1932年5月，我哥哥是在慕尼黑而不是佛罗伦萨出生的。在那之前一周，我后来的岳母凯特也在慕尼黑生了个女儿，也就是我妻子的一个姐姐。

从1932年留下来的旧照片上能看出来，卡蒂娅和凯特那时候多么幸福。对她们和她们的孩子们来说，未来似乎一片光明。当然，经济萧条给她们带来了很多困难，但也不是只有德国才经济萧条，而且还不足以让两位年轻母亲的乐观情绪受到打击。她们相信，情况会越来越好。然而事与愿违，情势急转直下。无论是卡蒂娅、凯特还是泡利，都没料到希特勒会如何将德国玩弄于股掌之间。即便到1933年初，希特勒已经成为德国总理，并批准了限制性法律后，泡利都还是对元首会夺取全面控制权的想法嗤之以鼻。他斩钉截铁地对一群朋友说，那种说法简直是胡说八道："我见过俄国的独裁统治是什么样子的……德国根本不可能发生那样的事。"

但就政治事务来说，泡利从来都说不上有多高明或是有远见，有时候他也不得不承受政治上短视的后果。他本来可以很早就离开欧洲，但一直到1940年7月，也就是第二次世界大战打响很久之后，他才凄凄惶惶地逃往美国。

第二章　时代在改变

梅菲斯特

你筑大堤，你筑海塘，
只是为我们鞠躬尽瘁；
因为你已替水的魔鬼，
尼普顿备好盛大的筵席。
不管怎样，你已无希望；——
四大都跟我们结成一帮：
结果总是归于毁灭。

（歌德《浮士德》，第二部，第五幕，503—509）

1920年代

从很多方面都可以说，希特勒接管德国，为一战后欧洲那个非同凡响的创新时期画上了句号。1918年到1933年间，艺术、社会风尚、思想、政治和科学都发生了巨大变化，也许可以说是20世纪最有活力的时期。这是个非常乐观的时代，也是个随心所欲大胆尝试的时代，这个时代出现了詹姆斯·乔伊斯对尤利西斯故事的神秘复述，出现了阿诺尔德·勋伯格的无调性音乐作品，出现了乔治·德·基里科奇异的风景画，出现了勒·柯布西耶的新式建筑宣言，也出现了海森堡复杂难解的不确定性原理。

以颠覆惯常信条为宗旨的各式各样主题开始出现。数百年来人们一直在精心描绘的外部世界，同渐露真容的内心世界似乎正在渐行渐远。关于本我、自我和超我的讨论，精神分析的新式语言，在作家的笔下随处可见。用图像表现意义的规则受到了印象派的挑战，正在被抛弃。原子的亚微观世界里，似乎也无法用已知的物理学定律去解释了。

一战前用以维护社会秩序的等级制度和习俗建制正在土崩瓦解，取而代之的新体系，在一些人看来是社会解放，而另一些人则将之视为无政府主义。反叛运动风起云涌：超现实主义宣布可以通过解放无意识来放松束缚，而达达主义（其名称正是来自儿语）声称，通过偶然和非理性，可以发现潜在的现实。

世界各大城市都因为群情激奋、因为这些奇思妙想，也因为新出现的技术而沸反盈天。当然，很多概念都是在更早的时候开始形成的，也许是在巴黎，在维也纳，甚至是在米兰。菲利波·托马索·马里内蒂在1909年发表的《未来主义宣言》中宣称“博物馆是墓地”，“赛车……比古希腊雕塑‘萨莫色雷斯的胜利女神’更美丽”。然而一战结束是真正的分水岭，是新思想演变的转折点。1913年，马塞尔·杜尚在纽约军械库艺术博览会上因油画作品《下楼的裸女》引起轩然大波，一战结束后，他更是变本加厉。他展示了留着胡子的蒙娜丽莎，向前往意大利博尔盖塞美术馆参观的人发出了挑战。

活动中心在很多大城市之间不断流转，国界和地方传统不再像以前一样成为障碍。纽约人去了巴黎，巴黎人去了洛杉矶，伦敦人去了柏林，俄罗斯人去了他们能去的所有地方。就连因战争、政治动荡和随之而来的通货膨胀而四分五裂的德国，也有自己生机勃勃的活动中心，慕尼黑便是其一，柏林当然也算得上一个。贝托尔特·布莱希特和库尔特·魏尔在他们创作的政治讽刺歌剧《马哈贡尼城的兴衰》中也许用讽刺性手法描述了德国的首都，但跟世界上任何地方比起来，柏林的舞台在创意方面毫不逊色。乔治·格罗兹细腻地刻画了富有而颓靡的中产市民，为社会批判创造了一种新形式，弗里茨·朗的未来主义电影描述了不自然的犯罪行为，玛琳娜·黛德丽的造型不但性感，而且很奇怪地兼有两性特征。

艺术欣赏也不再局限于所谓的受教育阶层。摄影和电影作为新媒体，任何人都可以接触到，尽管也有人会问，这些究竟是教育还是仅供娱乐。精神分析究竟是科学、医学、哲学，还是玄学？毕加索的油画究竟是伟大的艺术品还是信手涂鸦？密斯·凡德罗的建筑是会成为经典还是会让人感到不爽？科学中关于因果关系的既有观念又会怎样呢？

保守派渴望回到稳定、有序的状态，他们惧怕、反对这些所谓的进步。维多利亚时代值得信赖的道德发生了什么变化？在他们看来，飞来波女郎[①]的短裙、歌舞喜剧表演中的裸体，还有新出现的舞蹈形式，都既淫秽不堪又叫人义愤填膺。所有这些新鲜事物都可以看成是道德败坏世风日下的表现，而狂饮烂醉也等于在昭示世界末日。德国哲学家奥斯瓦尔德·斯宾格勒1922年出版的《西方的没落》据说准确描述了书名中的现象，被广为传阅并大受赞赏，很快成为国际畅销书。斯宾格勒预见，体力劳动的日益机械化，装配线的出现，以及层出不穷的新技术，这些因素的共同作用贬低了人类的精神。为了说明自己的观点，斯宾格勒引用了普罗米修斯的神话故事。普罗米修斯因为从天神那里盗火而受到诸神惩罚，斯宾格勒用这个寓言来类比西方的未来，描绘了一幅悲观的前景。在斯宾格勒看来，没落早已开始。

有些人开始认为，新技术的采用正是斯宾格勒所描述的那种对他们生活方式的威胁。歌德的《浮士德》第二部就是最常被人们拿

① 飞来波女郎（flapper）特指1920年代的西方新一代女性。她们穿短裙、梳妹妹头发型、听爵士乐，张扬地表达她们对社会旧习俗的蔑视，并很快被公众认定为化浓妆、饮烈酒、休闲性行为、驾驶汽车等轻视社会和性别习俗的人，从而被用作“轻佻女子”的代称。

来用作说明这种焦虑且被广泛讨论的一个例子，我在本章开头摘录了其中一段作为题词。那位深陷困境的英雄开启了一项巨大的填海工程，要抽干沼泽，从大海中得到土地。然而，这么做也要付出代价，就是毁掉那里的景观，将费列蒙和鲍西斯这对老夫妇从他们家里赶走。这项事业的结局，就像梅菲斯特向观众们所描述的那样，终将是徒劳无功。

普通的工薪阶层所担心的正是这种情况，甚至担心他们已经艰辛备尝的生活还会雪上加霜。他们渴望稳定，也渴望经济有保障。一战结束后，德国人没了皇帝，一心指望着新政府能给他们提供保障，但不仅是慕尼黑，整个德国都动荡不安。1919 年 1 月，经过一系列初选后，国民议会准备开始起草新的宪法。他们担心首都街头的动乱，因此决定撤出柏林，找一个他们觉得不会受到威胁的地方开展工作。在选址时，这些德国人自然而然地想到了歌德，因为对他们来说，歌德是文化、秩序和启蒙思想的象征。

因为歌德，议会成员启程前往魏玛。魏玛是德国的一座小城，在柏林的西南方向，离柏林大概 240 公里，以前是魏玛公国的所在地。歌德很早就因为《少年维特的烦恼》这部小说的大获成功而声名鹊起，之后他在二十五岁左右搬到了魏玛，在那里生活了五十多年，一直到去世。因为有歌德在，这座城市成了艺术家和知识分子的聚集地，所有那些在学识方面想要更上一层楼的人都视之为圣地，一片适合静静沉思的绿洲。因为他留下的这宗遗产，魏玛一直吸引着各种各样的艺术家和思想家。这个传统甚至持续到第一次世界大战之后，例如现代艺术设计的先驱包豪斯学校，就是 1919 年在魏玛创办起来的，瓦尔特·格罗皮乌斯、保罗·克利、瓦西里·康定斯基和利奥尼·费宁格等人都曾在此执教。

德国宪法在魏玛起草后，这座城市在全世界有了新的含义：魏玛共和国成了德国新政府的名号。然而很不幸，尽管在德国恢复繁荣上取得了很大成功，但其制度没能站稳脚跟。到 1930 年，魏玛共和国已经深陷困境，1933 年希特勒上台后，这个政权也就正式告终了。在那之前一年，也就是德国纪念歌德逝世一百周年的时候，魏玛获得了一项不光彩的纪录，成了首批被纳粹政权掌控的地方政府之一。

五年后，还有另一件晦气得多的事情让这里跟别的地方区别开来，就是在魏玛郊区建立了布痕瓦尔德集中营，这跟歌德所代表的一切刚好背道而驰。然而在 1932 年，人们还无法想象会发生这些恐怖的事情。

那年 4 月，正当魏玛共和国日薄西山之时，一小群物理学家，大概有三四十人聚在一起开了场会。他们在哥本哈根的一个报告厅汇聚一堂，对他们来说，这里就像歌德和席勒那个年代，像安宁幸福的旧时的魏玛剧院舞台一样，充满了意义。他们是量子力学的先驱，而量子力学因其深刻思想及重要影响，成了 20 世纪最重要、最深远的科学革命。初遇之下会让人觉得十分神秘、令人不解的量子力学，代表着对旧有概念的全面背离，就像现代主义在艺术领域那样激进。

1932 年他们聚在一起举行的非正式会议并没有固定的议程，并且从 1929 年开始就每年举办。从 1931 年起，按照时尚潮流，会议也有了由最年轻的参会者执笔撰写并制作表演的滑稽短剧。那些年轻人会在剧中对老一代科学家极力挖苦，不过说是老一代，他们很多人都还不到三十岁。当然，主宰一切的君王玻尔也会被嘲讽一番。1932 年，因为想到了歌德和魏玛，物理学家们决定将这出短剧的主题定为对《浮士德》的戏仿。天主和梅菲斯特之间关于浮士德灵魂归属的大辩论，被改编成玻尔和泡利之间的争论，而他们俩就分别被写成了天主和梅菲斯特。浮士德心爱的玛加蕾特，也叫格蕾辛，就成了中微子，也是当时玻尔和泡利争论的焦点。

这就是“哥本哈根的浮士德”的由来，但我算是有点提前剧透了。我们必须先去了解，量子革命是如何诞生的，以及为什么数年后，这个故事中的人物都会被吸引到哥本哈根。讲述完这些后，我们就能跟剧中的人物一一碰面了。

量子诞生

1900 年 10 月 7 日，星期天的下午，海因里希·鲁本斯（Heinrich Rubens）和妻子拜访了他们的邻居和朋友普朗克夫妇。从一栋房子走到另一栋房子很方便，因为两家都住在格鲁内瓦尔德（德语中意为“绿色森林”），这是柏林西边一片小松树林的边缘，是这座城市一块很迷人的郊区，附近的街区是柏林大学的教授们最喜欢的地方。这里的房子很宽敞，餐桌宽大，花园也都打理得很好，还有舒适的书房。教授先生可以躲在书房好好工作，也许偶尔会受到孩子们的打扰，但也不会太频繁。

那天下午的登门做客并没有什么不寻常。那时候，德国的大学都会在物理系给实验物理学和理论物理学各安排一名高级教授，而这两个研究领域开始分庭抗礼也不过是前几年的事情。1900 年，柏林大学的这两个职位分别由海因里希·鲁本斯和马克斯·普朗克（Max Planck）担任，因此他们俩经常会聚在一起，解决行政管理以及跟学生有关的一些事务，总有说不完的话题。然而那天下午，他们的妻子聊着家常，鲁本斯和普朗克的谈话则很快转到鲁本斯最近的实验上。鲁本斯在实验室里测量了保持在恒定温度的物体发出的电磁辐射，得出了一些很想不通的结果。普朗克也非常关心这个问题，因此听得饶有兴味。跟今天一样，那时候理论物理学家和实验物理学家之间的激烈讨论司空见惯。

实验数据可以用辐射强度与辐射波长的关系图表示，一直到那时都跟威廉·维恩（Wilhelm Wien）几年前提出的一个公式非常吻合，但现在鲁本斯把测量范围扩大到以前没观测过的波长较长的地方。他发现，维恩的公式跟新数据对不上了。那天晚上，鲁本斯离开后，普朗克回到书房，认真思索起了这位实验物理学家跟他说的事情。

理论物理学时常是这样前进的。有时候先提出一个新理论，然后寻找数据将其证明或证伪，但多数时候，数据本身就是起点。人们会去找一个简单的公式来套实验结果，要是找到了，就会继续寻找怎么从已知的或新的理论中推导出这个公式。寻找这些的人需要在数据分析方面很有经验，也必须了解在现有的科学框架内哪些地方允许创新，但直觉、经验和一点点运气，这些也很重要。

从得出公式到能够解释公式可能会需要好几十年，开普勒（Kepler）的行星轨道定律就是这种情形，从开普勒提出后一直等到艾萨克·牛顿（Isaac Newton）才给出真正的理论推导。好在这一次，普朗克只花了几个月的时间埋头钻研就得出了结果，但他的解释非常激进，发表时甚至自己都觉得精神上很痛苦。用他自己的话说就是：

> 这是很绝望的行为……我知道这个问题是根本性的，我也知道答案。我必须不惜一切代价找到一个理论解释，除了热力学第一和第二定律之外，一切都可以违背。

说“我也知道答案”其实等于承认，他头一个晚上就马上得出了一个跟数据吻合的公式。但根据物理学原则推导出这个公式要困难得多。

普朗克发现，他必须假定加热后的物体是以离散的能量包的形式发出和吸收辐射，而不像以前人们一直认为的那样以连续的方式。他管这些能量包叫量子。要想理解这些能量包是怎么存在的，可以设想辐射被分成了一个一个的量子，就像水流可以看成是由一滴一滴的水组成的那样。然而普朗克无比惊讶地发现，他的公式还要求发出和吸收的能量必须是作为基本能量单位的最低能量的整数倍。

就好像水滴有一最小尺寸，所有其他水滴的质量都必须是最小水滴的整数倍一样。此外，辐射量子的能量与其频率之比是一个常数，这个新发现的常数很快得名为普朗克常数，它宣告了量子理论的到来。

不到五年后，也就是1905年3月，瑞士专利局一名二十六岁的工作人员迈出了接下来的一大步。爱因斯坦大胆提出，量子可以在空间中自由地来回运动，并被可能遇到的任何障碍物吸收或反射。他的这个假说实际上是指出，所有电磁辐射本质上都是粒子性的，这里所说的电磁辐射包括可见光，也就是波长在人眼能够感知的范围内的辐射。

把辐射看成粒子，在某些方面让量子图景变得更容易理解了。然而，就光的理论来说，牛顿的微粒说早在爱因斯坦提出这个假说前一个世纪就已经被推翻了，取而代之的是波动说。这是科学家理解光学的基础，对波动说提出怀疑就意味着对一个基础概念的质疑。在爱因斯坦手中，量子理论在解释现有谜题的同时，也提出了新的谜题。

普朗克在物理学方面基本上是偏保守的，在接受自己提出的概念之前，他也经历了相当艰难的思想斗争。有鉴于此，没有人会指责年轻的爱因斯坦在颠覆传统观点时显得有些犹豫不决。随后那些年爱因斯坦在阐释量子理论方面继续取得了更大的成就，对量子理论真实性的怀疑也渐渐烟消云散。但是，辐射究竟是粒子还是波，仍然悬而未决。

量子理论接下来的一大步是在尝试了解原子会怎么发出和吸收辐射时迈出的。原子是物质的组成单位，是元素的最小实体，其存在性于19世纪末一直是人们热议的话题。但到了1910年，几乎没有人还会质疑原子的真实性，只剩下一个问题就是原子是由什么组成的。1911年，欧内斯特·卢瑟福（Ernest Rutherford）给这个问题画上了句号，他可以说是20世纪最伟大的实验物理学家。按照他的说法，原子内部基本上都是真空，就跟我们的太阳系差不多，这一看法跟之前的观点截然不同。卢瑟福发现，原子中心有个非常小的原子核，有时候人们会称之为“大教堂里的一只苍蝇”。卢瑟福喜欢拿伦敦的大礼堂而不是更有宗教色彩的教堂来打比方，他把原子核比作“阿尔伯特音乐厅里的一只小飞虫”。

发现原子核被公认为20世纪最重要的科学发现之一，同时也是非常令人诧异的一个发现。现在我们把产生这个结果的实验看成是探索亚原子世界的转折点，以及探索这一神秘领域的模范方法。今天耗资数十亿美元的超导对撞机，就是这个实验的直系后裔。然而在当时，卢瑟福实验的影响并没有马上显现出来，因为物理学家对原子的整体结构几乎没什么了解，对电子如何以及为何绕着原子核旋转，以及原子如何结合起来形成分子也还所知甚少。在这些问题得到解决之前，物理学家认为没必要那么早去操心这么小的原子核是由什么东西组成的。

要弄明白卢瑟福的原子图景与普朗克及爱因斯坦的量子图景之间到底是一种怎么样的关联，我们还需要一位新的物理学家。1913年，这个谜团的答案，在一位叫做尼尔斯·玻尔的二十七岁丹麦人手中变得清晰起来。

为什么是哥本哈根?

1911年9月，刚刚在哥本哈根拿到物理学博士学位后，尼尔斯·玻尔在一份丹麦奖学金的资助下去了英国。他在剑桥大学待了一段时间，但结果表明，这个腼腆、局促、只会用柔和又低沉的声音结结巴巴地说一点英语的年轻人，在这里收获甚微。在抵达英国后没几个月，他想办法转到了曼彻斯特大学，而卢瑟福的实验正在那里热火朝天地进行着。事实证明，在曼彻斯特逗留的这段时间对玻尔来说，无论从个人生活还是职业生涯方面而言，都产生了决定性的影响。后来玻尔曾这样谈起卢瑟福："对我来说，他简直就是我的另一位父亲。"那位年事已高、声名远播的实验物理学家与这个年纪轻轻的理论物理学家之间的亲密友谊持续了四分之一个世纪，直到卢瑟福因为一次手艺不精的疝气手术而骤然离世才不幸结束。

卢瑟福对玻尔的影响不只是鼓励他解决原子物理的那些问题。在卢瑟福身上，这个丹麦年轻人看到了这样一种合作风格：他周围都是青年才俊，也都会得到他的指导和激励。卢瑟福在曼彻斯特大学的团队成员来自世界各地，也来自各个社会阶层。提出进化论的查尔斯·达尔文有个同名的孙子就在卢瑟福门下，来自剑桥的上流社会，而詹姆斯·查德威克出身于曼彻斯特的工人阶级家庭。乔治·冯·赫维西（Georg von Hevesy）是匈牙利的犹太贵族，而汉斯·盖革（Hans Geiger）是德国人，后来才知道他是个反犹太主义者。欧内斯特·马斯登（Ernest Marsden）有卢瑟福的祖国新西兰颁发的奖学金，而玻尔的奖学金来自丹麦。在他们离开他的研究所后，卢瑟福还会继续跟进这些青年门生的职业进展，并尽可能地帮助他们。有些人说，这种帮助是家长式的，但动机始终是为了突破个人在物理学领域的知识边界，帮助"他的孩子们"。

卢瑟福心灵手巧，在曼彻斯特大学做的实验往往很简单，大部分设备都是做实验的人自己动手制作、组装的，相对而言成本很低。他因为研究放射性而成名（他拿的诺贝尔奖是化学奖，不是物理学奖），他的标志性实验用的是放射性物质发射的粒子束。他把粒子束对准薄薄的标靶，在穿过标靶时，粒子束会被散射，然后就可以对散射结果进行分析。他的实验室就是用这种方式发现了原子核，二十年后，他们还会用同样的方法成功地让原子核解体，在历史上也是第一次。

随着卢瑟福年齿渐长，他的职责也越来越偏向领导者而非亲力亲为的实验者，但他那令人惊叹的直觉，充沛的精力和热情，以及全身心投入到工作中的精神，仍然给身边的青年物理学家树立了榜样。他会在实验室里走来走去监督大家的工作，帮助“他的孩子们”，给他们支持和鼓励。尽管他在理论物理方面的知识乏善可陈，也对复杂的数学表达式持怀疑态度，但他相信需要有理论物理学家来指导自己的实验工作，也常常向他们征求建议。

曼彻斯特的整体氛围对年轻的玻尔来说非常能激发灵感。尽管并不做实验，他还是很喜欢每天展开的讨论，喜欢依赖直觉的感觉。这种氛围也一直在提醒他们，应该始终以解决重要问题为目标，这一点他尤其喜欢。

在曼彻斯特的停留虽然很短暂，但对尼尔斯·玻尔来说至关重要。在那之后，他回到了哥本哈根。他想要开启自己的学术生涯，却发现祖国并没有适合他的职位。因此在1914年，玻尔回到曼彻斯特，得到了一个相当于副教授的职位。与此同时，他跟美丽动人的玛格丽特结了婚，他们是在他第一次动身去英国之前认识的。1912年他们蜜月旅行时也去了一趟曼彻斯特，在此期间，玻尔夫妇和卢瑟福夫妇之间长久的友谊得到了进一步巩固。

这时候，丹麦开始担心会失去玻尔，于是设置了第一个理论物理学的教授职位，并要玻尔来担任。卢瑟福则想用更好的条件把玻尔留在曼彻斯特，大谈特谈未来他们会共同完成的那些重要工作。但对玻尔夫妇来说，故乡的吸引力实在是太大了，而他们的故乡始终是丹麦。1916年，尼尔斯和玛格丽特回到了哥本哈根。

刚开始，玻尔的办公室很小，只是个4.5米长、3米宽的房间，还要和一个荷兰年轻人共用。这个年轻人叫亨德里克·克喇末(Hendrik Kramers)，后来有很多外国学者前来哥本哈根跟这位新晋教授一起研究量子论，克喇末便是他们当中的第一个。1919年玻尔请了个秘书，她的办公桌也放在这个小房间里。

但玻尔马上开始了更大的规划。他孜孜不倦地努力从基金会、政府和私人渠道筹集资金，很快就有了足够的钱在哥本哈根一条叫做布莱丹斯维的背阴的街道上建一栋楼。这栋楼是新古典主义风格，有四层，第一层属于半地下。从大街上拾级而上走到这栋楼双开的大门前，会看到上面写着“哥本哈根大学理论物理研究所”。穿过门，走进一道很大的走廊，右边有个带阶梯座位的大讲堂。楼里有一间不大的图书室，几间小办公室，还有一间午餐室，在那里无论什么时候都能找到咖啡和美味的丹麦奶酪面包。

楼上有一套公寓，住着人丁日益兴旺的玻尔一家。他们现在已经有了三个儿子，分别是生于 1916 年的克里斯蒂安，1918 年的汉斯和 1920 年的埃里克。在那之后玻尔夫妇又生了三个儿子：1922 年的奥格，1924 年的欧内斯特（取自卢瑟福之名）和 1928 年的哈拉尔。这些孩子有世界上最出名的理论物理学家当保姆，陪他们踢足球、玩帆船，其中一些比克里斯蒂安大不了多少。

理论物理研究所，也可以简单点直接叫玻尔研究所，成立于 1921 年。到 1922 年，工作已经全面展开，玻尔也准备好再次全身心投入物理学。对他来说，这也是鸿运当头的一年。时年三十七岁的玻尔获得了 1922 年的诺贝尔物理学奖，这也是对他在物理学界稳步上升的地位的肯定。

几个月前，也就是 6 月份的时候，他去哥廷根做了七场关于量子理论的系列讲座。这座德国小镇上的大学拥有世界上最顶尖的物理学和数学学院，因此玻尔要来做讲座的消息不胫而走，人们很快便称这一盛事为“玻尔节”。系列讲座吸引了北欧各地的青年物理学家。很多以前从未见过玻尔的人都被他迷住了，他们对物理学态度的改变就是证明。后来海森堡就曾这么表示：“我从索末菲那里学到了乐观主义，在哥廷根学会了数学，从玻尔那里学到了物理学。”当时，德国人研究理论物理的方法很程式化：先要有一个方程，然后求解这个方程，将方程的解尽可能普适化、一般化地展现出来，然后开始分析结果。玻尔则会从一个意象开始，接着可能会得出一个想法，也有可能是某种看起来很模糊的关联。随后他会把这些连缀成片，最后才得出方程。方程只是把他已经瞥见的东西正式确定下来而已。

这种新方法加上玻尔的人格魅力，有着非常大的吸引力。尽管人员招募并不是玻尔这次哥廷根之行的本意，理论物理学家还是开始云集于哥本哈根，玻尔研究所的名声也随之传扬开来。1920年代，有六十多名理论物理学家访问了玻尔研究所并长期逗留，其中很多都在那里待了一年以上。他们来自世界各地，有的甚至是从美国、苏联和日本远道而来。有些人来的时候有自己国家的奖学金，另一些人则通过玻尔的运作得到了资金支持。几乎所有人都很年轻，他们一起生活，一起吃喝玩乐，也一起工作。他们的举止风格在科学圈里成了一种新兴的不拘礼节之风的标志，在这里，助理和教授先生浑然等同。无论是来自最年轻的还是最年长的，来自初出茅庐的博士还是诺贝尔奖获得者，所有想法都会被一视同仁。玻尔跟身边的青年物理学家一起散步、滑雪，甚至还会一起去看电影，而他们也会跟玻尔的儿子们一起踢足球。无论是在玩乐还是工作中，不变的核心都是量子物理。

开启会议

玻尔研究所能取得这样的成功，并不只是因为玻尔的热忱、激情、活力和智慧，运气也是一个因素。事实证明，弄清原子的运作机理，是1920年代物理学的核心问题。此外，那个时期这一领域的发展也很不寻常，理论上的进步会比实验中取得的进展重要得多。并不是说这十年里没有进行过什么重要的实验，而是重要进展需归因于大胆的新想法。

玻尔最早于1913年阐释了氢原子的结构，随后又做了些改进，这些模型很好地解释了大量实验数据，因而到了1920年代初，物理学家们开始觉得，这里面肯定有几分道理。然而到了1925年，这一模型已经无法完美解释原子的稳定性、元素周期表的细节、原子吸收和发出的辐射以及原子在外部电场和磁场中的复杂表现，因此对于电子在原子内部的行为，需要做出重大修正。

在玻尔的青年门生中，泡利和海森堡可能是最强烈地认定人们需要和旧量子理论的短暂历史断然割席的两个人。保持基本的框架不变，只是东一榔头西一棒槌地修修补补是无济于事的。1925 年，海森堡甚至进一步指出，目前能看到的理论和实验结果一致其实纯属偶然，电子轨道一说完全没有意义。他在这一年发表了一篇开创性的论文，显露出新量子力学即将临世的曙光。在这篇论文的第一页，海森堡写道：

> 人们迄今为止一直无法观测到诸如电子的位置和周期这样的物理量，在这种情况下，彻底抛弃我们可以观测到它们的所有奢望，并承认量子规则与经验所得有一部分相符这事多多少少算是种偶然，恐怕才是明智之举。

理论与实验的相符“多多少少算是种偶然”这种说法对海森堡来说肯定是不够的。物理学需要一个新理论，而他希望能在这个方向迈出第一步。为此，首先就得弄明白，测量电子的位置和速度究竟意味着什么。这必须经过长期而审慎的思考，对神秘的亚原子世界中发生的事情拥有新的洞见才行，而不只是去做更多的实验。

这时候如果有这样一个地方，理论物理学家可以聚在一起互相交流想法，而又不必担心会被尊卑有序所限制，一切都只根据他们想法的重要性来评判，那么这个地方不但是全新的，其价值也是无与伦比的。玻尔研究所就是这样一个地方，1920 年代，这里在量子物理学发展方面做出了至关重要的贡献，尤其是 1926 年到 1927 年间，玻尔和海森堡一起提出了一种量子力学的诠释方案，他们和泡利一起称之为哥本哈根诠释，它迄今仍是量子力学领域最广为接受的诠释方案。

到 1929 年，玻尔的能力和名声都已达到巅峰，他的研究所也成了传奇。这年春天，他收到两位他最喜欢的理论物理学家的来信，都说他们希望利用大学为期一周的复活节假期前来一叙。第一封信是亨德里克·克喇末写来的，在哥本哈根工作了十年后，他回到荷兰，在乌得勒支大学当上了教授。第二封信来自沃尔夫冈·泡利，如今人们都说，在量子理论领域，最杰出的批判性思想非他莫属。玻尔很高兴地欢迎他们重访故地，随后又有了一个想法，想让这次重聚变得更有意义。为什么不邀请二十来个以前曾在哥本哈根工作过的人一起回来，进行为期一周的自由讨论呢？没有日程安排，没有固定议题，也不拘形式，只就量子物理中任何大家感兴趣的话题交流意见。这样一场盛会，将在更大范围重现玻尔研究所自由讨论、公开批评和全面合作的精神。

邀请发了出去。海森堡 3 月份出门环游世界去了，但其他很多人都能来。他们当中绝大部分都还很年轻，但玻尔首先想到的是一个年纪比自己还大的人，这就是玻尔的好友保罗·埃伦费斯特，理论物理学家，出生于维也纳，如今是荷兰莱顿大学的教授。埃伦费斯特是一位了不起的老师，也以思路清晰著称。他的原创工作也许比不上玻尔和爱因斯坦，但本来也没有谁能跟他们俩媲美。

玻尔鼓励受邀参会的人带上自己特别聪明的学生。埃伦费斯特接受了他的邀请，和二十岁的亨德里克·卡西米尔（Hendrik Casimir）一起来到了哥本哈根。卡西米尔在回忆录中写到了他们从荷兰出发的悠闲旅程。周六一大早他们离开莱顿，很快就来到了阿姆斯特丹。随后他们坐了一天的火车来到汉堡，在汉堡的一家小旅馆住了一晚上又接着上路。他们的火车开往瓦尔讷明德，接着在那里搭乘老渡轮穿过波罗的海前往丹麦。快到瓦尔讷明德时，埃伦费斯特突然陷入了沉默。他转过头对卡西米尔说："你马上就要认识尼尔斯·玻尔了。这是青年物理学家一辈子当中最重要的事。"随后他笑了。

埃伦费斯特在渡轮上见到了老朋友。他们聊着天，很快坐上另一趟短途列车，前往哥本哈根，在车站迎接他们的是玻尔和他的儿子们。接下来是一顿丰盛的晚餐，然后就该睡觉了。卡西米尔被要求跟别人同住一间宿舍，这个人叫乔治·伽莫夫（George Gamow），二十四岁的苏联物理学家，才气逼人。卡西米尔想睡一会儿，但实在是太兴奋了，怎么也睡不着。

第二天上午，埃伦费斯特正式把卡西米尔介绍给玻尔。埃伦费斯特一手搭在学生肩上，一边对丹麦朋友说："我把这孩子给你带来了。他有点儿能耐，但还需要历练历练。"接下来几天，卡西米尔给玻尔留下了很好的印象，会议结束后，玻尔邀请他留在哥本哈根，这一留就是将近两年。他父母对于突然间要跟年轻的儿子分离很是担心，尽管亨德里克对哥本哈根的氛围大加赞扬，还是没能完全打消他们的顾虑。不过，当他们发现自己简单写着"丹麦，亨德里克·卡西米尔，尼尔斯·玻尔代收"的信件毫无延迟地被交到亨德里克的手上时，他们也就放下心来。现在他们知道，照看他们儿子的人可不是一位普通的科学家或公民。

1929 年开始的每年复活节假期在哥本哈根举行为期一周会议的传统，一直延续到第二次世界大战爆发。会议本身也成了一种新风格的代名词，由像玻尔、泡利、海森堡这样的人引领，不拘尊卑长幼，完全自由交流。与此同时，跟很多成功的自发进行的活动一样，会议的影响范围也在不断扩大。会议基本上一直保持着非正式的性质，但 1932 年后也开始努力把并非老哥本哈根人的物理学家囊括进来，只要他们能做出贡献。

1937 年我叔叔埃米利奥就是这么得着机会去了哥本哈根。1926 年对埃米利奥·塞格雷（Emilio Segrè）来说是时来运转的一年。那年他二十二岁，还在罗马大学读工程学，得知意大利首都新来了一名物理学教授，据说是个天才，才二十六岁，按罗马大学招收教职工的传统标准来看，年轻得超乎想象。这位天才就是恩里科·费米（Enrico Fermi），比海森堡年纪稍大一些，比泡利小一岁，在寻找能跟他共事的聪明伶俐的工程学学生，因为那时罗马大学还没有物理学研究生。费米在理论和实验两方面都很有天赋，这种综合能力实属罕见，后来他也因此成为20世纪科学界的伟人之一，但那时他只是个刚开始崭露头角的新教授，还在满世界找学生。

我叔叔成了费米的开山弟子，开始了跟费米一起苦心钻研的十年。后来他们各自分开但仍时有合作，再后来他们在新墨西哥州的洛斯阿拉莫斯重聚，随后又紧锣密鼓地合作了两年。埃米利奥的职业生涯也成就斐然，1959年还获得了诺贝尔物理学奖，但他始终都记得，自己的成功要在多大程度上归功于费米。

1937年的埃米利奥仍然算是物理界的新鲜面孔，但他在前一年做出了一些很有意思的研究，所以也收到了哥本哈根的邀请，并倍感荣幸地接受了。从最早的时候到现在，参会人数增加了一些，但会议其他方面的特点仍然跟早年间没什么差别：玻尔在报告厅前排就座，旁边是海森堡和泡利。玻尔还是会以礼貌但坚决的方式打断台上的演讲，而泡利也像往常一样，态度同样坚决但更加尖刻。但有了无处不在的政治形势带来的阴霾，那一年的总体氛围不再像以前那样无忧无虑。会议刚结束我叔叔就给罗马的一个表亲写了封信，信中写下了他对玻尔的印象，1937年的滑稽短剧，以及德国正在发生的事情留下的一些迹象：

> 昨天晚上，大会在一场幽默但也相当感人的盛宴中结束了。我们参加了一场算是综艺节目的表演，概括了玻尔近期周游世界的经历。通过节目里那些插科打诨，可以感受到所有人对玻尔的尊重乃至崇敬之情。我没法多接近他，但我知道他是人类当中最杰出的人物，他在比普通人高得多的地方翱翔，就连费米这样的人都难以望其项背。而从道德和人性的角度来看，他也一定比他人更优秀。盛宴刚刚结束，我就跟海森堡夫妇一起离开了。海森堡……曾在哥本哈根玻尔的门下受业三年，他最

杰出的成就也是在这里取得的。玻尔跟海森堡夫妇说了几句道别的话，几乎让他们战栗起来，很明显，所有人都深受感动。

1937 年，希特勒政权已经一手遮天。身在德国的海森堡想跟纳粹政权和平共处，但因为不够反犹太人而受到了攻击。而德国以外的地方把他视为自愿跟纳粹政权合作的人，因此默认他是反犹主义者。我叔叔是意大利犹太人，又跟一个德国犹太人结了婚，当然会对这些细节很敏感。半犹太血统的玻尔也是，何况他现在还领导着尝试保护科学家难民的运动。多年来玻尔的研究所都是科学交流的中心，现在更是成了出逃的物理学家的避风港，成了他们尝试迁往他处的第一站。在 1937 年的会议合影中，我们可以看到他们熠熠生辉的面孔：莫里斯·戈德哈贝尔（Maurice Goldhaber）、莉泽·迈特纳、鲁道夫·派尔斯（Rudolf Peierls）、乔治·普拉切克（George Placzek）、埃米利奥·塞格雷、奥托·施特恩（Otto Stern）、维克托·韦斯科普夫。那时很多人都已经离开意大利和德国，剩下的也会很快步他们后尘。

但五年前，还没有这样的动荡。

1932 年会议

1932 年，参加哥本哈根会议的已经增加到将近四十人，玻尔研究所的报告厅几乎座无虚席。泡利尽管参加了分别于 1929 年、1930 年和 1931 年举行的前三届会议，但没能来参加 1932 年的这次，就跟海森堡缺席了 1929 年那次会议一样。玻尔也知道以前的参会者未必都能回来，但只要核心团体还在，就足以保证为期一周的活跃讨论。

1932 年的这次集会留下了一些照片，但关于本书所述故事的主人公（尽管泡利并不在场），我最喜欢的一张实际上是 1933 年的哥本哈根会议时拍下的（见照片 14）。前排六人中左起第一个就是玻尔。这一年泡利还是没来，如果来了，坐在玻尔旁边的就会是他，但现在照片上那个位置的是保罗·狄拉克，一个性格腼腆、生活清苦的英国天才。接下来是维尔纳·海森堡，三十一岁，不过看着要年轻一些。再接下来是保罗·埃伦费斯特，这次仍然是从荷兰赶来。埃伦费斯特旁边是二十六岁的马克斯·德尔布吕克，他目光低垂，避开了镜头，可能是因为在这么隆重的会议上坐了前排而感到不自在。而他能坐在那里，或许是因为玻尔特别喜欢他。前排的最后一位是莉泽·迈特纳，玻尔十多年的好友，不但是前排唯一的女性，也是唯一的实验物理学家。

这个七人团体之所以值得关注，有几个原因。首先是因为十足的智慧。玻尔、泡利、海森堡和狄拉克都是物理学界的巨人。玻尔是父兄的角色，是向导，是把大家聚集起来的人，泡利最有批判性，海森堡在学术上最勇于创新，而狄拉克最有独创性。埃伦费斯特也许不太能跻身他们之列，但他快速抓住问题要害的能力，还是让他对这次聚会做出了不可磨灭的贡献。

德尔布吕克是这群人当中最年轻的，后来在玻尔的鼓励下逐渐从物理学转向生物学，最后成为分子生物学的标志性人物，也获得了诺贝尔奖，不过奖项是生理学或医学，而不是物理学。他也是1932年的滑稽短剧《哥本哈根的浮士德》的作者，这出短剧有时候也会以玻尔研究所所在的街道命名，叫做“布莱丹斯维的浮士德”。

然后是莉泽·迈特纳。在这场理论物理学家云集的会议中，她是唯一一位实验物理学家，尽管并不是历届会议中唯一受邀与会的实验物理学家，因为玻尔一直很清楚，让搞理论的和做实验的互相了解对方正在做什么、想做什么有多么重要。早年在曼彻斯特大学师从卢瑟福时，他就已经知道这种交流的重要性，也想努力让这种交流继续成为自己生活的一部分。玻尔研究所一直有尽管不大但也相当重要的一部分是用来进行实验研究的，就像卢瑟福也曾把自己尽管不大但也相当重要的一部分投入理论研究中一样。

当然，在解释手头工作、强调指出可能存在的测量误差以及指导理论物理学家进行研究产生丰硕成果等方面，有些实验物理学家会比其他人做得更好。迈特纳就是他们当中的佼佼者。她自身也是成果颇丰的实干家，在长达半个世纪的时间里做过大量的重要实验。

然而迈特纳最出名的事情是她脑子里突然闪现的一道灵光。那是 1938 年 12 月 24 日早上，她跟外甥奥托·弗里施（Otto Frisch）在瑞典孔艾尔夫镇附近的林子里散步的时候。那一天他们俩第一次认识到，铀原子核在被单个中子击中时可以一分为二，释放出相当大的能量。弗里施很快给这一过程起名为“裂变”，这就是原子弹的关键所在。光是迈特纳自己，或者再加上长期跟她合作的奥托·哈恩（Otto Hahn），或许就能凭借累积的实验工作获得一次诺贝尔奖；而就凭她跟弗里施一起提出的这番见解，她也同样配得上诺贝尔奖。玻尔建议给迈特纳颁奖，但结果未能如愿。现在我们将迈特纳的遭遇作为冥顽不灵的政治干预的一个范例，就连诺贝尔三大科学奖项的评选也不能免俗。我们很容易认为这是针对女科学家的偏见作祟，但也有可能更多地跟瑞典的一些著名科学家对她个人无缘无故的敌意有关。但无论有没有得奖，她的贡献都是明摆着的。

这个七人团体值得关注还有一个原因，就是他们代表了三代量子理论物理学家。玻尔、埃伦费斯特和迈特纳是老一辈，跟爱因斯坦是一个时代的。他们三人上学受教、成为活跃的物理学家，都是在 1920 年代中期的量子力学革命之前。泡利、海森堡和狄拉克在这场革命中登上历史舞台，也都是新理论形成过程中的关键人物。最后一位是德尔布吕克，尽管只比泡利小六岁，也只比狄拉克小四岁，仍属于“革命后”一代，他们开启职业生涯的时候，量子力学已经羽翼丰满。

但是在哥本哈根那一周的时间里，如果要讲述“哥本哈根的浮士德”的故事，还有一个人的存在我们不得不提，那就是约翰·沃尔夫冈·冯·歌德。

第三章　歌德与《浮士德》

浮士德（垂死之言）
我的尘世生涯的痕迹就能够
永世永劫不会消逝。——
我抱着这种高度幸福的预感，
现在享受这个最高的瞬间。
（歌德《浮士德》，第二部，第五幕，542—545）

在歌德的光辉中

很久以来拿破仑都很崇拜歌德。据说在终于见到歌德后，拿破仑宣称：“这是个人物。”歌德的英国拥趸托马斯·卡莱尔说，歌德是“我们这个时代最聪明的人”。他生活的魏玛成了新雅典，崇拜者们从欧洲各地蜂拥而至，向圣地的这位伟人致敬。即便在他身后，他们仍然会去他的墓地朝圣，在他曾漫步的神圣土地上行走。一战后很多古老的偶像土崩瓦解，但对歌德的崇拜和钦敬并没有消失，他仍然代表着真正卓越的精神和心灵。

对歌德生平的记录非常详尽，首先就是他自己的演绎。他记录了自己生活的方方面面，或者用他自己的一句名言来说，他的所有作品都是“沉痛忏悔的片段”。这些所谓片段在他标准版的全集中一共有一百多卷，包括游记、演讲、政府报告、科学作品以及诗歌、小说和戏剧。

1774年，二十五岁的歌德出版了《少年维特的烦恼》，一夜成名。这部小说讲述了维特的悲惨故事，他单恋绿蒂，然而绿蒂跟阿尔贝特定了亲。小说刚一出版，就轰动了整个欧洲。年轻人在言谈举止和着装上模仿维特，甚至不时还会有人效仿这个故事令人心碎的结局自杀。尽管这部小说大体上以歌德的一段不幸的爱情为原型，但跟维特不同，作者很快就从心碎中走了出来，后来还有了很多段爱情，有些是单相思，有些是两情相悦。

处女作大获成功后不久，歌德就搬到了魏玛。他去那里是应萨克森-魏玛公爵卡尔·奥古斯都之邀，在德国东部这个独立小国，十八岁的公爵是绝对统治者。魏玛的居民不到一万，但由于公爵母亲的影响，这座小城在某种程度上可以算是一个文化中心。尽管如此，魏玛跟重要的商业中心法兰克福相比还是差得太远，歌德在那里长大，受到邀请时也还生活在那里。但搬去魏玛的机会触动了这位青年作家的心弦，他很快就接受了公爵的邀请。几乎可以肯定，他做出了正确的选择，因为魏玛为歌德提供了从事他诸多兴趣的理想环境，当然更重要的是还有经济保障。而对慷慨大方的公爵，歌德的回报是，让魏玛成为全世界学习和文化的代名词。

在魏玛生活的头十年，歌德参与了一些城市管理工作。歌德学过法律，还在法院工作过一段时间，因而算得上精通法律事务。那时他已经开始科学研究，钻研过一些医学知识，还学了点蚀刻版画，当然也写下了大量文字。《浮士德》开场那段著名的独白就用这么一条清单反映了这段历史：

> 到如今，唉！我已对哲学、
> 法学以及医学方面，
> 而且，遗憾，还对神学！
> 都花过苦功，彻底钻研。

我这可怜的傻子，如今
依然像从前一样聪明；

（《浮士德》，第一部，1—6）

这段话很容易改头换面，也经常被拿来恶搞，包括在《哥本哈根的浮士德》中，一一列举理论物理各个分支领域的一段唠叨，就形成了尝试未奏其功的知识领域的名录。然而歌德绝不是“可怜的傻子”，他在魏玛生活得风生水起。在被任命为枢密院成员后，歌德积极参与了公爵领地的很多事务，包括国库管理、道路修建、公园景观设计等工作，并让这个地区的银矿、铅矿和铜矿都重新运转起来。当然，他仍然笔耕不辍。

在魏玛度过了密集参与各种活动的头十年后，歌德觉得有必要从这些事务中抽身。公爵对他大力支持，还给了他一大笔津贴（因为数额巨大，在魏玛也招致了一些非议），于是歌德去了南方，接下来两年的大部分时间都在意大利度过，主要是待在罗马。在那里他把很多时间都花在绘画上，这件事他一直很着迷，但最后他相信，他真正的天赋还是在文字上。

现在歌德重新充满了活力，也准备好要把精力放在追求他的缪斯女神和魏玛的文化生活上，因此在1788年，他回到了魏玛。接下来四十多年，除了短期出门旅行，他都一直待在萨克森邦国的这座小城里。在他的资助人的支持下，歌德回到魏玛后，除了自己感兴趣的事情之外，其他行政管理方面的事情都不再过问了。

歌德对一个领域特别感兴趣，就是戏剧创作。1794年到1805年的十年间，当时德国另一位伟大的剧作家弗里德里希·席勒（Friedrich von Schiller）也来到魏玛与歌德为伴，让这段时期成了德国舞台的辉煌时代，他们俩的文字作品及戏剧创作和演出就是这个时代的标志。席勒最好的作品，理想主义历史剧作《玛丽亚·斯图亚特》《威廉·退尔》和《华伦斯坦三部曲》都是在这个时期写成的，歌德的《浮士德》第一部也大部分完成于这段时间。但天不假年，席勒于1805年不幸早夭，给他们的合作画上了句号。二十七年后，歌德也去世了。他的头上戴上了桂冠，遗体安葬在一个叫做诸侯墓地的地方，棺材跟席勒的并肩躺在一起，算是对德国舞台的辉煌时代以及魏玛的伟大年代的纪念。

哥本哈根的物理学家们对歌德无疑也满怀敬意。然而他们跟这位伟大的人文主义者还有一个关联，那就是科学。甚至早在参与魏玛的矿业工作之前，歌德就已经对地质学非常着迷，特别是对地壳如何形成的问题。这跟他的生物学观点互为补充，特别是他提出的“原型植物”（Urpflanze）概念，他认为其他植物都能以这种植物为原型逐渐形成。然而歌德的好奇心并不局限于植物和岩石。他发现人的颌骨中有一块颌间骨，当时大部分解剖学家都坚持认为这种结构只会在动物身上出现，然而歌德正确地认识到，这只是因为在人身上很难辨认出来罢了，因此这一发现很大程度上要归功于他。他认为动物、植物和矿物中的生命是在一个连续体上，这种整体论观点甚至让很多人称他为达尔文的前辈。

1967年在歌德学会于魏玛举办的会议上，海森堡对这位大师的科学观点有如下评价：“对歌德来说，对大自然的所有观察和了解都是从直接的感官印象开始的，所以不是通过一个用仪器从自然界里筛选出的孤立现象得出的，而是通过我们感官直接能接触到的、自然发生的现象得出的。”歌德通过让浮士德哀叹读书无用后呼吁与自然实现这样的交融的方式，表达了这种方法：

> 起来！逃往广阔的国土！
> ……
> 你将会了解星辰的轨道，
> 如果自然将你点化，
> 你的心灵就会开窍，

懂得精灵们怎样对话。

（《浮士德》，第一部，65，69—73）

然而由于浪漫主义的激发，尽管精确的定量分析通常会带来成功的科学灵感，但歌德的热情中却体现出对这种分析方法的鄙视。这并非无心之失，就像梅菲斯特在《浮士德》第二部当中说的那样：

听你的高论，不愧是饱学之士！
你摸不着的，就当它远隔千里，
把握不住的，就当作完全乌有，
没计算过的，就以为纯属虚构，
你没称过的，就说它重量很轻，
你没铸造的，就认为不能通行。

（《浮士德》，第二部，第一幕，306—311）

歌德的《色彩理论》积二十年研究之功，至今仍是他最著名的科学著作。尽管这部著作最早出现于1810年，但早在二十年前去意大利旅行时，他就已经在做这方面的研究了。在这篇论文中，歌德试图将明暗、冷暖、和谐、排斥和舒适的概念，融合到色彩的美学中。歌德用半科学的语言表述称，黄色和蓝色是仅有的完全纯净的颜色。歌德的这部著作是为了驳斥牛顿毫无感情但出于经验的色彩理论而写的，然而牛顿的理论经受住了挑战。

很多人都说歌德是掌握了所有知识领域的最后一人，他自己认为，他对科学的贡献差不多跟对文学的贡献不相上下。确实，他在物理学和生物学上的研究给了后人很多启发，不容忽视。此外，他在这些领域的努力，以及在形成对人类情感、科学和诗歌、真和美的无所不包的研究方法上更广泛的努力，也有助于解读他对浮士德的描绘。这些努力也深深影响了很多科学家，尽管他们的科学方法跟歌德截然不同。歌德还用梅菲斯特的话提醒他们：

> 理论全是灰色，敬爱的朋友，
> 生命的金树才是长青。
>
> （《浮士德》，第一部，1684—1685）

《哥本哈根的浮士德》

在哥本哈根会议期间上演一出滑稽短剧的想法，明显是 1931 年初从苏联物理学家乔治·伽莫夫天马行空的脑子里冒出来的。卡西米尔到哥本哈根的第一个晚上，跟他住同一个房间的，就是这个伽莫夫。他设想的是戏仿一部名为《细菌失窃》的当代间谍电影，他们很多人都在本地电影院看过这部影片。这出短剧在会议上演出后取得了巨大成功，从此成为以正襟危坐的物理学讨论为特征的年度聚会的新余兴节目。伽莫夫一直很喜欢游戏、派对、双关语和精心设计的玩笑话，他的幽默后来在十多本畅销书中得到了大量应用，所有书里的插图都由作者亲手绘制。在伽莫夫平易近人的风格背后，是他那令人叹为观止的知识储备，以及机智和魅力。这些著作翻译成了多种语言，我们这一代科学家在萌芽时期，往往就是通过他的这些著作初次接触到现代科学世界，并在他的引领下得窥门径的。

正常情况下 1932 年的短剧会由伽莫夫执笔，至少也会同德尔布吕克一起制作。他们俩在哥本哈根是很亲密的朋友，前一年还合写了一篇核物理学领域的论文。但现在情况不大正常。伽莫夫在哥本哈根和剑桥分别待了很长时间后，于 1931 年底回到苏联。苏联政府严格限制出国旅行，驳回了他更新护照的请求，让他无法于 1932 年前往哥本哈根。

德尔布吕克不愿意让这位无法到场的同伴完全置身事外，于是在短剧中加了一段小插曲，意在向这位缺席的朋友致敬。在某一场戏的开头，舞台后景出现了一幅奇怪的画。上面画的是伽莫夫，双手紧握着牢房的铁栅栏。舞台背后传来一个声音，悲伤地吟诵着：

我去不了布莱丹斯维。
（势垒太高了！）

这句双关是物理学圈内的一个梗，也是这出短剧的典型风格。1932年的时候，物理学家们基本上都认为，原子核能否解体的关键，是原子核内的粒子跑到原子核外的能力。

插图　铁窗后的伽莫夫

1928 年伽莫夫率先计算了这种概率，认为这种概率主要取决于原子核内部的作用力产生的势垒（barrier）。这些作用力很有效，能让一些原子核内的粒子大部分时间都留在原子核里，而对另一些原子核来说就能一直留住。但在 1932 年，伽莫夫想的是别的势垒。

物理学家们刚刚才开始认识到，离开苏联是一项很艰巨的任务，因此此时“势垒”一词也有明显的政治含义：伽莫夫被自己的祖国困住了，没法想走就走。他面临的障碍显然太大，像他这么有勇有谋的人都无法逾越。

伽莫夫没能搞到护照，只好尝试用别的办法离开这个国家。1932 年，他跟第一任妻子试图逃离苏联，想要驾皮划艇穿过黑海去土耳其。伽莫夫随身的证件只有一张已经过期的丹麦驾照。等到了土耳其，他打算冒充丹麦人，要求他们带他去伊斯坦布尔的丹麦大使馆。到了使馆，他觉得自己奇异的冒险之旅就可以宣告结束了，伽莫夫写道，因为“我会给哥本哈根的尼尔斯·玻尔打电话，他会安排好一切事情”。

这个故事的有趣之处在于，它描绘了当时的年轻理论物理学家们心中所怀有的对玻尔的巨大信心：他不但会为了帮助他们而愿意做任何事情，而且也有能力搞定任何烂摊子。然而，伽莫夫夫妇的逃亡之旅却还是以失败告终，海上汹涌的浪涛把他们推回了克里米亚。好在经过一连串的机缘巧合，也得益于玻尔的直接出手相助，几个月后他们终于搞到了去西欧参加一个物理学会议的签证。1933 年晚些时候，他们离开了苏联，再也没回去。

如果不是伽莫夫和他的幽默感，1932 年《哥本哈根的浮士德》的剧本或许就只能留在与会者的记忆中。尽管没能参加这次会议，伽莫夫还是挑起大梁，决心让这个剧本印刷成册，虽然是英文版，而不是原本的德语版。1968 年伽莫夫不幸英年早逝，在去世前两年，他出版了一本小书，名为《震撼物理学的三十年——量子理论的故事》，最后附上了那出短剧的英译本，以及一则来自伽莫夫的略显晦涩的评论：

> 《布莱丹斯维的浮士德》，作为一份属于物理学发展史上那些动荡岁月的重要文件，由芭芭拉·伽莫夫翻译成英文并刊载于本书。除歌德外，本剧作者和表演者均希望保持匿名。……

感谢马克斯·德尔布吕克教授好心好意，帮助解读了本剧的部分内容。

实际上，伽莫夫是从德尔布吕克那里拿到了一份剧本，在他第二任妻子芭芭拉的帮助下翻译成英文，然后绘制了魅力无穷的插图。

至于说剧本是怎么写出来的，我们只知道德尔布吕克是主要作者，很可能得到了海森堡二十岁的门生卡尔·弗里德里希·冯·魏茨泽克（Carl Friedrich von Weizsäcker）的帮助。这么猜测应该也八九不离十：尽管1931年的短剧很成功，到1932年，物理学家们还是冀望更多，毕竟这是玻尔研究所成立十周年。

德尔布吕克的选择很自然，因为整个德语世界到处都在筹划纪念歌德逝世一百周年的活动。如果说玻尔这样的人是巨人，那么歌德就是神，是最后一个尽己所能通晓所有知识领域的人，而《浮士德》就是他的杰作。1920年代，学生仍然需要大段地背诵诗歌作品。德国所有的高中生都读过这部史诗，很多人都背过剧中天主和梅菲斯特争执浮士德灵魂究竟该归属何处的那些台词，就算背不出剧中诗句的人也肯定很熟悉剧情，能领会戏仿和原作之间的细微差别。

插图　1932年的玻尔研究所

对歌德的崇敬之情也没有局限于德语世界。比如玻尔的一位传记作者在描写尼尔斯·玻尔成长过程中的丹麦家庭生活时就曾这样写道：

> 玻尔教授（尼尔斯·玻尔的父亲）不仅毕生致力生理学和自然科学，也是歌德的追随者，能仅凭记忆整节背诵《浮士德》。在跟父亲一起散步时，或是在漫长的冬夜坐在父亲脚边时，尼尔斯就这样沉浸在歌德的世界里。这些壮丽的诗句伴随了他一生，他也经常引用歌德的话语。

那个年代的“读书人”依然需要对特定作品了如指掌，而《浮士德》无疑是西方文学经典中绕不开的巨著。詹姆斯·乔伊斯在《芬尼根的守灵夜》中列出了“胆切、高特和肖普克帕”三位饱受赞扬的诗人，实际上当然就是但丁、歌德和莎士比亚。《浮士德》第一部尤其为人熟知，因为这个故事在歌德写下后被运用、改编了很多次，而歌德的故事本身又从另一个故事搬演过来，那就是克里斯托弗·马洛（Christopher Marlowe）写于16世纪并搬上舞台大获成功的《浮士德博士的悲剧》。歌德之后，几乎不可能有人会不知道浮士德对玛加蕾特（也叫玛格丽塔、玛加丽塔、格蕾辛等等）的爱意，以及他跟魔鬼订立的契约。

《浮士德》的主题在无数场合被反复引用，使其受欢迎程度一直有增无减。弗朗茨·舒伯特（Franz Schubert）根据剧中一些诗句改编的歌谣，称得上是德国最受欢迎的组歌。在数十部以《浮士德》的内容为主题的歌剧中，柏辽兹（Berlioz）的《浮士德的天谴》、夏尔·古诺（Charles Gounod）的《浮士德》和阿里格·博伊托（Arrigo Boito）的《梅菲斯特》，都很快就在标准剧目中站稳了脚跟。1883年，纽约的大都会歌剧院以古诺版本的浮士德故事作为开业剧，并在此后的几年间反复上演，以至于纽约人都开始管这座新剧院叫“浮士德屋”，与德语中的“节日大厅”一语双关。到了1932年，电影版《浮士德》也开始上映，其中茂瑙（F. W. Murnau）的版本在德国特别受欢迎。总之，欧洲人要是想对《浮士德》的情节一无所知，就只有完全与世隔绝，并且不接触任何艺术形式才有可能。

即使在艺术之外，“浮士德式的交易”过去与现在都常被人们用来比喻生活中的那些看似得利实则不然的交易，这样的交易能让你的需求马上得到满足，但长远来看有可能会给个人、政治或职业带来更重大的损失。

在1930年代初让人惶恐不安的政治潮流中，物理学家们也认识到，他们可能不得不在个人生活中进行一些浮士德式的交易，但他们自我安慰说，他们手里的科学是纯粹的、抽象的，不会带来未曾企及的危险后果。他们在工作上不会面临需要做出浮士德式交易的风险。然而十年过去，当原子核内的全部威力都释放出来后，他们才知道自己错得有多离谱。

第四章　前排：老护卫

梅菲斯特（独白）
我常爱跟这位老者会晤，
唯恐失掉他的欢心。
我真钦佩他这位伟大的主，
跟恶魔交谈也这样合乎人情。

（歌德《浮士德》，天上序曲，108—111）

尼尔斯·玻尔

上帝与魔鬼，也就是天主与梅菲斯特之间的辩论，是《浮士德》这部剧作的核心内容。毫无疑问，在哥本哈根聚集的青年物理学家们心目中，“老者”，或者说天主，就是玻尔。同样很明显，泡利混合着幽默和嘲讽的尖刻，意味着他就应该是梅菲斯特（在短剧中大家就是这么叫他的），也就是魔鬼，《浮士德》里最粗鄙的形象。《哥本哈根的浮士德》把《天上序曲》中的诗行改成了下面的样子，好让观众一看就知道魔鬼的身份：

能时常见到这位亲爱的老者着实叫人欢喜，
我希望能善待他——尽可能地谦恭有礼。
他很迷人，也很威严，冒犯他肯定是罪过一桩——

还要爱慕他！——他太讲人情了，甚至会跟泡利交谈！

很明显，玻尔和泡利之间长久的友谊充满了钦敬、喜爱和尊重。很多认识玻尔的物理学家都可以作证，从泡利那里收到的信件是他最珍视的。莱昂·罗森菲尔德（Leon Rosenfeld）就是这样一位青年物理学家（顺便提及，在1932年的表演中，就是他扮演了泡利/梅菲斯特），他回忆了玻尔收到这样一封信时的情景：

> 收到泡利的来信是件大事：玻尔忙着处理事务时会随身带着这封信，任何再看一眼这封信的机会，以及向可能会对他们正在讨论的问题感兴趣的人展示这封信的机会，他都不会放过。以起草回信为由，他会一连几天跟不在身边的这位朋友进行想象中的对话，仿佛他就坐在那里，脸上带着轻蔑的笑容倾听着一样。

插图　泡利/梅菲斯特与玻尔/天主交谈

玻尔与泡利之间的友谊始于1922年玻尔在哥廷根做七次讲座的时候，也是在那期间，玻尔认识了海森堡。当时玻尔正想找个年轻人合作，帮忙准备出版他作品的德语版。他问泡利对这件事是否感兴趣，还是会给他造成困扰。泡利跟平常一样毫不客气地回答说，玻尔的物理学内容对他而言不构成任何问题，简直跟过家家一样，但学丹麦语就完全是另一回事了，可能超出了他的智力水平。玻尔听完大笑起来，泡利也笑了。他们之间的友谊就此缔结，三个月后，泡利第一次去了哥本哈根。顺便，他还学了丹麦语。

尼尔斯·玻尔很幸运，1885 年他出生于哥本哈根，父亲名叫克里斯蒂安·玻尔（Christian Bohr），有着古老而显赫的丹麦血统，母亲名叫艾伦·阿德勒（Ellen Adler），是从德国移民到丹麦的犹太银行家庭的女儿。这对夫妇待人热诚，有爱心也很有教养，育有一个女儿名叫珍妮，还有两个儿子，尼尔斯和哈拉尔德（Harald）。兄弟俩只差一岁半，简直形影不离，这种亲密关系也贯穿了他们一生。兄弟俩都是非常优秀的运动员，哈拉尔德甚至作为丹麦足球队队员参加了 1908 年的夏季奥运会，不过尼尔斯更擅长体力活。哈拉尔德后来成了世界知名的数学家。两兄弟间有一个非常明显的差异，而每念及此，哈拉尔德总会不由自主地笑起来：人们认为哈拉尔德是位非常出色的讲师，而尼尔斯讲起课来却糟糕透顶。对此，哈拉尔德是这么解释的："每一次讲课，我都只讲我以前解释过的内容，但尼尔斯通常都是讲他打算稍后解释的内容。"

他们俩研究数学和科学的方法也体现出了两人之间的差异。哈拉尔德思考问题时喜欢独处，而尼尔斯从小就觉得需要通过征询别人的意见来阐明自己的想法，需要找个同伴来反复验证这些想法究竟对不对。在这过程中他可能会突然停下来，身体前后摇摆，全神贯注地思考手头的问题，这时他也会一脸漠然，半张着嘴。得出答案后，他脸上会露出灿烂的笑容，然后就可以继续往下讨论了。他妈妈说，有一次无意当中听到有人觉得她挺可怜，因为生了一个看起来那么傻的孩子，但那不过是尼尔斯沉浸在思考中罢了。

玻尔身材高大、身体强壮，脑袋很大，手的大小也超出常人，牙齿外凸——不是传统的英俊形象，而是通过他的粗线条来吸引人，看起来更像渔船上的船夫，而不是大学教授。他的体力和脑力都非常惊人，就算到了五十多岁，还能让年龄只有他一半的物理学家精疲力竭。他会一边走路一边说话，还一边抽着烟斗，不时停下来重新点一下烟锅。跟他对谈的人是爱因斯坦还是普通学生并不重要，玻尔都会同样坚定、温柔地让谈话继续下去，矢志不渝地追寻着答案。跟五大三粗的身形比起来，他的声音可以说非常温柔和蔼。

大多数时候玻尔都在写论文，这时候玻尔会从哥本哈根的青年物理学家当中挑选一名助手。大家亲切地称这位助手为“受害者”，他需要在一个地方坐定，而玻尔会在房间里来回走动，就着烟斗不停吞云吐雾，不断推敲他的想法，在想法成形时他会大声说出来，反复尝试向“受害者”口述他的句子。中午“受害者”通常会跟尼尔斯夫妇共进午餐，之后继续工作。有时候这项工作会变得很艰难。1932 年秋天玻尔的“受害者”是维克托·韦斯科普夫，他一辈子都有个习惯就是一边工作一边踱步，他回忆说，在当“受害者”时，要克服这个习惯真的好难：“他规定我们俩当中只有一个人允许移动，所以我只能一天天无比痛苦地坐在那里。”但他也补充道，尽管有这些痛苦，但能有这么多跟玻尔在一起的时间，并近距离观察他是怎么思考的，是莫大的荣幸。

当然，如果没有端庄而美丽的玛格丽特，哥本哈根魅力无穷的氛围也不可能存在。从 1916 年起她就一直陪伴在尼尔斯身边，总是为他铺平道路，照料好他们的六个儿子，面带微笑地接待访客，无论是在哥本哈根还是他们位于齐斯维尔德的朴素的海滨小屋，访客都跟流水一样多。她也会让尼尔斯同青年物理学家们一起去旅行一天乃至一周，或是在书房跟他的“受害者”一起度过一段没有人打扰的时光。

无论在散步时还是在报告厅里，玻尔总是彬彬有礼，打断别人的时候也总会说上一句：“我不是想批评啊，就是想了解一下。”但是，在尝试弄清困扰着他的物理学问题时他也会不依不饶，尤其是1926年到1927年间，也就是量子力学的哥本哈根诠释逐渐成形的那两年。

理解这个宏伟理论的诠释框架很大程度上是在哥本哈根建立的，而玻尔和海森堡正是这一框架的两位首席设计师。而在全世界各大物理学中心，关于量子力学的争论正在热火朝天地进行着，科学家们不断辨析着两个横空出世而又针锋相对的量子力学表述形式到底孰优孰劣，它们分别就是海森堡的矩阵力学与薛定谔的波动力学。乍一看这两种形式完全不一样，但很快便有人证明两者对实验结果的预测实际上是一模一样的，不过薛定谔的版本用的是科学界更熟悉因此也更容易接受的数学语言。提出这两个理论的人对这两套数学形式背后的物理内涵却有着完全不同的解释：海森堡认为，电子环绕原子核运行的路径，也就是所谓的轨道，是无法观测的，因此毫无意义；而薛定谔则坚持说，这些路径绝对有意义，由被他当做波动力学基础而提出的波的行为决定。

玻尔知道，如何理解这两种数学表述的物理意义仍是一个悬而未决的开放问题。他意识到量子力学要想取得进一步的发展，就必须先解决这一难题，为此他邀请海森堡和薛定谔来他的研究所一叙。1926年10月薛定谔抵达哥本哈根时，已经用自己的观点在柏林、慕尼黑和苏黎世收获了大批粉丝。但来到哥本哈根后，迎接他的人就没那么支持了。参与了多次讨论的海森堡在其回忆录《原子物理学的发展和社会》（*Physics and Beyond*）中写道：

> 玻尔和薛定谔之间的讨论从哥本哈根火车站就开始了，之后每天都在继续进行，从早上一直持续到深夜。薛定谔就住在玻尔家里，就这一点，他们的谈话基本上就不可能被打断了。尽管在其他事情上玻尔跟人打交道时都非常体贴周到、和蔼可亲，但在我看来，现在的他简直狂热得对一切都不管不顾，不

准备向自己的讨论对手做出任何让步，也不打算容忍任何含糊其辞的地方。几乎不可能描述双方进行讨论时的激情究竟有多强烈，也不可能说清楚人们从玻尔和薛定谔身上所看到的信念有多根深蒂固。

玻尔坚持认为，从某种意义上讲，电子会从一个轨道，或者用他的话讲，从一个量子态跃迁到另一个量子态。海森堡还记得，薛定谔被激怒后对玻尔说道："要是所有这些该死的量子跃迁真的存在，我会为自己卷入了量子理论而感到遗憾。"对此玻尔的回应是："但我们其他人都会非常高兴你卷了进来。"没有什么能让讨论停下来。最后，精疲力尽又极度兴奋的薛定谔回到自己的房间，玛格丽特给他送来了茶点，但尼尔斯·玻尔还不肯放过他，他坐到薛定谔床边，继续跟他争论。两人你来我往，谁也说服不了谁，但当结束讨论而分开时，两人都怀着一种新涌起的对彼此的钦敬之情。可以设想，玻尔在这些谈话中说了多少次"我不是想批评啊，但是……"，接着又是"我不大能同意你的看法"或是"请试着从这个角度来想"。

玻尔那句"我不是想批评"成了标准用语，甚至哥本哈根的青年物理学家们都开始互相说："我不是想批评啊，但是……"在哥本哈根戏仿版的《浮士德》中，玻尔/天主退场时说了这么几句：

> 我这么说不是想批评，就只是想了解了解……
> 但现在我必须离开。再见了！我会回来的！

他也确实一次又一次地回来，回到困扰他的问题上，就像他跟薛定谔展开讨论时那样。顺便提及，那些讨论通常都是以玻尔更满意的形式收场的。

保罗·埃伦费斯特

在那出滑稽短剧中，玻尔被描绘成天主，泡利成了梅菲斯特，而深陷困扰和冲突中、被天主与梅菲斯特争来抢去的浮士德，则被戏仿为保罗·埃伦费斯特。德尔布吕克是这出戏的作者兼选角导演，他肯定不知道那时候埃伦费斯特内心的痛苦有多深，但也许还是感受到了一些，所以才会做出这样的角色分配。直到埃伦费斯特去世后，才有人知道他曾在1932年的会议结束几个月后写了封信，他在信中描述了他感到自己有多不完美，暗示了自杀的倾向。他本来打算把这封信寄给几个朋友，包括玻尔和爱因斯坦，但后来他改了主意，没有寄给任何人。

插图 埃伦费斯特/浮士德在书房里

保罗·埃伦费斯特五短身材，剪着寸头，留着胡子，眼睛明亮，戴着圆圆的眼镜。1880年他出生于维也纳，比爱因斯坦小一岁，比玻尔大五岁。奥匈帝国以前有禁令，规定犹太人只能住在犹太区，很多职业都禁止他们从事，子女上学的机会也很受限制。帝国皇帝弗朗茨·约瑟夫一世（Franz Josef I）取消这些禁令后，大量犹太人涌入帝国首都，他的父母也在其中。进入主流社会时，这些家庭中也有很多正式或非正式地退出了犹太教，认为那是他们过去外省生活的遗痕，可能会成为职业发展的障碍。有些人皈依了新教，有些人皈依了天主教，还有些人干脆说自己是疑神论者。

埃伦费斯特的父母生活在工人阶级为主的天主教区法沃里滕，在那里经营着一家杂货店。楼下是铺子，全家人住在楼上，有保罗、四个哥哥、两个女佣、一个保姆和六名店员。

保罗虽然最受父亲喜爱，却仿佛是个意外：四个哥哥里最小的都比他大八岁。他很敏感，身体虚弱，又不像四个一起长大的哥哥可以互相提供保护，因此他的童年过得很艰难，而由于生活在天主教区，老有人欺负他是犹太人，更是让情形雪上加霜。埃伦费斯特的母亲在他十岁那年去世，父亲也在他十六岁时撒手人寰，他由此产生的不安全感也不断加深。父母离世相当于把他留给了兄长们照顾，他发现自己在数学和科学上很有天赋，这让他有了活下去的动力，然而青年时代的黑暗时刻终其一生会经常复现。他年轻时去过意大利的科莫湖，在日记里描述了看到这些美景时的喜悦，但随后又补充道："我现在很熟悉的这种紧张、厌恶的感觉，让我想到以前常常令我觉得'周末好无聊'的那种感觉，这不就是那种心理倾向改头换面后的复现吗？怎么才能从中治愈呢？"永远不会有答案。

1899 年，埃伦费斯特开始上大学。不过那时候德国和奥地利的大学生通常只在一所大学待一两年，然后就会去另一所大学，这就是所谓的"漫游年"。按照这个传统，埃伦费斯特于 1901 年从维也纳去了哥廷根，在那里遇到了一个比自己大几岁的俄罗斯青年女物理学家，并爱上了她。到 1902 年冬天，他们决定结婚，并到妻子的祖国定居。

但事情没那么简单，因为奥匈帝国当时的法律禁止犹太人和基督徒结婚。他们正式宣誓退出所有宗教，才扫清障碍。1907 年，这对年轻夫妇终于搬去了沙皇俄国的首都圣彼得堡。此前他们短时间回了一趟维也纳，好让埃伦费斯特完成博士论文。然而无论有没有博士学位，俄罗斯都几乎没有什么学术职位，而对一个宣誓退出所有宗教的外国人来说，更是肯定不会有，因此埃伦费斯特夫妇只能靠家里的一点接济和一些临时的教学工作勉强度日。

到 1912 年冬天，埃伦费斯特的生活已经变得非常糟糕，学术上也与世隔绝，找不到任何工作。他决定花两个月时间去说德语的一些物理学中心转转，看能不能找到个把职位。莱比锡、柏林、慕尼黑、维也纳和苏黎世都在他的路线上，为了省钱，他只要有可能都住在朋友家里。在前往维也纳的途中，他在布拉格停留了一段时间，拜访了跟他通信过一小段时间但素未谋面的一位青年物理学家：阿尔伯特·爱因斯坦。

从爱因斯坦在火车站接到他的那一刻起，两人就开始就物理学热烈讨论起来。本来他只打算打个招呼认识一下，结果待了整整一个星期。他们俩若是没有为相对论、统计力学或量子理论的某些问题缠斗，就是在演奏勃拉姆斯的小提琴和钢琴奏鸣曲，或是在布拉格的街道上散步。他们年龄相仿，都是犹太人，都热爱音乐，都没有学术背景，也都不爱遵循传统。爱因斯坦后来回忆道："我俩一见如故，就仿佛我们的梦想和志趣都是为彼此而生的一样。"

爱因斯坦计划那年年底离开布拉格去苏黎世当教授，于是建议这位新朋友留下来填补他即将空出来的职位。这里再次出现了一个小问题：奥匈帝国的教授职位只有有宗教信仰的人才能担任。爱因斯坦通过把自己列为"摩西信条派"的追随者扫清了这个障碍，他建议埃伦费斯特如法炮制，但后者拒绝了。他不想回到之前宣布放弃宗教信仰的老路上。这年 4 月，爱因斯坦给他写信道："对于你这样突发奇想让自己没有宗教信仰，老实说我觉得挺恼火。为了你的孩子，别较劲啦。而且一旦当上了这里的教授，你就能回到这个令人兴致勃勃的领域了——只需要这么做一小段时间就行。"但无论爱因斯坦怎么恳求，埃伦费斯特都没有改变主意。

尽管什么职位都没谋到，埃伦费斯特这趟出行还是很成功的。他结交了很多新朋友，到处都有人在说，他是个非常有天赋的年轻人。那年夏天，埃伦费斯特收到亨德里克·洛伦兹（Hendrik Lorentz）的一封信，他是一位举世瞩目的科学家，也是 1902 年诺贝尔物理学奖获得者，这是历史上第二位诺贝尔物理学奖获得者——第一位获奖者是发现了 X 光的威廉·伦琴（Wilhelm Röntgen）。洛伦兹能流利运用欧洲各大语种，折冲樽俎也很擅长，他居中调解物理学争论，多次主持著名的索尔维会议，巧妙引导讨论并推动会议进程。他所在的莱顿大学是荷兰历史最为悠久的大学，从 17 世纪起就以兼容并包著称，也一直是欧洲最好的学术中心之一，他在这里当理论物理学教授已经有三十多年。尽管现在还不到六十岁，但洛伦兹想放弃教授职位，全身心投入科学研究和其他活动中。

洛伦兹觉得退休前必须保证他心爱的莱顿物理研究所能交到让他放心的人手里。他给爱因斯坦写信，问他能不能考虑接下这个职位，但爱因斯坦已经答应离开布拉格去苏黎世了。后来爱因斯坦告诉一位朋友，他很高兴之前做出了这个决定，因为相比莱顿，他更喜欢苏黎世，而如果没有苏黎世的邀请，他是没法拒绝洛伦兹的。

这段时间洛伦兹也读到了一些埃伦费斯特和他妻子的文章，他妻子本人也是一位杰出的理论物理学家。他很熟悉他们文章所涉及的主题，而讨论的深度和观点的原创性给他留下了非常深刻的印象。洛伦兹要找新的天才来接自己的班，而爱因斯坦已经拒绝了他，所以他想多了解了解这对年轻人。他跟阿诺尔德·索末菲没见过面，但因为相信他的判断，也知道他最近跟埃伦费斯特交流过，因此还是给索末菲写了封信，请他评价一下埃伦费斯特。洛伦兹很可能也从爱因斯坦那里听说过埃伦费斯特的大名，但索末菲跟洛伦兹是同龄人，或许更能判断青年物理学家当老师的能力。

慕尼黑那边很快就有了答复。在索末菲笔下，埃伦费斯特是位前景极为看好的科学家，很有原则，也是名很优秀的教师。“他讲学像个大师。我几乎从来没见过，一个人讲话的时候能那么有魅力、那么才华横溢。机智诙谐、意味深远和正反辩证，他都能信手拈来，令人啧啧称奇。”对洛伦兹来说这就够了。他给埃伦费斯特写了封信，表示有兴趣让他来莱顿，并请他将别的工作邀约都先放一放。

读到这封信，埃伦费斯特感慨万千。他本以为自己没有什么求职机会，然而现在怎么也想不到，洛伦兹居然在考虑让他做接班人。当然这个职位需要他学会荷兰语，但对这么大的让人无法相信的荣誉来说，学荷兰语又算得了什么呢？

莱顿大学物理研究所掌门人的邀约很快就变成现实。埃伦费斯特夫妇马上接受了他的邀请，于1912年10月抵达莱顿。他们俩烟酒不沾，不食荤腥，以当时的标准来看颇有些古怪。他们也认定三个孩子应该在家里受教育，而不是去公立学校上学。因为这些信念，他们的生活嘈杂而混乱，保姆、家教老师、频繁到来的访客、学生以及来自国外的科学家，都在他们家进进出出。1914年爱因斯坦从苏黎世去了柏林，之后也经常来这里待上几天乃至一周，跟夫妇俩或是洛伦兹讨论物理学问题，他很喜欢这种异于传统的氛围。他自己的婚姻到1914年实际上已经算是结束了，跟自己的孩子关系也很紧张，与埃伦费斯特一家形成了鲜明的对比。

爱因斯坦和埃伦费斯特一起散步、谈天，在书房的黑板上写写画画，还会时不时地移步音乐室来上一曲。他们还特别准许爱因斯坦在他位于三楼的卧室吸烟。1919年有一次住过他们家之后，爱因斯坦回到柏林，这样写道："我以前从未置身于如此幸福美满的家庭生活中过：顺理成章地从两个各自独立的人开始，而这两个人的结合绝不是因为妥协。我开始感觉到，你们所有人都是我的一部分，而我也属于你们。"

埃伦费斯特投身教学后，声誉渐隆。莱顿和全世界的物理学家都对他期望甚殷，他有能力抓住问题的本质，他们也经常会听到他说 Was ist der Witz？大概意思就是"这个笑话是什么意思？"或者"你到底想说什么呢？"这种寻根究底的精神也经常会涉及个人事务，有时他会很想深入了解朋友和学生的生活细节。大部分人都很喜欢这样，但也有一个人说，他这是吸干了他们生命必需的血液。

像这样的问题其实早就出现了。还在维也纳的时候，埃伦费斯特和迈特纳是大学同学，尽管他们俩志趣相投，却一直没有成为很亲密的朋友。埃伦费斯特的传记作家马丁·克莱因（Martin Klein）写信给迈特纳，问她为什么会是这种情形，并总结了一下她的回复："埃伦费斯特对自己接触到的每一个人都想要深入他们的灵魂，而她觉得这对她来说太过分了，让他们没有办法成为很亲密的朋友。"

但对爱因斯坦来说埃伦费斯特并不过分，对玻尔来说也是。在1914年到1916年这段时间玻尔和埃伦费斯特开始互相注意到对方的工作，但一战让他们没法继续交流下去。不过玻尔的荷兰助手亨德里克·克喇末还是找到了办法往返于丹麦和荷兰之间，战争结束后克喇末在莱顿大学论文答辩时，玻尔还去参加了仪式并发表演讲。埃伦费斯特和玻尔终于见上了面，也很快开始了他们彼此都很珍视的一段友谊。玻尔走后，埃伦费斯特给他写信道："你走了，令我食不甘味。"两年后，埃伦费斯特去哥本哈根做了一场讲座。

尽管埃伦费斯特声誉日隆，从小就困扰他的疑虑和黑暗时刻却一直都没有消失。他的日记，还有他写给好友的一些信，经常流露出他深深感到自己有多不完美。在1920年写给爱因斯坦的一封信中，他这样写道："我能做的不是科学，只是一点点还算有趣的沙龙对话，或一边散步一边聊的闲天——那些别人做出来的物理。"别人对他肯定不是这样看的，他情绪更好的时候肯定也不是这么自我认为的。爱因斯坦回信安慰他说："不要埋怨自己，也不要让自己伤神。我们也可以借用一下那条说人越老越笨的人间法则，这样我们就有了安抚别人负疚感的优势。"埃伦费斯特担心自己会不会惹恼了爱因斯坦，于是又回信道："不要对我失去耐心。记住哦，我就像在你们这些猛兽中间跳来跳去的一只青蛙，既无害又无助，唯恐被你们给一脚踩死。"

埃伦费斯特四十岁的时候就已经觉得自己老了。1920年代行将结束时，他也来到了知天命之年，他的情绪似乎变得越来越阴郁。

部分原因可能是年事渐高，但 1925 年到 1927 年的量子力学革命之后，物理学的发展速度一飞冲天，也给所有参与其中的人带来了巨大的精神压力。跟爱因斯坦不一样，埃伦费斯特认可量子力学的哥本哈根诠释，但他不是玻尔，无法为量子力学开启新的篇章。

莉泽·迈特纳

前排的七位物理学家中唯一没有被《哥本哈根的浮士德》恶搞一番的是莉泽·迈特纳。之所以这样，是有充分理由的。迈特纳是实验物理学家，而这出滑稽短剧是理论物理学家写的，本来也主要是为了调侃其他的理论物理学家。但这并不意味着他们会忽视实验。恰恰相反，在短剧快要结束时，泡利/梅菲斯特对观众提醒道：

> 实验所发现的——
> 尽管理论还没去论证——
> 总是会比听起来靠谱，
> 你可以放心大胆地相信。

甚至还有人更进一步，声称有时只有实验物理学家迈特纳才能充当裁判，判断两种针锋相对的理论究竟谁是对的，甚至能判决玻尔/天主和泡利/梅菲斯特究竟是谁赢了。

莉泽·迈特纳的职业生涯，就是科学家以愚公移山的精神克服障碍的一部传奇故事。跟泡利的父亲还有埃伦费斯特的父母一样，迈特纳的父母也都是 19 世纪后半叶从外省进入维也纳的犹太移民大军中的一员，这次移民浪潮极大地丰富了维也纳的文化生活，其中有作家阿图尔·施尼茨勒（Arthur Schnitzler）、作曲家阿诺尔德·勋伯格，当然还有西格蒙德·弗洛伊德（Sigmund Freud）。莉泽的父亲菲利普，则成了这座城市最早的犹太律师。

埃伦费斯特的父母搬进了信奉天主教的街区，而迈特纳一家跟他们不一样，他们定居在利奥波德，维也纳的这个地区以前是犹太区，现在也基本上都是犹太人。从市中心到利奥波德东北角美轮美奂的普拉特公园，绿树成荫的街道两旁搬来了大量移民，这个犹太人聚居区也迅速扩大。利奥波德的公寓通常都很宽敞，家里会有用人，客厅里也少不了三角钢琴，在音乐氛围浓厚的维也纳，钢琴在家庭生活中扮演了相当重要的角色。

这里的家庭通常也更人丁兴旺。迈特纳家有八个孩子，三个男孩，五个女孩。八个孩子全都受过高等教育，想一想，即便是为学生进入大学做准备的特殊教育学校，也直到 1897 年才允许招收女生，现在知道他们家这种情形有多难得了。莉泽出生于 1878 年 11 月 7 日，比埃伦费斯特大几个月。上大学的准备工作直到不许女生上特殊教育学校的禁令取消后才迟迟开始，所以莉泽直到 1901 年才进入维也纳大学。1906 年她拿到博士学位，之后为了从事新兴的放射性研究又多待了一年。

考虑到当时女性找工作处处受限，迈特纳尽管有博士学位，还是觉得能找到的最好的工作也不过是在一所女子学校教科学，这就意味着她只能放弃研究工作。然而她对自己的科研事业极为热衷，希望至少再多干一阵，于是请求父母资助她去柏林待一年。父母同意了。1907 年秋天，迈特纳刚到德国首都就去拜访了身为实验物理学高级教授的海因里希·鲁本斯，也就是叫普朗克找出能解释他所得数据的公式进而开创了量子理论的那个人。迈特纳问鲁本斯，能不能帮忙找个实验室让她能继续做她在维也纳就开始了的研究，鲁本斯便把她介绍给一个正想找人跟自己一块儿工作的年轻人。

奥托·哈恩跟迈特纳同岁，上大学的时候成绩并不突出。1904 年，哈恩离开德国前往英国，本来是要为在化学领域从商做准备，结果却一头栽进了放射性研究。因为对这个新领域很感兴趣，他决定改弦易辙，并希望尽可能长时间地从事这方面的探索。他一开始就取得了一些成功，这让他从麦吉尔大学的卢瑟福那里得到了一个职位，后来又在柏林首屈一指的有机化学家埃米尔·费歇尔（Emil Fischer）的实验室任助手一职。然而，按照当时德国学术界的等级来看，助手是最低级的工种，而且柏林没有人从事放射性领域的研究。费歇尔喜欢说人的鼻子就是已知最灵敏的化学仪器，所以对哈恩选择的研究方向既没兴趣也不鼓励。当然，鼻子也不是搞放射性研究的好仪器。

物理学家把放射性视为也许能一窥原子内部奥秘的入口，以及一种新的能量来源，因此他们对放射性研究似乎比化学家更感兴趣。哈恩想找学术上的同路人，于是开始参加物理学家每周一次的学术研讨会，也慢慢认识了一些志同道合的科学家。鲁本斯听说哈恩想找合作者，也知道哈恩和迈特纳志趣相投，便安排他们俩见了面。他们俩互相都很中意，也就如何开展工作达成了一致意见。这对搭档就这么成了。

在柏林开创一番事业对迈特纳来说比哈恩更难，因为费歇尔的化学研究所禁止女性进入。经过协商，双方达成了妥协：迈特纳可以用地下室里木匠用的一个房间，那个房间有个单独的出入口通向大街，但她不得上楼进入研究所，就连哈恩的实验室也不能去。如果要上洗手间，她只能走到附近的餐馆去上。1908 年，卢瑟福夫妇参加完诺贝尔奖颁奖典礼后，返回曼彻斯特途中在柏林待了几天，于是男人们在哈恩的实验室里聊天，而迈特纳陪着玛丽·卢瑟福逛街购物。迈特纳也不拿工资，也就是说她只能继续靠父母的接济住在带家具的出租房里。但工作进展激动人心，也推着她不断向前，结果她在柏林待的时间远远超过了她和她父母最早的设想。

哈恩和迈特纳这对搭档是个异数，不仅因为在科学研究领域女性凤毛麟角，也因为他们的合作既令人愉快又相当成功。从 1907 年秋天两人都还不到三十岁时开始，他们的合作持续了三十多年，直到迈特纳因为犹太血统陷入危险，只能在危急关头逃离德国时，他们的合作才宣告停止。在今天看来，他们的合作关系似乎也略显诡异。除了在正式场合他们从来没有一起吃过饭、散过步，也从来没有在晚上送对方回家。直到进入1920年代很久以后，他们俩才开始以你我相称，之前从来都是用敬语。尽管如此，他们俩都将对方视为密友，既能叫人心情舒畅，又能两肋插刀。

尽管这对搭档的研究大有进展，费歇尔研究所的化学家们仍然对迈特纳很是冷淡。好在物理学家们注意到了迈特纳，也开始有人跑到木匠房间里找她聊天。特别是其中有一位地位特别显赫，对迈特纳的研究也有着浓厚兴趣，这就是马克斯·普朗克。

迈特纳对普朗克高山仰止。他们第一次见面五十年后，迈特纳写道：

> 他性情极为纯粹，内里极为正直，对应着外在的简单朴素和从不自命不凡……我无数次看到，他从来不会做或是会避免去做只是对自己有用或有害的事情，这让我非常钦佩。他如果觉得什么事情是对的就会去做，从不为自己考虑。

迈特纳一直在听普朗克的讲座，之后也很快成了普朗克一家人的好友。她会跟他们家的双胞胎女儿一起在乡间散步，也会参加他们家的音乐之夜。普朗克对她很关心，尤其是在1910年迈特纳的父亲去世后，普朗克做了件非同寻常的事情，迈特纳一直觉得这件事是她职业生涯的转折点。1912年，普朗克任命迈特纳做自己的助手，这是迈特纳第一份有薪水的工作，她也成了全普鲁士第一位女性助手。不到一年，费歇尔也遵循普朗克的做法，确保了让迈特纳能得到跟哈恩相同级别的待遇。1913年，在普朗克和费歇尔的相继干预下，哈恩和迈特纳都有了薪水和研究基金，还在声望卓著的威廉皇帝学会新建的化学研究所北翼获得了一间拥有四个房间的实验室。这个学会几年前刚刚成立，宗旨是推动德国的科学研究和发展。

普朗克的行为体现了他这个人的特点。在亚伯拉罕·佩斯为爱因斯坦所写的传记的前言里，有这样一段总结："如果有人叫我用一句话总结爱因斯坦，我会说他是我认识的最自由自在的人。"绝对不会有人想把这句话用到普朗克身上。普朗克在很多方面都相当传统，跟德国及其制度紧密相连。但同时他也在不断质疑这种忠诚，常常因为这种忠诚的含义而痛苦。一战期间他肯定是这个样子，随着纳粹主义在德国兴起，他又进入了这样的痛苦状态。迈特纳强调，普朗克总是想做他认为正确的事情而不考虑自己的福祉，她是对的。约翰·海尔布伦（John Heilbron）将他为普朗克写的传记题名《正人君子的两难》（*The Dilemmas of an Upright Man*）绝非偶然。

无法想象爱因斯坦的笔下会出现女性，但1897年普朗克就曾这样写道：

> 亚马孙人[①]很是反常，在智识领域也是如此。在某些实际情形中，比如女性的医疗保健问题，情况可能会有所不同，但总的来说，大自然本身已经把女性设定为母亲和家庭主妇的角色，这一点再怎么强调也不为过。无论什么时候，漠视自然规律都必定会带来重大损害，而如果无视大自然为女性设定的角色，带来的损害就会尤其体现在下一代身上。

同样，人们无法想象普朗克会像爱因斯坦偶尔表现出的那样对女性自私任性，而爱因斯坦也绝对不会为迈特纳的未来操心。正如迈特纳在谈到普朗克时说过的那样："他如果觉得什么事情是对的就会去做，从不为自己考虑。"

哈恩也成了普朗克一家的朋友。他有一副男高音的好嗓子，因

---

① 亚马孙人是古希腊神话中一个完全由女战士构成的民族，是母系氏族的反映，《西游记》中的女儿国尽管源自《大唐西域记》中玄奘于途中听闻的西女国与东女国，但其实跟这个神话也是有关系的。——译者

此在家庭音乐晚会上很受欢迎，但他从来没有像迈特纳那样觉得很自在过。他们在学术界地位相仿，但迈特纳的父亲是律师，而哈恩的父亲是农民，后来靠自己打拼成了杂货店老板，哈恩从来没有完全忘记这一点。哈恩在回忆录中写道："他们所有人都出身于很好的门第，要让这些圈子接受我还挺不容易的。"

那些音乐之夜是少有的能让两人在紧张繁忙的工作日程中稍事停歇的时候。化学家哈恩和物理学家迈特纳，总是周一一大早就已回到实验室。尽管他们早年的训练和意向并不一样，但迈特纳也是很出色的化学家，哈恩操练起物理学来也不遑多让。两人处理问题的方式各有不同但又刚好互补，这是他们的一大优势。

尽管迈特纳在社交方面左右逢源，但她从来没结过婚，也没有人听说她有能走向婚姻的浪漫关系。一个朋友的女儿问过她这个问题，因为她很漂亮，身边一块儿研究科学问题的也全是青年男子。莉泽笑着回答说："我完全没时间考虑这些。"如果她很早就跟谁建立起像居里夫人（Marie Curie）和皮埃尔·居里（Pierre Curie）那种既是个人也是工作上的伙伴关系，可能她也会跟人结婚，就此而言唯一有可能的就是奥托·哈恩，但他们俩在很多方面看起来都不太登对。后来的人生中，在她确立了自己的社会地位之后，就很难想象她会拥有一段典型的德国式婚姻了。

1932 年，迈特纳已经年过半百，就算以前有过这方面的念头，现在也肯定是过眼云烟。随着事业的发展，迈特纳从出租房搬到了实验室附近一套很典雅的公寓里。现在她身边都是朋友，社交生活也丰富多彩，但跟以前一样，科学仍然是她生活的中心。

迈特纳跟玻尔之间的友谊也特别亲密。他们俩是 1920 年认识的。玻尔研究所的建设工作占据了他一段时间的精力，但这一年在接到去德国演讲的邀请后，他知道自己有很多原因接受邀请，其中最重要的，就是他还从来没见过普朗克和爱因斯坦。一战开始前玻尔相对来讲寂寂无名，而现在，三十五岁的他已跻身伟人之列。普朗克、爱因斯坦和玻尔这三位非凡人物，越来越被视为新兴的量子理论的先驱。诺贝尔物理学奖按年龄顺序依次落到他们头上：1918年普朗克获奖，1921年爱因斯坦获奖，1922年玻尔获奖。

普朗克比玻尔年长很多，也已经不再从事前沿研究，但对玻尔来说，能认识普朗克就已经是莫大的荣幸了。爱因斯坦只比玻尔大六岁，跟量子物理学的奥秘有密切关联，因此玻尔打算跟他就这一领域未来可能的发展方向好好交流一番。尽管他们俩以前从来没通过信，但他们都在关注对方的工作，也都是埃伦费斯特的密友。

爱因斯坦对玻尔的热情接待超出了玻尔的所有预期。回到哥本哈根后，玻尔收到了一封这位新朋友的来信：

> 一个人仅仅因为其存在就能给我带来那么大的喜悦，就像你一样，这样的事情在我的生活中并不多见。现在我知道为什么埃伦费斯特那么喜欢你了。现在我正在悉心揣摩你那些重要论文，研读的时候，若是我会对什么地方迷惑不解，就会看到你年轻的脸庞出现在我面前，带着微笑一一向我解释，对此我十分高兴。

玻尔深受触动，于是回信道：

> 能见到你、跟你聊天，是我这辈子最让人激动的经历之一。对于我到访柏林时你我间一见如故的友谊，我说不出来究竟有多么高兴。你不可能知道，有机会听到你对我一直关注的问题有什么看法，对我来说是多大的激励。我永远不会忘记我们的谈话。

玻尔在1920年4月到访柏林期间交到的新朋友并不只有爱因斯坦一位，还有不少人都很渴望认识玻尔。爱因斯坦是个伟大的人，但他基本上独来独往，而玻尔看起来平易近人得多也友好得多，很喜欢跟资历尚浅的研究人员聊天。此时的莉泽·迈特纳还在努力让自己得到认可，她知道，在柏林每周一次的物理学研讨会上，是那些前排就坐的著名教授主导着问答环节，他们在德国被人戏称为“僧人”，而按现在的意思来讲就是“大佬”。迈特纳半开玩笑地组织了一个后来被称为“僧人免进学术研讨会”的活动，那次玻尔也来了，而其他那些“僧人”则都没有受到邀请。玻尔很高兴地应邀前往，这次活动也留下了一张照片，上面有十三个西装革履的年轻人围在玻尔和兴高采烈的莉泽·迈特纳身边（见照片5）。跟玻尔认识一年后，迈特纳前往哥本哈根讲学，开始了跟玻尔一家人长期而愉快的友谊。

第五章　前排：革命者

确实！老年是一种怕冷的热病，
寒飕飕地苦于奇想，
一个人过了三十岁年龄，
他就已经像死了一样。
最好还是把你及早打死。

（歌德《浮士德》，第二部，第二幕，220—224）

按照哥本哈根会议的标准，玻尔、埃伦费斯特和迈特纳都是老一辈，老到在发现原子核之前就已经觉得原子挺让人困惑了。他们三个见证了量子力学革命的到来，也都发挥了自己的作用。现在他们还能取得什么成就呢？很难不令人注意到，他们比参加会议的大部分人都年长二十岁左右。也许刚刚年过五十的迈特纳并不觉得有那么大的差别，因为她是实验物理学家，而实验物理学是另一回事。做实验的人似乎都大器晚成，盛年的时间也更长，这也是有道理的，因为建好实验室、置办好设备要花挺多年时间。长期而耐心地使用一种给定设备，由此熟能生巧，所得到的回报在理论物理领域就只能徒然称羡了。对实验物理学家来说，尽管为了保持处在研究前沿而学习新技术很重要，但跟理论领域比起来，经验在实验领域似乎占据了更重的分量。

哥本哈根的所有人都知道，是年轻人领导了量子力学革命，但到 1932 年，新一代中就连最受尊敬的三个，都已经不再年轻。三十一岁的泡利，三十岁的海森堡，二十九岁的狄拉克可能全都记得学士在《浮士德》里说的话，也就是本章开头题词中引用的那几句。

老年是一种怕冷的热病

坐在1932年哥本哈根会议的前排，海森堡不由得想起，几个月前，自己已经过了而立之年。有玻尔和埃伦费斯特坐在他身边，其中埃伦费斯特年过五旬但仍很活跃，某种意义上也是对海森堡的一种安慰。然而，这位从莱顿过来的教授尽管一如既往地犀利，却已经多年没有做出什么重要成果了，就连玻尔也不再完全是以前那个勇于创新的样子。海森堡也许想过，为什么会这样。当然，随着年齿渐增，你肩上的担子会越来越重，精力却一天不如一天，但恐怕还有其他原因。也许你不再相信自己可以改变世界，也许你很快认识到，疯狂的念头不过是个念头罢了，你不会像以前那样孜孜以求地去追寻。也许你吸收新事物不再像年轻时那么快。也有可能是，一旦为物理学设定过一次新的航向，如果想再次改变方向，你在心理上和学识上就会遭遇来自自己的阻力。但海森堡仍然非常聪敏，心理素质也很强大，他相信，自己在物理学领域的职业生涯远未结束。

新一代理论物理学家正在涌现。从前排回头往后看，海森堡能看到自己的学生卡尔·魏茨泽克，尽管才二十岁，但非常聪明，也已经学富五车。还有费利克斯·布洛赫（Felix Bloch），海森堡的第一个研究生，也极为出色，现任职于哥本哈根研究所，就坐在卡尔·魏茨泽克后面那排。能有这样的得意门生是老师的骄傲，但同时也意味着海森堡不再是青年才俊。

随着量子力学在1925年到1927年间日渐兴盛，哥廷根的人开玩笑地将其命名为“男孩物理学”，因为其中的领军人物全都可以说是男孩，泡利、海森堡、狄拉克，一个比一个年轻。但现在到了

1932 年，这些男孩都已经三十上下。他们的成就不可谓不辉煌，但最适合他们做研究的好日子是不是已经过去了？

为了防止大家忘记学士的台词，《哥本哈根的浮士德》的最后一幕安排了对应海森堡、狄拉克和泡利的演员将这些台词重新演绎了一遍。首先是海森堡发言：

> 到现在我们已经赢得了半个世界，
> 但这里面你做了什么？点点头，晒晒太阳，
> 睡醒了，做做计划，总是在做计划！

狄拉克用学士的话补充道：

> 确实！老年是一种怕冷的热病，
> 所有物理学家都深受其苦！
> 一个人要是过了三十岁，
> 也许还不如快点作古！

海森堡建议对待三十多岁的人该怎么做，让上面的信息更加一清二楚：

> 最好是让他们早点死掉。

最后是泡利，也就是梅菲斯特，在整部短剧中是三个人里面最话痨的，给出了结论。他一时有些失语，并且因为认识到自己年事已高而有些沮丧，于是用下面的话拉下了本剧的帷幕：

> 泡利在此无话可说！

尽管他们三人在1932年以后的岁月里仍然都取得了一些成果，但没有一件产生的影响比得上他们的早期工作。这样的局面说来令人伤怀，但却不难预见。他们走过的那趟旅程，曾经多么宏伟。

插图　剧终——本剧到此落幕

维尔纳·海森堡

从表面上看，海森堡的人生听起来跟玻尔很像：母亲任劳任怨，父亲是大学教授（玻尔的父亲是生理学教授，海森堡的父亲则是希腊语教授），都有一个跟自己年龄相仿的哥哥，也都一直对户外活动和体育运动很感兴趣。两人都很早就获得了职业上的成功、认可和赞誉，这方面海森堡甚至比玻尔来得更早。他们的个人生活也都很幸运：婚姻幸福美满，膝下儿女成群（玻尔有六个孩子，海森堡有七个）。最后，就连他们走向死亡的时间都差不多：玻尔享年七十七岁，海森堡七十五岁。但这些相似会让我们忽视，两人之间其实也有着巨大差异。

他们俩都非常眷恋自己的祖国，但玻尔忠于丹麦，他终其一生为帮助小小祖国所做的努力，以及他在二战期间为保护丹麦犹太人做出的英勇行为，得到了普遍的高度赞扬；而海森堡听命于纳粹政权，还在二战期间领导了德国的核武器研究，这些行为都有损他的个人形象，甚至在有些人看来是罪无可恕的。1941年，玻尔和海森堡在哥本哈根会面，这是两人战争期间行为争议的起点，也突显了他们在战争中对各自角色的态度的反差。

从个人层面而言，玻尔的人生似乎从童年起就有天神眷顾，而海森堡从来没有这些。玻尔的哥哥哈拉尔德一辈子都是玻尔最亲密的朋友。1912年，当玻尔开始揭开原子的秘密时，就马上给哥哥写了封信：

> 亲爱的哈拉尔德：
>
> 也许我发现了一点点跟原子结构有关的事情。跟任何人都先别说啊，因为那样的话我就没法这么快给你写信说这事儿了。如果我是对的……
>
> 这封信的本意，只是你的弟弟尼尔斯的小小问候，他非常渴望跟你聊一聊。

维尔纳·海森堡跟他哥哥埃尔温之间，就没有这么亲密的关系。他们的父亲曾为了得到大学教职备尝艰辛，因此他非常希望他们家能保持向上走的态势，所以他鼓励兄弟俩彼此竞争而非合作。他们热切地响应了父亲的期许，但在此过程中也渐行渐远。成年后他们彼此之间很冷淡，相互的交流仅限于难得一见的家庭场合。

海森堡后来的婚姻生活似乎也不如尼尔斯和玛格丽特那么幸福美满。三十五岁时，海森堡给母亲写信哀叹自己的境况，说："只有埋首科研之中，我才能忍受这单身的日子，可长远来看，如果一直不得一位非常年轻之人相伴，要我就一直这么凑合下去，那日子可就太难熬了。"几个月后他遇到了二十二岁的伊丽莎白·舒马赫，很快就跟她结了婚。这段婚姻看起来也挺幸福，但可能没有双方曾期待的那么甜蜜。海森堡的儿子约亨在跟迈克尔·弗雷恩（Michael

Frayn）就后者的剧作《哥本哈根》交流时曾说："除了对音乐，我从来没见过父亲对什么东西流露过情感。但我也明白，戏剧中的角色必须表现得更平易近人。"

也许海森堡比玻尔更强烈地感觉到，需要对自己的情感保持警惕。第一次世界大战带来的混乱无疑影响了他。一战结束时他正在上高中，在1969年出版的回忆录中，他写下了自己当时的想法：

> 肯定是1920年春天的样子。一战结束后，德国的年轻人陷入一片混乱。权力的缰绳已从幻想彻底破灭的老一辈手中脱落，年轻一代聚集成大大小小的团体，想开辟新的道路，至少也想找到一颗新星来给他们指引方向。

海森堡找到了两颗可以追随的星星。一颗是他归属多年的青年运动"新探路者"（Neupfadfinder），一个完全由男性组成的兄弟会，强调信任、纯洁、道德和同志情谊等概念，浸透了可以追溯到早期日耳曼故事中的浪漫主义。这种想法并非完全原创，"新探路者"直接传承自"漂鸟"（Wandervogel）等团体，一战前这样的团体曾在德国发展得如火如荼。海森堡和同志们长时间露营、徒步和登山，他们一起唱歌、吟诗，谈论着一个能实现他们理想的新德意志帝国。"新探路者"们满怀泛德意志民族主义情感，前往邻国表达他们对如今被外国统治的前德国人的支持。作为一战后和平解决方案的一部分，南蒂罗尔阿尔卑斯山和多洛米蒂山割让给了意大利，这对他们而言是德意志民族被外国文化吞并的一个苦涩案例。这些山区原本属于奥地利，现在也仍然是德国徒步旅客、登山家和度假者最喜欢踏足的地方，尤其是因为这个地区大部分村庄的通用语仍然是他们故老相传的德语。

回头看来，"新探路者"的很多活动往好了说属于少不更事，往坏了说就是支持纳粹，但我们必须考虑到这些年轻人成长的时代和环境。德国在第一次世界大战中一败涂地，整个国家风雨飘摇，政治经济危如累卵，坑蒙拐骗之风盛行。“新探路者”们怀着黍离之悲，渴望恢复昔日里那个理想而廉洁的德国荣光。还有一件值得一提之事可用作对海森堡等人的辩护，即他们这个团体似乎更倾向于教会而非纳粹，也没有表现出日益滋长、已蔓延到整个德国的反犹太主义的迹象。

海森堡的另一颗指路星当然就是科学了。在他的成长岁月中，尽管这两颗星星都很重要，但他却始终保持两者泾渭分明，高强度的脑力活动和跟志同道合的老友们长时间的休闲娱乐交替进行。多年后，也是在他的“新探路者”时代结束很久以后，他仍然保持着这种模式，高强度工作一段时间后就会去山里待很长时间。海森堡曾这样描述自己的学生时代：

> 我在慕尼黑大学的头两年是在两个完全不同的世界中度过的：在我于青年运动中结识的朋友中，或是在抽象的理论物理世界中……这两个世界都充满了剧烈的活动，结果我经常处于极度焦虑的状态，尤其是当我发现很难在两个世界之间来回切换的时候。

尽管海森堡确实兢兢业业，年轻时的他在学术界却似乎从未完全自在过。不过无论是否感到自在，其职业发展速度之快都令人惊叹。他于1920年10月进入慕尼黑大学，1921年秋天就提交了第一篇待发表的论文，到1922年6月，他已经可以跟玻尔平起平坐地探讨量子物理了。1923年获得博士学位后，他接替了泡利在哥廷根的职位，成为马克斯·玻恩的助手。1924年，他凭借一笔奖学金去了哥本哈根，在那里逗留八个月后又回到哥廷根。一个月后，也就是1925年孟夏，还不到二十四岁的海森堡就因为提出矩阵力学而名满天下。

海森堡身量不高但很结实，头发金黄，体格健壮，那时候经常有人说，像是个在农场干活的男孩。听他讲座的人几乎无法相信，这个“农场男孩”讲的是最前沿的物理学课题，更不会想到他就是新物理学革命的领军人物了。

学界认可不久便纷至沓来。二十七岁时，海森堡已经成为德国最年轻的教授，在莱比锡大学任教。尽管如此功成名就，两年后他仍然会用极为哀怨的语气给母亲写信：“我还记得自己最有活力的那段时间，您知道的，就是大概十年前；那也是我此生最美的时光，我幸福满满，幸福甚至外溢而出传递给了别人。”

莱比锡因为海森堡也成了量子理论的中心，吸引了世界各地的青年物理学家，但他们的陪伴似乎并没有减轻他的孤独感，而这些年轻人回想起海森堡，也没有他们回想起玻尔、埃伦费斯特和泡利时的那种温暖。在大部分人的记忆中，海森堡对个人事务很冷漠，他光彩照人但也非常好强，任何事情都绝不认输，就连打乒乓球也是。

沃尔夫冈·泡利

维尔纳·海森堡十八岁开始在慕尼黑大学学习物理学时，阿诺尔德·索末菲安排了自己最出色的高级助手，二十岁的沃尔夫冈·泡利给海森堡批改作业，并就这个年轻人应该上什么课给出建议。不久之后，因为那篇关于相对论的百科全书式的文章（爱因斯坦对这篇文章赞不绝口），泡利也很快在学术界站稳了脚跟。泡利确信，物理学真正令人兴奋的新疆界，就在于如何运用量子理论揭示的自然规律来解释原子与分子结构，对此索末菲也表示赞同，因此泡利很容易就说服了年轻的海森堡跟随自己的脚步。就这样，海森堡有了新的父兄，索末菲和泡利。

自那时起，海森堡和泡利的学术兴趣就一直紧密相连，直到泡利于1958年去世。两人从1921年开始的往来书信有数百封之多；其中有些只是简短的字条，但大部分都是长篇论述，方程密布，为我们了解物理学将近四十年的发展史提供了无与伦比的视角。泡利是一个尤其出色的笔友，他语带讽刺，时而尖刻，但他的机智巧妙不只针对他人，也同样针对自己。泡利的信也往往能引出其笔友最好的一面来。《玻尔文集》第六卷编辑约延·卡尔克（Jorgen Kalckar）曾观察到：

> 从科学角度而言，玻尔和泡利之间的科学通信是迄今为止最为丰富也最富启发性的，就连在重要性方面略为逊色的与海森堡之间的通信也比不上。其次，也更为关键的是，我们从这些信件中能看到玻尔与泡利之间彼此温暖对方的生动画面。与玻尔的交流通常充满了神奇的魅力与率性天真，往往会成为令人难以忘怀的经历，但很可惜的是在玻尔自己留下的文字中，我们却鲜少能看到这些富有其迷人特质的言语。实际上，只有在跟泡利的书信中，我们才能看到他摆脱了那种拘谨的写作风格，让我们得以管中窥豹。在泡利诙谐的嘲讽中我们能感受到他的喜悦，也很容易读出他们之间的深情厚谊。

泡利写给埃伦费斯特的信是他作为通信者技艺超群的例证，而埃伦费斯特写给泡利的信往往也与之相侔。在他们的书信往还中，埃伦费斯特的信有时候不以“亲爱的泡利”开头，他会写上“亲爱的令人心惊胆战的泡利”，要不就是用一个昵称，称他的朋友为“圣泡利”，跟汉堡的一个娱乐区兼红灯区同名。他还给了这位年轻的新朋友“上帝之鞭”的绰号，泡利对这个绰号非常自豪，在给埃伦费斯特写信时就会署上这个大名。作为回敬，埃伦费斯特给泡利的信会署名“校长”。

埃伦费斯特和泡利第一次见面时，就为他们深情地继续“维也纳智慧之战”奠定了基础。这次见面发生在玻尔1922年的哥廷根讲座，也就是“玻尔节”期间，这也是海森堡和泡利第一次见到这位丹麦物理大师。埃伦费斯特是来听他的丹麦朋友对量子理论的看法的，遇到这个目空一切的维也纳年轻人算是意外之喜。据说埃伦费斯特对那篇著名的相对论综述的作者说的第一句话是：“泡利先生，您那篇百科全书式的文章比您本人更让我高兴。”而泡利的回答据说是：“好奇怪啊，我对您的感受刚好相反。”

泡利的书信集也为了解物理学家之间不断变化的关系提供了一个窗口。阅读这些书信时，我们会看到随着他年龄增长并越来越得到认可，他跟年长的师友之间展现出一种新的轻松友好的氛围。1926年他写给玻尔的信以“无比尊贵的敬爱的教授先生”开头，信尾也以一个同样华丽的称呼结束。1928年的信则以“亲爱的玻尔”开头，信尾则是“问候你的妻子”。更为正式的称呼“您”已经换成更显亲密的“你”。

海森堡和泡利两人尽管年龄非常接近，但直到1928年都还在互称“您”，考虑到这一点，就会觉得泡利和玻尔之间的亲密更令人惊讶了。当然，泡利和海森堡之间的疏远部分是因为一战之后虽已转淡但依旧盛行的、挥之不去的拘谨氛围，但这也可能反映了海森堡就算是与同龄人也保持某种距离感的秉性。生活方式的巨大差异也让这两位物理学家走不到一块。拜访玻尔一家位于齐斯维尔德的乡间小屋时，海森堡会很乐意在海滩上过夜，而泡利会去找最豪华的酒店。身强体壮的海森堡在山林之间最为自在，会一大早就起床工作，而泡利则出没于咖啡馆和夜总会，声色犬马，晚睡晚起。泡利身体发福，眼袋松弛，思考问题时身体会一直标志性地前后摇摆，无论抽烟喝酒还是饮食都毫无节制，与清心寡欲的海森堡形成鲜明对比。

泡利尽管跟海森堡截然不同，但他从神童到知名教授的转变过程也遭受了很多困难，不过主要原因都跟物理学无关。他在哥本哈根待了一段时间后又去汉堡待了四年，之后才在苏黎世拿到终身教职。在汉堡的大部分时间他都很快乐，很大程度上是因为那里有一群整天乐呵呵的同事。泡利二十四岁时来到德国北部这座历史悠久的大都会，之后很快就成了一个讲究饮食和社交的人。1926 年在给朋友的一封信中他写道："我发现喝酒很让人愉快。第二瓶葡萄酒或香槟下肚后，我通常都会变成很好的伙伴（清醒的时候我从来不这样），这时候我也会给周围的人留下非常好的印象，尤其如果都是女孩子的话！"然而，家庭问题很快让他不堪重负。

泡利的父亲爱上了一个年轻女人，跟泡利的母亲分了居。1927 年 11 月，心烦意乱的她服毒自尽，泡利失去了母亲。这件事发生很多年之后，在写给苏黎世著名精神病学家卡尔·荣格（Carl Gustav Jung）的一封信中，泡利说："独自坐在前往苏黎世的特快列车上，我的思绪不由得回到了 1928 年，那时我也是坐着这趟车，走向我的新教职，亦走向我的歇斯底里。"很难确定"歇斯底里"是什么，但其表现非常明显。

来到新的城市，肩负着新的责任，但一系列突如其来、不同寻常的冲动之举让泡利自己成了牺牲品。1929 年 5 月，他突然离开了天主教会。六个月后，就在圣诞节前，他娶了一个名叫凯蒂·德普纳的舞蹈演员，然而这段婚姻简直是场灾难。婚礼两个月后，他给一位老朋友写了封长信，结尾写道："如果哪天我妻子离家出走了，你会（跟我所有朋友一样）收到一份印刷通告[①]。"

1930 年 11 月，结婚还不到一年，凯蒂和沃尔夫冈就离婚了。在嫁给泡利之前，凯蒂曾认识一名化学家，现在她又回到了那名化学家身边。泡利回忆道："她就是找个斗牛士我都能想得通，可就这么一个普普通通的化学家……"这句话以泡利特有的尖酸刻薄，不

---

① 这里指的应该是讣告。欧美有在报纸上刊登讣告的传统，美国有"讣告三魁首"：《纽约时报》《华盛顿邮报》《洛杉矶时报》；英国也有"讣告四巨头"：《每日电讯报》《卫报》《独立报》《泰晤士报》。——编者

但体现了他自己的不安全感，也体现了当时很多物理学家对化学屈尊俯就的优越感。一年前，狄拉克在《皇家学会报告》上发表过一篇著名文章，文中说："至此，很大一部分物理学和整个化学的数学理论所必需的基本物理定律，都是完全已知的了。"狄拉克随后补充道，尽管计算也许会很难，但理论物理学家普遍认为，"整个化学"原则上已经由量子力学全部解决了。

虽然喜欢逞能，但显然陷入痛苦之中的泡利开始了抽烟酗酒。泡利的父亲很担心儿子，建议他去找荣格咨询一下。荣格监督了对泡利的精神分析，但他并没有亲自进行治疗。到精神分析结束时，原本不太可能成为朋友的两人已经走得相当近了。后来那些年，泡利记录下一千多个梦境，送到荣格那里接受检查。他们一起出版了一本题为《对自然和心灵的诠释》（*The Interpretation of Nature and the Psyche*）的著作，他们的书信精选集也出版了，书名很能说明问题：《原子与原型》（*Atom and Archetype*）。然而，泡利很少跟物理学圈子里的朋友说起这些，和他们在一起时，泡利还是老样子：吹毛求疵，愤世嫉俗。

保罗·狄拉克

说到杰出的物理学家，跟保罗·阿德里安·莫里斯·狄拉克相比，海森堡和泡利似乎都只能算是正常人了。著名数学家马克·卡克（Mark Kac）曾经把天才分成两类。他说，一类是常见的天才，他们的成就可以由聪明人通过百般勤奋和大量运气而获得。另一类是奇才，他们的成果让人叹为观止，跟所有同侪的直觉都背道而驰，甚至很难想象，竟然会有人能想到这些。狄拉克就是一个奇才。

泡利和海森堡都在书香门第长大，父亲都是大学教授。慕尼黑的索末菲、哥廷根的玻恩、哥本哈根的玻尔等前辈的教诲，以及他俩彼此之间的交流，共同塑造了这两人。但狄拉克的天赋，似乎是在完全没有外界帮助的情况下就这么自然成形并全面展现了出来。

说狄拉克性格内敛、沉默寡言是没说到点子上。在物理学家同行的记忆中，有很多关于他的故事，比如他只回答措辞准确的问题，而答案也往往直指要害，一个多余的词都没有。如果狄拉克对一个问题完全不置一词，那不是因为他粗鲁，而只是因为这个问题的措辞让人无法给出一个精确的答案。如果有人在他讲座时说："我不明白你是怎么推导出这个方程式的。"狄拉克要么对这个人视而不见，要么回答："这不是一个问题。"狄拉克又高又瘦，经常耸肩驼背、无精打采的样子，这种姿势似乎也是他缺乏自信的表现。

1933 年颁发给狄拉克的诺贝尔物理学奖，对这位物理学家来说并不怎么值得庆祝，反倒成了一件烦心事。他担心公众会关注并侵犯他的隐私，担心这会给他离群索居的生活带来影响。他本打算拒绝领奖，但他在剑桥的同事、资历老道的卢瑟福提醒他，拒绝领奖实际上会引来更多的公众关注，他这才不情不愿地接受了斯德哥尔摩的认可，在母亲陪伴下去了趟瑞典。当时伦敦有一家报纸这么形容他："跟羚羊一样害羞，跟维多利亚时代的女仆一样谦卑。"

对我们这一代理论物理学家来说狄拉克是个英雄，因为他简洁优雅的思想至今仍跟我们息息相关，也因为他举止简单，说话也直截了当。关于他的生活方式和物理学研究方法有无数故事，其中一个也展现了上面我们所说的他的特点。1927 年狄拉克在哥廷根待了一段时间，在此期间跟罗伯特·奥本海默（J. Robert Oppenheimer）住在同一个寄宿家庭，两人也成了好朋友。据说有一天，狄拉克看到奥本海默在读但丁——当然是意大利语原文；一向讲逻辑、讲理性的狄拉克便对他说道："又搞物理学又读诗，你是怎么做到的？在物理领域，我们努力用简单的术语来解释以前没有人懂的事情。而在诗里刚好相反。"很难说当时奥本海默对这句评论是什么看法。某种程度上他很清楚，自己不想放弃物理学之外的所有兴趣，但他肯定也想过，狄拉克这么成功，是不是要部分归因于他一心一意地扑在物理学上面呢?

我的继女是神经科医生也是精神病学家，有一次我向她介绍了狄拉克其人，想跟她说明一个人既可以是伟大的理论物理学家，同时又看起来有些古怪，对其他需要脑力的事情全都不感兴趣。她大笑着说，如果现在狄拉克去她诊所检查，多半会被诊断为“边缘型广泛性发育障碍”。随后她又补充道，这样的检查并不能证明他到底是不是真正的天才。但他确实是这样一个天才，他将优雅的数学与物理现实结合起来，成果堪与爱因斯坦相提并论。而他与爱因斯坦的相似之处不是在个性上，而是表现在对物理定律的孤身求索上。玻尔对狄拉克非常崇拜，也十分钦佩他的奉献精神，他说，“在所有物理学家中，狄拉克的灵魂最为纯洁。”尽管他有时也会对狄拉克对措辞的字面理解大摇其头。

一个人的个性与其科学原创性之间几无关联，对此我们理应处之泰然。跟所有行当一样，物理学圈子里有口若悬河的人，也有少言寡语的人；有遗世独立的人，也有八面玲珑的人。但天才，这种最稀有的品质，在任何人身上都有可能出现。

二战后那一代理论物理学家当中，工作成就方面可以比肩狄拉克的就要数理查德·费曼（Richard Feynman）了。实际上，费曼给出了路径积分这么一种量子力学的全新数学形式（是继海森堡的矩阵力学与薛定谔的波动力学之后的第三种数学形式），这项才华横溢的工作便是以狄拉克 1932 年的一篇论文为起点的。费曼与朱利安·施温格（Julian Schwinger）及朝永振一郎一起，凭借在量子电动力学方面的工作而荣获诺贝尔物理学奖，而这项工作也可以被视为狄拉克于 1927 年启动的一项研究计划的现代版。但是，我们无法想象还会有谁的性格差异像这俩人那么大：费曼极为外向，而狄拉克极其内敛。然而在理论物理学世界，这点差别完全无关紧要。只要假以时日，他们中的任何一人都有能力推导出另一个人的大部分工作，在他们内心深处，他们彼此相类，也都理解和钦佩对方。他们的生活态度和他们面对外部世界的方式完全不同，但在物理的世界中，他们浑如一人。身为理论物理学家，一大好处就是能看到这种内在的相似之处。

费曼的性格是在布鲁克林一个喜欢交际的犹太家庭中形成的，而 1902 年出生的狄拉克在英国布里斯托尔一个家教森严的家庭长大。他母亲是英国人，但父亲是瑞士人，在当地一所学校教法语。狄拉克记得：

> 我父亲立了个规矩，说我只能跟他说法语。他觉得这么做对我学法语有好处。然而我发现没法用法语表达自己的想法，因此对我来说，保持沉默比说英语要好。所以那时候，我变得非常沉默——很早就开始了。

后来狄拉克终于掌握了语法正确的法语，作为奖励，他获准跟父亲一起在餐厅就餐，而他的妈妈和家里其他孩子则因为没能通过测试而只能在厨房吃饭。即便如此，他仍然不大开口说话。

尽管在社交方面呆若木鸡，但他的智慧令他很快就完成了学业，跟他哥哥一样从布里斯托尔大学毕业并获得了工程学士学位。他的哥哥本来想当医生，但被父亲逼着读了工程学，读得很差劲，最后在二十四岁时了却了一生。但保罗实在是天资聪颖，在数学方面尤其出色，十九岁就大学毕业了。他在布里斯托尔大学继续读了两年研究生，之后凭借早就拿到的一份奖学金去了剑桥。

当时的剑桥大学也许可以算是世界上最大的原子与核物理实验研究中心了。一战后卢瑟福就从曼彻斯特搬去了那里，还带去了后来发现中子的詹姆斯·查德威克。帕特里克·布莱克特（Patrick Blackett）、查尔斯·威尔逊（Charles Thomson Rees Wilson）、彼得·卡皮查（Pyotr Kapitza）和约翰·科克罗夫特（John Cockcroft）后来都因为实验物理学中的发现获得了诺贝尔奖，而当时他们都在剑桥大学埋头工作，跟他们一起的还有以前的诺贝尔奖得主弗朗西斯·阿斯顿（Francis Aston）和约瑟夫·汤姆逊（J. J. Thomson），但剑桥大学在理论物理领域的影响还是远远赶不上哥廷根、慕尼黑和哥本哈根。即便如此，这里仍然是一个重要枢纽，人们完全能感受到量子物理日益增长的兴奋与刺激，部分原因是不时会有杰出学者前来访学。其中之一便是玻尔，1925 年春天他前来讲学，当然也是来拜访他的老朋友卢瑟福。狄拉克回忆道：

> 虽然他给我留下的印象非常深刻，但他的观点很大程度上是定性的，我无法完全指出背后的事实。我想要的是可以用方程式表示的陈述，但这样的陈述在玻尔的工作中很少见。

1925 年 7 月，就在海森堡发现量子力学的第一种形式之后一个月多一点，他去剑桥大学做了一次讲座。我们不知道狄拉克有没有参加这次研讨会，无论如何，这次研讨会都没有给他留下什么印象。但这年 9 月，海森堡把他最新文章的页面校样寄给了狄拉克在剑桥大学的指导老师拉尔夫·福勒（Ralph Fowler）。福勒看完一头雾水，便把这篇文章交给了狄拉克。现在狄拉克面前有了方程式。两周后，他知道该怎么做了。他洞悉了海森堡这篇论文背后的精髓，而无论是海森堡、泡利还是玻尔都还没完全意识到，这就是经典力学和量子力学之间简单而本质的区别。他很快就此另外写了一篇论文。

狄拉克立即声名大噪，虽然这肯定不是他想要的结果。在哥廷根，马克斯·玻恩和他学生帕斯夸尔·约当（Pascual Jordan）都跟海森堡和泡利保持着密切联系，他们俩也得出了跟狄拉克基本上一样的结论。然而他们完全不知道还有狄拉克这么一号人物，所以狄拉克的论文传过来时，他们目瞪口呆。玻恩说：“我记得很清楚，这是科学生涯中最叫我吃惊的事情之一。因为我完全没听说过狄拉克这个名字，文章作者似乎是个年轻人，但一切都臻于完美，十分令人钦佩。”

经典力学与量子力学

尽管刚开始没有人清楚，但领会量子力学和经典力学的不同之处，是物理学家探索原子这一微小尺度上自然现象的转折点。如果不是物理学家，要理解这个问题上各种论点的细微差别并不容易，而在1920年代末到1930年代初，即便是物理学家，想要完全厘清这些差异也远非易事。他们自己在厘清经典力学和量子力学之间的差异时所遇到的困难，在《哥本哈根的浮士德》对歌德原版《浮士德》中“瓦尔普吉斯之夜”一场的戏仿里，嘲讽得淋漓尽致。在这一场戏中，浮士德和梅菲斯特潜逃至哈尔茨山中，与众魔女厮混。瓦尔普吉斯之夜是指4月30日到5月1日的夜间，传统上是当成春天终于战胜了冬天的时刻来庆祝的。传说在此之前，必须允许魔女们最后狂欢一次。

插图　德尔布吕克/司仪与经典力学的瓦尔普吉斯之夜

司仪由德尔布吕克本人扮演，此时方才在这出短剧中首次出场，想来是为了赶走经典力学，代之以量子力学，就像冬天之后继之以春天一样。浮士德问他：

今天发生了什么事情呀？

德尔布吕克/司仪答道：

瓦尔普吉斯之夜：经典诗篇，
随后便是，量子理论。

浮士德跟他争论了一番两者间的区别，德尔布吕克/司仪试着跟他解释了一番：

浮士德，你务必了解
经典力学对观众
不会有任何效应。

但德尔布吕克不过是一名初出茅庐的物理学家，他的话语里并没有浮士德想要的那种权威分量。因此，他要求再来一些更有水平的专家来说服他。这时候，狄拉克的扮演者（在剧本中就只是“狄拉克”而已）出现了，发声支持德尔布吕克的断言：

说得对！说得对！

浮士德还想再争辩一番，但最后狄拉克插了进来：

不允许！

狄拉克通过阐释并推广海森堡在1925年发表的开创性论文中的内容，已经成为解读经典力学和量子力学之区别的权威人士。前面我引用过海森堡的那篇论文，为的是说明为什么1920年代物理学的进展主要是源于理论方面的洞见。下面是同一出处的完整引文，海森堡在这里表达了他对这个问题的看法：

插图　狄拉克和埃伦费斯特/浮士德在讨论

> 就算是最简单的量子理论问题，经典力学都无法有效解答。人们迄今为止一直无法观测到诸如电子的位置和周期这样的物理量，在这种情况下，彻底抛弃我们可以观测到它们的所有奢望，并承认量子规则与经验所得有一部分相符这事多多少少算是种偶然，恐怕才是明智之举。实际上，尝试构建一种量子力学理论似乎更合理，这个新理论与经典力学类似，只是其中只会出现可观测物理量之间的关系。

海森堡声称“经典力学都无法有效解答”，物理学家必须构造新的理论框架来取而代之。他已经迈出了至关重要的第一步，但他也不知道下一步要怎么走。要弄懂他面临的问题，就需要我们在这里稍微离题一下。

力学问题往往会涉及绳索、滑轮、斜面、旋转、应力和张力等，但本质上是研究物体在受力时会如何开始或停止运动。尽管经过了好几个世纪的完善，现代数学的大部分内容也都是为了处理经典力学做预测时出现的问题而发展起来的，但经典力学的基本定律早在17世纪末就已经由牛顿提出并确立了。这些基本定律第一次发生重大变化是在1905年，那一年爱因斯坦重塑了我们关于时间、空间和同时性的认知。但就实际应用而言，相对论对经典力学体系中宏观物体运动结果的修正微乎其微，只有物体的运动速度开始接近速度上限也就是光速时才会显著起来。也就是说，我们习见的所有对象，无论是从树上掉下来的苹果还是天空中的行星，继续使用牛顿力学公式来描述都已足够精确了。

然而到了20世纪头十年，物理学家开始研究原子之间这类极小尺度上的物体运动时，就出现了一系列全新的问题。电子是遵循着跟让苹果落下、让行星绕着太阳转一样的规律，在环绕原子核的轨道上运行吗？这里前者的作用力是静电力而后者是引力，但问题的关键是，牛顿的运动定律是否仍然成立？玻尔于1913年提出的原子模型假定电子轨道半径只能取特定值，这些值由一组与量子理论相关的条件所决定，这就与经典理论分道扬镳了。他同样假定，跟经典力学所预计的完全不同，电子只有在从一根可能的轨道跃迁到另一根可能的轨道时，才会发出或吸收辐射。玻尔的原子模型在一开始与实验结果吻合得非常好，但随后几年通过更多的实验和进一步的计算表明，玻尔模型并不完整。到1925年，海森堡和泡利都坚持认为，电子在轨道上运动这个观点整个都该被抛弃。但果真如此的话，又是什么样的自然规律在主宰着原子尺度下的物体运动呢？取代经典力学而成为描述原子行为标准工具的新物理又应该长什么样呢？为了找寻答案，我们或许需要跳一大步，跳进一个全然未知的新领域，来重新回望这些问题。

海森堡迈出了第一步，那便是他称之为矩阵力学的物理体系，一种只处理实验可测量的力学系统。这里面不包括电子轨道，因为他认为这是无法测量的，或者用他的话说就是，不可观测的。

狄拉克在研读了海森堡的论文后很快写成的那篇文章中指出，如何脱离经典力学比海森堡设想的要简单得多。狄拉克认为：

> 经典理论只有一个基本假定是错误的……经典力学定律在应用到原子系统中时必须加以推广，也就是乘法交换律在应用到动力学量上时，要代之以某种量子版本。

插图　量子力学对位置（q）和动量（p）的理解与经典力学截然不同

新的乘法交换律告诉我们，电子的位置乘上其速度，并不等于速度乘上位置：A 乘以 B 不等于 B 乘以 A。实际上，两个结果的差值与普朗克常数成正比，也就是我们之前介绍量子理论的诞生时曾提到过的的那个数。

这个取代可不是件小事情，它是量子力学的核心。海森堡曾断言的“经典力学都无法有效解答”现在看来有点言重了，不能完全当真，但狄拉克说“经典理论只有一个基本假定是错误的”，对于需要做出的改变到底有多大而言也有点轻描淡写了。就实际情况而言，由于物理学家们对经典力学的那些数学技巧早已烂熟于胸，所以至少现在他们知道应该从哪开始着手建立新理论了。电子轨道也许是不可观测的，但现在物理学家们至少知道要用什么来取代牛顿力学的统治地位了。他们可以通过计算，尝试预测运动电子发出和吸收的辐射，即使他们无法描述导致辐射的电子运动的细节。朝着后来被称为量子力学的方向，他们取得了明显进展。

这么做仍然没有解决全部问题：就算手上有计算需要用到的公式，我们也不知道算出来的答案意味着什么。对计算结果的解读还需要两年时间，要等玻尔与海森堡在愈演愈烈的争辩中达成最终的一致：他们提出的不确定性原理和互补原理，形成了量子力学的哥本哈根诠释的基础。

与此同时，拿到博士学位的狄拉克于 1926 年下半年离开英国，前往欧洲大陆。去哪儿？当然是哥本哈根。狄拉克在那里待了四个月，一想起来就激动："我非常崇拜玻尔。我们会在一起长谈，不过这些长谈中基本上都是玻尔在说话。"离开哥本哈根后，他继续了对各大理论物理研究中心的拜访之旅，到马克斯·玻恩所在的哥廷根逗留了一段时间，随后又去了保罗·埃伦费斯特所在的莱顿。1927 年 10 月，他抵达布鲁塞尔，参加第五次索尔维会议。

索尔维会议是很重要的系列会议，每几年召开一次，会召集一小批来自事先确定的多个物理学领域的顶尖研究人员，但是跟哥本哈根会议不同，不会强调不拘礼节的会议氛围，也不要求都是年轻人。然而 1927 年的这次会议仍然有一个明显特征，有三名与会者才二十多岁，这是历次索尔维会议中受邀参会的最年轻的三人组。这三人分别出生于 1900 年、1901 年和 1902 年，当然，他们便是泡利、海森堡和狄拉克。他们不再是革命者，而是加入了功成名就者的行列。

到 1929 年，狄拉克和海森堡已经成为物理权威中的两大青年骨干，这年夏天他们去了美国，开展巡回演讲。他们在中西部地区见了面，然后一起去了加利福尼亚，再之后又一起坐船去了日本。去日本的旅程是物理学家仁科芳雄为他们安排的，他们在哥本哈根的时候就是好朋友。这两位旅客的回忆中有几件很好玩的小故事，包括各自讲述了关于对方的一些经典轶事。首先是海森堡，说的是船上的一场舞会：

> 我们坐蒸汽轮船从美国去日本，我很喜欢参与船上的社交生活，所以，比如说我会去参加晚上的舞会。保罗不知道为什么不大喜欢跳舞，但他会坐在椅子上看着别人跳。有一次我跳完舞回来，坐到他旁边的椅子上，他问我："海森堡，你为什么跳舞？"我说："这个嘛，要是那些女孩子让人开心，跳舞还是很有乐趣的。"他想了好一阵，大概五分钟后又问："海森堡，你怎么事先知道那些女孩子会让人开心呢？"

接着是狄拉克，说的是在日本爬上一座高塔，塔上的平台有石头栏杆环绕着：

> 海森堡爬到栏杆上面，走到一个转角的石柱上，然后就站在那里，没有任何支撑地站在大概15厘米见方的石柱上。他对于这么高的高度完全不在意，只是打量着周围的景色。我不禁感到紧张不安。要是刮起风来，就可能会有一场人间惨剧。

社交上呆头呆脑的狄拉克会详细审视每一句句子，研究里面的逻辑结构，而海森堡讲的不过是狄拉克那些博人一粲的轶事中的又一例罢了。狄拉克所讲的藏着更多内容，虽然他肯定只是想描述字面上的意思而已。海森堡年轻时就被认为是"新探路者"团体中最喜欢冒险的，后来则成了他们那一代当中最勇于创新的物理学家。

从日本回欧洲他俩没有同路，狄拉克走西伯利亚，海森堡则途经印度。1933年12月，他们俩又见面了，这次是在斯德哥尔摩，接受颁发给他们的诺贝尔奖。（海森堡1932年获奖，但到1933年才颁发。）他们都因为才气大受赞扬，因为他们俩都还很年轻，人们也对他们寄予厚望。但是，他们和泡利，能一直保持这个势头到三四十岁吗？

新一代的物理学家尽管非常敬重三人组的成就，但也有自己关心的问题，其中最重要的就是，能否在三十岁前做出自己的贡献。哥本哈根会议上这些不到三十岁的年轻人也都非常杰出。德尔布吕克、布洛赫、苏布拉马尼扬·钱德拉塞卡（Subrahmanyan Chandrasekhar）、列夫·朗道（Lev Landau）、内维尔·莫特（Nevill Mott）等人后来都先后获得了诺贝尔奖；另一些人，比如来自日本的仁科芳雄和来自印度的霍米·巴巴（Homi Bhabha），则把这里的学说带回了遥远的国度并传扬开来；还有一些人，比如卡西米尔、派尔斯和韦斯科普夫，尽管没有获得诺贝尔奖，也成了物理学界的重要人物。但无论如何，他们都没有达到狄拉克、海森堡、泡利和玻尔那样的高度。这里面有很多原因，其中之一肯定是，无论物理学后来变得多么有趣、多么重要，这场革命大体上已经结束了。1930年代曾有位哥本哈根人说："每一篇博士论文都能开辟一个量子力学应用的新领域。"如今已经不再是那样的时代了。

第六章　前排：年轻人

学生

我最近刚刚来到贵地，
现在特地诚心诚意
来拜望先生，请求指教，
先生的大名常被人称道。

（歌德《浮士德》，第一部，1513—1516）

“男孩物理学”的诅咒

海森堡、泡利和狄拉克也为理论物理学创造了这样一个概念，便是做出重要成就需在三十岁之前，对此我喜欢称之为“男孩物理学”的诅咒。这并不是一个全新的现象，要知道，牛顿也是在二十四岁就提出了万有引力定律以及微积分的基本概念。不过，这一诅咒真正成为传说还要从 1905 年算起，也就是二十六岁的爱因斯坦奠定量子理论的基础，以及提出狭义相对论的时候。玻尔在二十七岁时阐释了电子环绕原子核的运动，巩固了这一诅咒，而到了男孩三人组——海森堡、泡利和狄拉克出现时，诅咒再次被加强。

我也不知道为什么他们的天赋会这么早显露出来。你可能会觉得，知道得越多、变得越聪明是额外的好处，比如在人文学科领域似乎就是这种情形。也许这是勇于创新、精力充沛、专心致志的问题，需要的是一种全新的方法。无论如何，“男孩物理学”的诅咒似乎到今天都仍在大行其道。不要被现在那些诺奖桂冠获得者的白发给误导了，戴维·格罗斯（David Gross）、休·波利策（H. David Politzer）和弗兰克·维尔切克（Frank Wilczek）三名理论物理学家共同获得了2004年的诺贝尔物理学奖，但凭借的是他们三十年前所做的工作。格罗斯是他们三个当中年纪最大的，那时候三十岁，波利策和维尔切克当时都不到二十五岁[①]。

跟体育运动不一样，没有专门为理论物理学家举办的老年锦标赛，但并不是说他们年纪大了就一无是处。他们仍然会有很多可以感到满足的地方，就连可以留在赛场上都能带来满足感。看到新的天才在物理学领域出现也是很让人高兴的事情，尽管这样一来，诅咒似乎便无穷循环了下去。

我有一个已经退休的同事名叫迈克尔·科恩（Michael Cohen），最近跟我回忆起他早年做研究的时候，那还是大概五十年前。那时他是理查德·费曼的研究生，研究成果斐然。他和费曼一起工作，两人也一起发表了好几篇论文。他跟我讲了这么一个故事。有一天坐在加州理工学院的一间会议室里，等着一场讲座开始的时候，科恩发现自己在想，物理学家随着年龄增长会发生什么。他转头问坐在身边的导师费曼：“我怎么才能知道物理学何时与我擦身而过?”费曼只是笑了笑。那是个美丽的春日，窗开着，外面微风轻拂。科恩前一天晚上工作得挺晚，这时有点犯困，打起了瞌睡。接着，他感到肋骨上被顶了一下。他猛然惊醒，看到费曼指着大开的窗户，对他说：“就是现在，迈克。道个别吧。”

---

① 当然，大家也不要被这个“诅咒”吓到，比如，超弦研究早期做出重要贡献的著名物理学家朱利斯·外斯（Julius Wess）和布鲁诺·朱米诺（Bruno Zumino），在完成他们这辈子目前为止最重要的工作（超对称的外斯-朱米诺模型）时，分别为40岁与51岁。——编者

马克斯·德尔布吕克

就在科恩道别的时候，费曼在加州理工学院有个最杰出的同事，也是他最好的朋友，就是二十多年前在哥本哈根会议合影的前排中，坐在埃伦费斯特和莉泽·迈特纳之间的那个人。那时候马克斯·德尔布吕克才二十五岁。

德尔布吕克名气很大，并非因为他作为物理学家的成就，而是因为他是分子生物学的奠基人之一。尽管如此，他在很多方面都最得玻尔精神上的真传。玻尔在研究量子力学时提出了互补原理的概念，后来又尝试将其扩展到其他知识领域。在哥本哈根的年轻人中，德尔布吕克在继续进行这方面探索时最不遗余力。因此也无怪乎，德尔布吕克视玻尔为自己最重要的导师。而且，他总觉得自己是物理学家，就算在他实际上已经成为著名生物学家之后都仍然如此。1949 年，他用一篇文章总结了自己的观点，标题是《物理学家看生物》(A Physicist Looks at Biology)。即便到 1969 年被授予诺贝尔生理学或医学奖时，他的获奖感言仍然以《物理学家再看生物学——二十年后》（A Physicist's Look at Biology: Twenty Years Later）为题。

马克斯·德尔布吕克又高又瘦，孩子气的面庞，父母名叫汉斯和莉娜，他是他们第七个也是最小的孩子。他双亲的家世都很显赫，学者、律师和公务员辈出。马克斯的父亲当过普鲁士议会议员，后来成了柏林大学的德国历史教授。他们家住在格鲁内瓦尔德，柏林一个美丽的郊区，是 19 世纪末发展起来的住宅区。这片区域浸透了德国文化，音乐、诗歌、绘画和科学，应有尽有。普朗克一家跟他们是邻居，也是好朋友。他们会聚在一起野餐，举行小型钢琴独奏会，晚上唱响艺术歌曲，大人们对酒当歌高谈阔论，孩子们斗棋走马不亦乐乎。

马克斯·德尔布吕克最开始打算成为一名天文学家，但在听说了越来越让人摩拳擦掌的原子物理学后改变了主意。他认为，自己决定转行的具体时间，是 1926 年在柏林大学听一场讲座的时候。十九岁的他坐在报告厅里，无意中听到爱因斯坦跟一位同事说，今天的演讲是要谈一件非常重要的工作。那天的讲座主题是矩阵力学，主讲人是二十四岁的维尔纳·海森堡。对于讲座内容德尔布吕克并没有听懂多少，但他感觉到那种兴奋，并立誓投身这场新运动，努力追随海森堡的脚步。那年夏天他便去了哥廷根，开始学习量子理论。

四年后，德尔布吕克获得了洛克菲勒基金会的奖学金，这是多少人都梦寐以求的。这个奖学金设立于 1920 年代，提供一年的津贴，地点由奖学金得主任选。精挑细选的奖学金获得者总体素质都很高，而给与获奖者的选择自由度也很大，因此这项奖学金对当时的物理学发展起到了重要作用，让莘莘学子得以轮番体验不同国家、不同地区、不同风格但同样启迪人心的名师。跟大部分理论物理学家一样，德尔布吕克也把有奖学金资助的这一年一分为二，前半年去哥本哈根追随玻尔，后半年去苏黎世追随泡利，因为他觉得，在这两个地方他能学得最多。结果表明，这两段时间对他的学术生涯和个人发展极为重要，都开启了一段终生不渝的友谊，也都是他的教育经历中不可或缺的阶段。

玻尔和泡利各自都认识到德尔布吕克的特殊天赋，但他们也都意识到，理论物理可能并不是最适合他的领域。他极富洞察力和想象力，然而数学技巧略显欠缺，因此他们慢慢将他引向别的方向。也许是因为感觉到德尔布吕克需要的是支持而非来自“上帝之鞭”的批评，泡利对待德尔布吕克的态度简直一反常态，极其温和。无论如何，他们俩之间的友善和蔼一直持续了下去。

玻尔的影响更为直接。在他的鼓励和泡利的默许下，德尔布吕克慢慢转向了生物学。他潜心研究原子物理学，随即开始提出这样的问题：既然基因是遗传的单位，原子是物质的单位，那么基因和原子之间有没有什么可以类比的地方？进一步来看，基因突变和量子跃迁之间可以类比吗？他应当如何探究这些想法，又应该上哪儿去探究？

1927年，赫尔曼·穆勒（Hermann Muller）宣布，他通过用X射线照射果蝇，成功诱导了果蝇的基因突变，由此看来，基因突变和量子跃迁之间的类比或许也不是那么牵强。事有凑巧，1932年穆勒搬到了柏林，跟俄国移民、威廉皇帝学会遗传学研究部门的负责人尼古拉·蒂莫菲维-莱索夫斯基（Nikolay Timofeev-Ressovsky）一起工作，而穆勒与蒂莫菲维-莱索夫斯基团队其他人的兴趣点，似乎跟德尔布吕克有颇多相似之处。

然而德尔布吕克需要一个学术职位，才好自由自在地探索自己对生物学日益增长的兴趣。莉泽·迈特纳在自己的实验室给他提供了一个五年的职位，好让他完成蜕变。1932年6月，他在给玻尔的信中这么写道："我已经接受了莉泽·迈特纳的邀请，准备10月去柏林的达勒姆，当她的'家庭理论物理学家'，主要原因是挨着威廉皇帝学会高水平的生物研究所，我很想与之建立友好关系。"

德尔布吕克是身为实验物理学家的迈特纳与理论物理学家紧密合作的典型例子。事实证明，迈特纳位于达勒姆（柏林郊区）的实验室里能有一个天资聪颖的青年理论物理学家，不但令迈特纳受益匪浅，也令德尔布吕克获益良多。他搬回柏林还有一个原因，就是他能跟妈妈一起住在家里，帮助她摆脱1929年丧夫后的孤寂之痛。他们家的大房子也非常适合他组织的非正式的系列研讨会和讨论小组，他喜欢把不同领域的人聚在一起，各抒己见讨论遗传学问题。这一切很不德国，也很不像教授先生的模式，但确实很有成效。这种风格，更符合哥本哈根精神。

第七章　风暴将至

瓦格纳

对不起！这样的乐趣也很浓，
沉潜于各个时代精神之中，
看我们以前的一位贤人怎样思想，
最后我们又怎样加以光大发扬。

（歌德《浮士德》，第一部，222—225）

元素周期表

现在，我们的七位主角都来到了1932年的奇迹之年。是时候讲讲量子理论建立的故事，以及各路专家众说纷纭带来的激情澎湃。

1913年玻尔提出的原子模型，很快让物理学界和化学界都把目光集中到了强大的关于物质的科学分类体系，也就是元素周期表上。要弄清这张表上的元素分布究竟有何深意，恐怕只能寄希望于对科学充满了与日俱增的好奇心的天才儿童的双眸了，除此之外已是别无他法。

著名神经学家奥利弗·萨克斯（Oliver Sacks）写过几本讲述神经疾病患者的书，他经常会强调他们奇怪的病情背后人性的一面。他有一本回忆录叫《钨丝舅舅》（*Uncle Tungsten*），没有写神经疾病患者，而是讲述了自己的过去，生动描述了早年间他有多喜欢化学。

回忆着那些童年时光，他想起 1945 年有一次去参观刚刚重新开放的伦敦科学博物馆的情形。走进大楼，十二岁的萨克斯抬起头来，看到楼梯最上面的墙上有九十个左右深色的木制小盒子，一个挨着一个，都没有封上。这是元素周期表的放大版展示，每个小盒子上都标着一个化学符号，只要有可能，里面也都放着相应的元素样品。作为初出茅庐的化学爱好者，他对其中很多元素都已经非常熟悉，但看到这么多元素全都摆在面前，还是让他有茅塞顿开之感：

> 要能看出整体的组织，看出把所有元素统一和联系起来的最高原则，需要具备一种奇迹般的、天才的品质。这让我第一次感到人类思想的超凡力量，也感到人类思想可能已经具备了发现和破译大自然最深层次的秘密、解读上帝思想的能力。

所有物质，无论有没有生命，都只是这些元素的无尽组合中的一种，这个看法非常强大。把这个看法跟元素可以分成多个相互关联的族的概念结合起来，就形成了原子结构的中心思想，我们对化学关系的现代理解也就此开始。世界上任何地方的历史教室里都会在墙上挂着各种各样的地图，而所有物理学和化学教室都会突出展示同一张元素周期表，它是这两个领域的通用地图。

在这个动人心魄的展示之外，还有一个 1945 年那天小萨克斯并没有问过自己的问题。是什么决定了“把所有元素统一和联系起来的最高原则”？就是这个问题让 1920 年代的青年物理学家们摩拳擦掌，让他们来到哥本哈根。他们成功解答了这个问题，以至于狄拉克在这个十年结束时大胆宣称：“至此，很大一部分物理学和整个化学的数学理论所必需的基本物理定律，都是完全已知的了。”

卢瑟福提出的原子模型中，有一个小小的原子核带着正电荷，周围有电子绕着原子核旋转，每个电子都带有 1 个单位的负电荷，记为 $-e$。从这幅图景开始，物理学家发现了如何解释元素周期表的那个最高原则。已知原子总体呈电中性，为了保证这一点，原子核如果带 Z 个单位的正电荷，其周围就必然会有 Z 个电子：－Ze 和＋Ze 正好相互抵消。

原子的这幅新图景改变了形成元素周期表的一个基本假设。在此之前，所有元素都是用代表性原子的质量来标记的。以氢原子的质量为标准单位，氦原子质量是 4，锂原子质量是 7，铍原子质量是 9，硼 11，碳 12，等等。1869 年，来自西伯利亚的俄国人德米特里·门捷列夫（Dmitri Mendeleev），一个留着大胡子、很有想象力的家伙，利用这些质量数和观察到的化学性质，引入了一种分组方式，将元素分成了不同的族。他的工作成果石破天惊地预言有三种新元素存在，但刚开始并没有人注意到他的结论。接下来二十年，随着门捷列夫预言的三种元素接连被发现，化学性质和原子质量也都跟预言相符，他的分组方法的重要性变得越来越明显。

但更精确的测量表明，原子质量只是大致等于 4、7、8 等整数，这就表明可能还有更深层次的规则在决定着元素顺序。有了卢瑟福的原子图景，分析角度就变了，原子所含电子数成了标记和理解元素化学性质的关键。按这种新思路来排列，从氢到碳的序列就是简单的整数序列：1、2、3、4、5、6。我们可以这样一直排到铀，这是最后一种稳定元素，有 92 个带负电的电子绕着带同等数量正电荷的原子核旋转。元素的分门别类现在很清楚了，但最高原则是什么，仍属未知。

1913 年，玻尔迈出了下一步。在曼彻斯特之旅期间了解到卢瑟福原子模型的细节后，玻尔问自己：如果电子环绕原子核运行时的可能路径是由量子理论决定的话会怎么样？这会不会是通往最高原则的关键一步呢？因为卢瑟福的原子看起来就像一个迷你太阳系，进行这样的类比合情合理。

从古到今，无数人尝试过用一个简单的数学公式来确定围绕太阳运行的行星轨道的半径，最好是一个能揭示我们尚未认识到的更深层次的自然界真理的公式，这段历史极为漫长，也相当辉煌。如果用字母 A 表示水星与太阳之间的平均距离，现在我们知道，接下来四颗行星与毕达哥拉斯（Pythagoras）所谓的“中央火”之间的平均距离分别是 1.86A（金星）、2.58A（地球）、3.94A（火星）和 13.4A（木星）。很多思想家都曾问过，这样的距离分布是否有什么道理，或者说得更准确点，是否有他们认为的不同的、往往更简洁的数值。最后，他们所有的努力都失败了。这些数字就是这样——1.86、2.58、3.94 和 13.4。没什么道理好讲[①]。

但玻尔知道，在太阳系这里失败了，并不意味着类比到原子时就肯定也会失败。如果对于最低的电子轨道，我们将其半径记为 B，那么接下来的轨道的半径会不会是 2B、3B、4B、5B 并以此类推呢？2、3、4、5 这些数字有没有可能跟量子理论有关？这幅图景会不会开启科学的新篇章？

公元前 6 世纪的伟大哲学家毕达哥拉斯，是第一个想到行星轨道半径也许应该有个解释的人。这位古代的天才创立了一个学派，信条为“万物皆数”。他相信数字的重要性至高无上，这个信念最早来自几何学方面的考虑，而后来他发现对于同时振动的弦，只有弦的长度固定为简单的整数比时，弦上发出的声音才是和谐的，这个发现也加强了他的信念。把数字和音乐关联起来，是毕达哥拉斯学派的第一个重大成就。

毕达哥拉斯学派尝试把“万物皆数”的宇宙观扩大，接下来便假定地球和各大行星是悬浮在太空中的运动球面，所有球面都以“中央火”为中心，形成了圆形轨道。毕达哥拉斯学派设想，每颗行星都会发出一个音符，频率由该行星与“中央火”的距离决定。假设由此产生的合奏是和谐的，那行星轨道半径就只能是简单的整数

---

① 爱好天文的读者可能会知道，这就是“提丢斯-波德定律”，一个经验定律，从海王星开始误差陡增，而对海王星以内的行星分布则符合得较好。这个定律虽然名叫定律，但实际上人们并不知道背后的原理，甚至于也不清楚它是否仅仅是一个巧合。——编者

比，就好像如果拨动琴弦，只有弦的长度是简单的整数比时发出的声音才能相协和一样。他们这次飞跃性地把数字、音乐和天文学结合在一起，创造了天球和声（harmony of the spheres）的概念。

约翰内斯·开普勒（Johannes Kepler）出生于毕达哥拉斯学派在意大利南部城市克罗顿解散两千年后，该学派的某种数学关系决定了行星与太阳之间距离的观念，也在开普勒手里死灰复燃。他年轻时最早研究行星轨道半径问题时用的是几何方法，从规则的正多面体里的内切球面出发，整个运算过程以哥白尼最近公布的行星绕着中央天体运转的模型为基础。但仔细研究数据后，开普勒不得不承认，行星轨道是椭圆形，而不是圆形。接下来数十年，在弄明白如何精确描述这些椭圆轨道的过程中，开普勒提出了行星运动三大定律，就此名垂千古。但是，就算他尽了最大努力，还是无法说明白为什么三大定律是成立的。开普勒继续摸索，想要找到一些说法，结果回到了毕达哥拉斯可能会采用的方案：椭圆的长轴和短轴之比是由和谐音决定的。

这是科学史上的重大转折之一：开普勒发现行星运动三大定律靠的是数据，而不是什么先入为主的观念。这也是为什么就算后来有了牛顿的宏伟见解，三大定律在今天仍然成立。开普勒的观测数据是对的，而他对数据的解读过时了。然而，推动他继续前进的那些思想依然鲜活，也依然在给人启迪。

量子力学革命发生多年以后，泡利也想尝试了解是什么让开普勒得出了他的结论，并希望借此看懂索末菲引领他进入的量子理论革命。在为老师的八十大寿准备的一部特别文集中，泡利写道：

> 毕达哥拉斯的几何学是宇宙之美的原型。开普勒在毕达哥拉斯学派思想中正好成比例的音乐美感的指导下，搜寻着宇宙中的和谐，而这就好像是在呼应他的搜寻。索末菲很清楚怎么向自己的一大群学生传达他对正好成比例以及和谐的绝对可靠

的理解，多么让人高山仰止啊。

后来那些年，为了寻找这些灵感与自己生活中的关系之间的联系，泡利试着把荣格的“原始图像或者说原型”与开普勒的“植入灵魂的图像”（开普勒称之为 archetypalis）对等起来：

> 理解自然的过程，以及人类在这个过程中感受到的快乐，也就是无意识地了解到新知识的过程，似乎是以一种对应为基础的，也就是人类心理中预先存在的内部图像与外界物体及其行为之间的对应。

另一种说法可能就是追问，是外部世界跟已经在头脑中形成的图像相对应，还是这些外界物体会影响我们组织内心图像的方式？玻尔很可能会坚持认为，这两种观点是互补的，也都是对的。

开普勒身上颇有一些神奇之处，他把非常遥远的过去和我们眼前的现代生活串连了起来。马克斯·德尔布吕克在高中毕业演讲时，就选择了这位科学家的历史生平为主题。在准备向同学、老师和家长发表这场演讲时，德尔布吕克获准查阅柏林大学图书馆里的珍本。他自己曾这样写道：

> 能够看到乃至捧读这些三百年前的古书，是一次终生难忘的经历，尤其是我还在其中一本里发现了用音符表示的对天体谐音的推测。这表明，开普勒当时真的是在用天堂钟声而不是抽象的数学语言来思考。

究竟是在数学指引下，还是像德尔布吕克有趣的说法那样由天堂钟声引导，后来成了玻尔和海森堡在 1926 年一直争论不休的论题，在他们为如何理解量子力学而相持不下时，这也是他们之间紧张关系的来源之一。

如何选择是偏好和风格问题，但科学中的大部分理论成果都是直觉、数据研究和数学分析的共同结晶。所有方法都是有效的，有时是这种方法成功了，有时是另一种方法，还有的时候我们根本不知道科学家是怎么得出结论的。

开普勒的这段插曲让我们偏离了故事的主线，我们还是应该接着讲玻尔如何发现他的原子模型，而这个发现最终又如何带来了解释元素周期表的最高原则。

新开普勒

玻尔有位老朋友还记得，1913 年的时候玻尔是个没什么耐心、总是行色匆匆的年轻人。“他一工作起来就连轴转，似乎总是匆匆忙忙的。宁静安详、爱抽烟斗，都是后来才有的事。”那时候玻尔刚从英国回来，还在忙着在哥本哈根站稳脚跟。最好的办法当然就是，继续发展他在曼彻斯特大学卢瑟福那里就已经形成的对原子物理领域的兴趣。他开始专心研究氢原子，这是所有元素当中最简单的，原子里只有 1 个电子。

玻尔借用量子原理假定，氢原子会以量子的形式辐射能量，就像普朗克和爱因斯坦证明的那样。此外，玻尔还进一步假定量子的能量就等于普朗克常数乘以量子的频率。根据总能量守恒可知，每个量子的能量必须等于原子在发出该量子前后的能量差，因此玻尔开始考虑，要想找到原子可能有哪些能量状态，最佳线索可能要到原子的辐射规律中去找。1913 年初，当一个朋友告诉他，氢原子光谱中被称为谱线的不同单色光的频率之间有一种令人吃惊的关系时，玻尔便知道了，这就是他一直在寻找的线索。

五十多年前科学家们就已经知道，化合物在充分加热后，会发射出含多种频率的辐射。将一束多频率的辐射穿过棱镜，这束辐射会展开形成一个很宽的范围，而每种频率都会成为一条单独的谱线。这些谱线的频率，每种化合物、每种元素都各不相同，谱线呈现出来的规律极为清晰又绝无雷同，因此到19世纪末，光谱分析就已成为化学成分检测的重要工具。科学家详细列出了每一条谱线的频率，并认为谱线频率的全部意义就是作为化学物质的唯一身份标识。

有些观察者想要寻根究底，于是开始思考这些频率之间有什么关联，不过他们自己也不相信会有什么结果。1885年，一个名叫约翰·巴尔末（Johann Balmer）的六十岁的瑞士中学老师发现，氢原子的谱线频率跟一个常数成正比，所有谱线都等于这个常数乘以两个整数倒数的平方差，比如说 $1/2^2-1/3^2$，也就是 $1/4-1/9$。当时人们虽然觉得这个发现很有意思，但并没有多想就将其束之高阁了。结果将近三十年后，正是故纸堆里的这个发现成就了玻尔关于原子的量子理论，让他得出了最早的重要见解。

巴尔末的公式让玻尔得以构建一个氢原子模型，这位瑞士中学老师引入的整数既决定了模型中的电子轨道半径，也因此决定了电子的能量值，这些数现在被我们称为量子数。

1962年，就在去世前不久，玻尔接受了一位著名科学史专家的采访，并在采访中回想起巴尔末公式对他个人以及量子理论总体发展的意义：

> 人们会觉得光谱很了不起，但光是这样不可能取得进步。就好像你有了蝴蝶的翅膀，那么翅膀上的颜色图案之类当然是非常有规律的，但没有人会觉得，通过蝴蝶翅膀上的颜色你就能得出跟蝴蝶有关的生物学知识。对光谱，当时的人们也是这么认为的。

当时没有人会觉得，通过研究谱线频率，我们能发现原子理论的基本知识。

玻尔模型非常有意思，但这个模型跟实验数据吻合只是因为巧合吗？玻尔就元素周期表上的 2 号元素氦做出了清晰且带有一点戏剧性的预测，结果也完全相符，因此对玻尔模型的怀疑也就很快偃旗息鼓了。氦元素在地球上很少，但在太阳里非常多，人们最早就是在太阳的谱线里观察到了氦元素，所以才根据希腊语里的“太阳”（helios）一词将其命名为氦（Helium）。正常的氦原子有 2 个电子，但如果充分加热，其中 1 个电子会逃逸，只剩下离子化的氦原子。氦原子剩下的那个电子会在允许的轨道之间跳来跳去，简直跟氢原子里那个唯一的电子一模一样。但是，根据玻尔模型，两者对应的谱线频率公式会相差一个因数 4，因为氦原子核带的电荷数是氢原子核的两倍。

太阳的温度非常高，这就表明氦离子发出的谱线应该是可见光。这些谱线也确实可见，而且跟氢原子谱线的差别刚好就是玻尔预测的因数 4，有力地证实了他的理论。但之后没多久，就有个英国实验物理学家在实验室观测到了氦离子的谱线，测量精度比天文观测更高，最后给出的答案是 4.0016。于是他得出结论，玻尔模型是错的，因为模型给出的预测超出了精确实验的误差范围。

玻尔很快回应称，之前的计算中为简化起见他采取了一种近似，假定跟原子核质量相比，电子质量可以忽略不计。如果把两者的已知质量代入他的公式，就会得出更精确的预测值 4.00163。理论和实验之间这种程度的吻合，在原子物理学的计算中还从来没有过，引起了物理学界的强烈震动。有一个丹麦年轻人发现了什么非常非常重要的东西，这个消息很快就传开了。

玻尔在曼彻斯特大学时的好朋友乔治·冯·赫维西也听说了这个结果。赫维西这时在德国工作，他很快跑去见了爱因斯坦。他跟玻尔汇报说，爱因斯坦一开始没明确表态，但一听说氦的结果后，他的眼睛就亮了起来，对赫维西说：“这是个非常了不起的成就。所以玻尔的理论肯定是对的。”实验结果完全符合理论预测的结果，这太惊天地泣鬼神了，所以关于原子的量子理论至少在某些方面肯定是正确的。

跟开普勒一样，玻尔的直觉非常准。在阐述原子理论时，以及后来破译元素周期表时，他都会提出一些假设，跟开普勒的假设一样表面上错到了家，然而最后往往能借此得出正确的结论，有时这让那些努力想要理解他推理过程的人倍感困惑。埃伦费斯特对这种有赖直觉的研究方式一直持怀疑态度，1913 年他在给洛伦兹的信中写道："玻尔就巴尔末的公式得出的量子理论让我感到绝望。"但他确信这个理论非常重要，而他自己在做其他研究时提出的绝热定理，也很快成为研究量子理论的主要工具。

跟埃伦费斯特一样，阿诺尔德·索末菲也发现自己越研究玻尔提出的理论越像打了鸡血。他同样觉得，这个理论中肯定藏着更深层的真理。这个胡子浓密、声音粗哑的矮个子现已年届五十，他相信，如果要继续前进，他拿手的数学一定会派上用场，事实也确实如此。开普勒把哥白尼的圆形轨道扩大为椭圆，索末菲也一样，设想着把玻尔模型也类似地扩展一下：在他手上，曾用来标记电子圆形轨迹可能半径的一个整数，现在变成了三个整数，分别决定着椭圆的大小、偏心率和在空间中的朝向。

另外，任何原子只要比氢复杂，都必然会有多个电子，因此研究人员必须确定多个电子轨道，这就需要选定三个以上的整数，或者叫量子数。要想做出最明智的选择，就必须对基本理论有足够信心。并非总是那么容易，但玻尔似乎天生就知道怎样才能做到。一位著名的理论物理学家甚至因此打趣道："在哥本哈根，就连你姥姥都能叫他们给量子化了。"

索末菲的著作《原子结构及其谱线》（*Atomic Structure and Spectral Lines*）初版于 1919 年，很快成为这个新兴理论的圣经。该书前言把玻尔的理论跟开普勒和毕达哥拉斯的理论联系了起来：

> 如今我们听到的关于谱线的说法，是原子里的球面演奏的真正音乐，是整数关系的和弦，尽管有多种表现形式，但它是更形完美的秩序与和谐。谱线的理论，将永远冠以玻尔的大名。

他向自己的学生传达了他对玻尔的敬畏之情，尤其是泡利和海森堡，这部著作出版时他刚招到门下的两个学生。

在这些学生学会运用这个行当里的这些工具后，物理学和全世界再次迎来了一个充满希望的时代。然而玻尔的突破给物理学界带来的激动并没有很快传开，因为他论述原子理论的最早几篇论文面世后没多久，第一次世界大战就爆发了。直到大战结束，笼罩在原子之谜上的乌云也跟着消散，这一理论的设计师们大都开始渴望重新进行对话。

本书的七位前排人物只有一位没能逃掉在大战中服役。埃伦费斯特和玻尔是中立国的公民，他俩分别来自荷兰和丹麦。德尔布吕克还是个小孩子；如果战争拖的时间再久一点，海森堡可能也会应征入伍；狄拉克当然也是太年轻了。泡利到战争结束时才勉强到应征入伍的年龄，但因为晕厥症（因脑部供血不足而容易晕倒）也没能从军。迈特纳是他们当中唯一在大战期间服兵役的人，当了整整一年的护士，先是在东部前线，后来又去了意大利前线，这一年都过得非常揪心。

回头来看似乎很难理解，物理学怎么会在一战后的德国那么繁荣昌盛，因为战后这个国家满目疮痍，经济也随之崩溃。学术期刊少之又少，专业书籍也贵得吓人，根本买不起。德国物理学界的成功复兴，很大程度上要归功于普朗克和他的几位同事，是他们创立了一个叫做德国科学临时学会（Emergency Association of German Science）的组织，从政府、工业界和国外筹集资金，然后作为基金下发。基金分发完全以科学价值和个人前景为依据，确保了索末菲、玻恩和爱因斯坦这样的人能得到支持，他们的学生也不会被迫离开基础研究领域。

战争那几年对普朗克来说实在是太糟糕了，不但儿子在前线阵亡，双胞胎女儿也全都死于生产时的并发症。大家都为他感到难过，但也都意识到，普朗克对科学和责任全心全意，实际上对他来说也是一种慰藉。在1919年发表于报纸上的一篇文章中，普朗克写道：“只要德国科学能按以前的方式继续下去，就无法想象德国会被逐出文明国家的行列。”他觉得，确保这样的事情不会发生，是自己的责任。

1922年的哥廷根

1920年代初，领导量子理论和原子结构理论发展的重任落在了尼尔斯·玻尔宽阔的肩膀上。在解释氦原子结构取得巨大成功后，他也开始考虑把这一方法推广到解释元素周期表这个更加艰难的任务上。他花了好几年才提出一个全面解决方案，其中大部分时间都是用来在哥本哈根站稳脚跟，为自己新建的研究所筹集资金，并监督研究所的建设工作。但到1920年底，他已经做好了提出想法的准备。1921年，他在《自然》杂志发表了两篇短文，其中就包含他的想法中的关键概念。

玻尔的结论既让人兴奋，又令人费解。五年前埃伦费斯特在给索末菲的信中曾这么写道：“这一成功显然会帮初步建成但已显离经叛道的玻尔模型向最终的胜利迈出重要的一步，尽管我觉得这样很可怕，我还是希望慕尼黑的物理学能在这条道路上走得更远。”1921年，埃伦费斯特已是玻尔的好友，且非常支持他的想法，却又一次发现自己陷入了困顿之中。这年9月他写给这位丹麦人道：“我怀着极大的兴趣读了你在《自然》杂志上的短文……现在我当然更感兴趣了，非常想知道你是怎么看的。”玻尔的对应原理，也就是他把量子理论和经典力学的概念联系起来的方式，让埃伦费斯特感到困惑。

玻尔的文章里画出了相互交叉的电子椭圆轨道，有图表，也有启发性的概念，但有什么数学计算能证明这种结构是合理的呢？玻尔是不是故意语焉不详？

不仅埃伦费斯特，还有很多人也想知道玻尔是怎么得出这些结论的。玻尔准备于 1921 年 6 月在哥廷根一连做七场讲座，他们全都期待着能去参加。但就算错过了这几场，几个月后也还有机会听到玻尔发言，这就是将在布鲁塞尔照常举行的第三届索尔维会议。这次会议选定的主题是“原子和电子”，是玻尔展现自己理论的绝佳机会。

然而玻尔因为要兼顾建设研究所和研究工作，把自己搞得心力交瘁、不堪重负。在医生的建议下，他取消了随后几个月的所有讲座，试着休养一段时间，因此也没去参加 1921 年的索尔维会议。六个月后玻尔元气满满地回来了，发表了一篇题为《原子结构及元素的物理和化学性质》的长达 64 页的雄文。这篇文章最初以德语发表，很快就被翻译成了法语和英语，原子物理学家们如饥似渴，期盼着终于能在文中读到可以用来解释对应原理的数学计算的方程式和细节，但他们又一次失望了。事实证明这些内容付之阙如是有充分理由的，那就是它们根本就不存在。

亨德里克·克喇末是玻尔在哥本哈根的开山大弟子，也是那段时间跟他走得最近的物理学家。他仍然记得那时的情形：

> 玻尔提出关于元素周期表的理论时，海内外有多少物理学家都觉得，肯定有大量详细的处理各原子结构的数学计算在支持着这个理论，只是没发表出来而已。然而实际情况是，玻尔不过是神圣地扫视了一眼，瞥见光谱性质和化学性质之间的关系，就提出并详细阐明了这个理论。回想起这些，还挺有意思的。

克喇末说，对应原理就是“一根有点神秘的魔杖，但在哥本哈根以外的地方不起作用”。只有玻尔和他，对于该怎么应用这个原理有那么一点点了解。

玻尔在氢原子结构上取得的成功令人惊叹，也让这个丹麦年轻人横空出世。他 1913 年以来在原子物理学领域的工作，以及最近尝试解释元素周期表的努力，让他成了研究这些问题的理论物理学家中的领军人物。他的方法很新，似乎就是以大范围的数据研究为出发点，以直觉为导引进行综合分析，从而找出整体解释。在玻尔手中，这个方法带来了让人叹为观止的成果。很多人明显都在期待着听他的讲座，并有机会跟他切磋琢磨。

1922 年 6 月，终于不用再等下去了。玻尔前往哥廷根，进行那七场原定于去年的讲座。这个活动会持续两周，有充分时间讨论。尽管战后大家都囊中羞涩，给出行带来了困难，全欧洲的量子理论学家还是想办法出了这趟门。埃伦费斯特来自莱顿，索末菲来自慕尼黑，还带来了维尔纳·海森堡。德国的通货膨胀仍然高企，索末菲给他的这名学生买了车票，还在一个朋友家帮他找了张沙发睡觉。新出现的天才少年沃尔夫冈·泡利从汉堡赶来，他刚在那里拿到自己的第一份教职。

第一次见到玻尔是泡利和海森堡职业生涯中的一个转折点。从睿智的前辈身上，这两个年轻人有很多东西可以学，而我们也看到，他们也有一两样本事可以让前辈受教。两人中泡利年长一些，二十二岁，海森堡则刚刚二十岁。索末菲一直是很出色的导师，但现在他们遇到了物理研究的另一种风格，一种他们不大熟悉的处理问题的方式，即使材料本身他们已经很熟悉了。回想起那次会议，海森堡说：“我们全都从索末菲那里了解过玻尔的理论，也知道这个理论是说什么的。但从玻尔嘴里讲出来，听着就完全不一样了。”不仅仅是方程的问题。就像一位音乐大师，他的表演不仅仅是把音符弹奏出来，乐句划分和轻重音也很重要。他们能从玻尔那里学到的，不只是方程能说明的内容。

还是用海森堡的话来说，玻尔这个人：

> 对理论架构的洞见并非源于对基本假设的数学分析，而是源于对实际现象的深思熟虑，这让他有可能凭借直觉来洞悉现象背后的本质关联，而不用严格的数学推导。
>
> 因此，我这么理解：关于自然的知识最早都是通过这种方式得到的，只有到了下一步，我们才能成功地把得到的知识以数学形式固定下来，并对其进行完全理性的分析。玻尔首先是一名哲学家，但他也很清楚，我们这个时代的自然哲学，只有在其所有细节都能经受住实验的无情考验时才有分量。

索末菲本人早年学的是数学，他认为在寻找答案之前，应该先运用他那无往而不利的分析技术来阐明问题。跟索末菲不同，玻尔会在定义一个问题的同时就尝试回答，这样便需要依赖他自己的直觉和从实验数据中发现的线索。索末菲但凡讲话总是把清晰放在首位，但玻尔跟他不一样，他的讲座想要传达给听众的是，他寻找问题的答案是多么艰辛，以及他多么需要大家来跟他一起探索。

玻尔的个人魅力跟哥廷根美丽的晚春季节结合在一起，既引人入胜又让人心旷神怡，从不会令人望而却步。第三场讲座结束时，海森堡站起来问了几个问题，跟玻尔刚刚描述的计算有关。他的批评意见切中肯綮，玻尔有几分吃惊，回答时还踌躇了一番。讲座刚结束，他便邀请这个二十岁的年轻人跟他一起去周围的小山上散步。

他们一边走一边聊了三个小时，不仅讨论了计算细节，还谈到怎样才算理解一个理论。他们聊着各种各样的话题，尽管两人年龄差了将近二十岁，却似乎很有共同语言。玻尔看到了海森堡的才华和胆识，而这个德国年轻人既被玻尔对物理学的全身心投入所折服，又因玻尔对自己的赏识而受宠若惊。多年后，海森堡回想起这一天的情形时说：

> 这次散步对我的科学生涯产生了深远影响，可能这么说才对：我的科学生涯其实是从那天下午才真正开始的。

在一次采访中，他回忆道：

> 那是我第一次跟玻尔交谈，我马上发现他看待量子理论的方式跟索末菲极为不同，这也给我留下了很深的印象。我第一次看到，量子理论的奠基人对理论中的困难非常担心。

玻尔邀请海森堡来哥本哈根访学，但造化弄人，后者耽搁了一年半才成行。当海森堡最终于 1924 年的复活节来到哥本哈根时，玻尔正忙得要命。他是一个正在壮大的研究机构的领导，也是五个年幼儿子的父亲。但他还是为海森堡抽出了时间："过了几天他来到我屋里，邀请我跟他一块去西兰岛徒步旅行几天。他说，待在研究所里，基本上不会有机会跟我长谈，但他想好好了解我。于是我们俩就背上背包出发了。"

他们一连走了好几天，走了 160 多公里，往北一直走到赫尔辛格，哈姆雷特的城堡就在那里，然后又沿着海边走了回来。他们的话题海阔天空，但最后总会归结到量子理论有多神秘上。他们俩已然难分彼此。1924 年 9 月，海森堡回到哥本哈根待了七个月，之后又在 1926 年 5 月回来待了整整一年。这也是极为关键的一年，量子力学的哥本哈根诠释就是他和玻尔在此期间敲定的。

哥廷根的那场会议也改变了泡利。后来他说："与尼尔斯·玻尔的初次见面，开启了我科学生涯的新篇章。"但泡利和玻尔之间的关系从来不像玻尔和海森堡之间那样充满了起起伏伏。我们无法想象玻尔会和泡利像父子、师徒一样沿着丹麦的海岸线徒步旅行，也不可能看到他们俩之间的讨论会激烈到其中一人甚至会摔门而去的地步。无论是玻尔还是海森堡，都不会认为对方的批评意见跟泡利的意见同样需要重视。

胜利与危机

1922年玻尔在哥廷根的讲座中，有个高潮是在讨论元素周期表中的72号元素时，这种元素有72个电子在原子核外旋转。结果表明，这是对玻尔的预测能力，对他那根“神秘的魔杖”的重要考验。1921年，按照当时普遍接受的说法，各个元素可以用1到92的原子序数标记出来，但其中有三处空缺，还未确认是什么元素。跟其他所有元素一样，原子序数依次为43、61、72的这三种元素应该分别属于某个族，化学性质与同族的其他元素相似。在发现同族其他元素的地方，也很可能会发现这几种元素。

1921年，两名法国科学家宣布他们在镱样品中发现了72号元素的痕迹，而在门捷列夫的分类法中，镱是一种稀土元素（也就是属于稀土族的元素），玻尔去哥廷根讲座时还没有听说这个消息。为纪念法国古代居民凯尔特人（Celt），他们马上把这种新元素命名为celtium。但问题在于，按照玻尔的理论框架，72号元素不应该属于这一族。

玻尔从哥廷根回来后才第一次听说法国人的结果。在写信给德国东道主，感谢他们的盛情款待时，玻尔补了一句附言，说起自己对元素周期表的预测：

> 对于我在哥廷根的讲座，我现在只能确定，我报告中有几个结论是错的。首先就是72号元素的构成，跟我的预期相反，因为于尔班和多维利耶已经证明，这是一种稀土元素。

但如果法国人确定的72号元素是错的呢？要是他们实验做得不对呢？按照玻尔的理论，能找到72号元素的地方是在锆样品而非镱样品中。1922年，玻尔研究所有了一个很小的实验部门，由他在曼彻斯特大学时的老朋友乔治·冯·赫维西领衔。在玻尔鼓励下，赫维西邀请荷兰青年物理学家迪尔克·科斯特（Dirk Coster）加盟哥本哈根，一起验证玻尔的预测，因为科斯特刚刚发明了一种新的X光探测技术。如果玻尔是对的，72号元素就不应该是稀有的，更不会是稀土元素。

赫维西和科斯特很快在锆样品中找到了这种元素，性质跟玻尔预测的一模一样。这是玻尔研究所的伟大胜利。这种元素被重新命名为铪（hafnium），来自哥本哈根在拉丁文中的拼法Hafniae。1922年12月11日，在斯德哥尔摩接受1922年诺贝尔物理学奖的玻尔在演讲结束时宣布了这一发现，堪称锦上添花。这个时机再好不过。赫维西跳上从哥本哈根开往斯德哥尔摩的火车去参加颁奖仪式时，科斯特还在再三检查所有的实验结果。（附记一笔，二十二年后赫维西也获得了诺贝尔奖，不过是化学奖而非物理学奖，凭借的是他在生物学领域同位素示踪方面的开创性工作。）

如果爱因斯坦跟玻尔都在斯德哥尔摩，玻尔参加的就会是个双重仪式，因为1921年的诺贝尔物理学奖直到1922年才宣布并颁奖，获奖者就是阿尔伯特·爱因斯坦，但并不是因为相对论，而是因为他在量子理论方面的工作。然而获奖的消息通知到爱因斯坦时，他正在去日本长途旅行的路上。德国驻瑞典大使代他领了奖。

爱因斯坦在日本收到了玻尔的一封信，说对他而言，“能跟你同时获奖是多么大的荣幸”。玻尔接着说，爱因斯坦先于他获奖，对此他觉得非常感激。爱因斯坦被逗乐了，他给玻尔写了一封回信，开头深情地称呼这位朋友为“亲爱的玻尔，毋宁说被深深敬爱的玻尔”。信中写道：

我可以毫不夸张地说，你的来信带给我的快乐，跟诺贝尔奖本身不相上下。我觉得尤其好玩的是，你担心自己可能会先于我获奖——这才是真“玻尔”呢。你对原子的新研究我思考了整整一路，我也因此更喜欢你的想法了。

跟玻尔一样，爱因斯坦也成了科学大使，支持科学无国界的观点。但他的道路比玻尔的更难追随，因为他的身份比较模糊，既是德国人又是瑞士人，他出生于德国，国籍是瑞士。这种情形甚至在为他颁发诺贝尔奖的巧妙安排中也有所反映：德国大使代他在斯德哥尔摩领了奖，但在柏林把奖章交给他的是瑞士大使。

玻尔于 1920 年接受了柏林的邀请，又去哥廷根做了讲座，意在表明他认为科学应该超越国界的观点。在 1922 年的诺贝尔奖晚宴上，他提出“为能促进科学进步的国际合作蓬勃发展”干杯，“在这个很多方面都令人伤感的时代里，这是关乎人类生死存亡的亮点之一”。

对德国来说，这确实是个令人伤感的时代。尽管魏玛政府百般努力，德国每况愈下的经济还是从灾难性的通货膨胀变成了更糟糕的恶性通胀。人们一拿到工资，就得马上冲出去购买食品。餐馆甚至不会印制菜单，因为从点菜到上菜这么点时间，一盘菜的价格都会发生变化。到 1923 年 9 月，以前只需要 1 马克的东西得花 100 万马克才能买到。马克斯・普朗克出门去做讲座，结果因为没钱住旅馆，只能在火车站坐了一个通宵。到 1923 年 11 月，这 100 万马克的价格又变成了 10000 亿马克。恶性通胀已经完全失控。

这时候希特勒行动了起来。1923 年 11 月 8 日，他闯入一场纪念第一次世界大战结束的集会。在慕尼黑的一家啤酒馆，希特勒及其追随者向集会人群宣布，他们会带领大家向柏林进军，推翻腐朽的魏玛政府。他们的企图很快就失败了，希特勒进了监狱，转而奋笔疾书，开始写《我的奋斗》。纳粹的努力被视为又一个右翼幻想，很快被弃置道旁。

与此同时，原子理论也在经历自己的危机。玻尔模型在解释氢原子和氦离子的性质时取得了空前的成功，那么接下来考察普通的带 2 个电子的氦原子，也就是元素周期表里的 2 号元素，似乎很顺理成章。这 2 个电子是在同一个轨道上呢，还是分别在两个互成一定夹角的不同轨道上？玻尔和克喇末研究了这个问题，随后玻尔又跟海森堡重新研究了一番，但他们得出的结论都无法令人满意。索末菲在 1923 年总结了当时的情形："事实已经证明，为解决中性氦原子的问题做出的所有努力，全都失败了。"随着 1922 年哥廷根讲座的光芒渐渐淡去，一种迟疑不决的氛围出现了。肯定还有一些什么要素，但没人知道在哪，似乎也没人知道该怎么着手进行。

1924 年 1 月，玻尔、克喇末与约翰·斯莱特（John Slater）一起合作提出了一个理论。当时，有很多美国人在美国拿到博士学位后前来玻尔研究所深造，而约翰·斯莱特是这些人中的第一个。他们三人的想法呈现在一篇 20 页的论文中，实际上只能算是一份冗长的宣言，里面没有任何方程。玻尔确实有比其他物理学家更啰嗦的习惯，比如他在罗列所有注意事项时需要反复注意措辞就反映了这点，但一个方程都没有也还是太极端了。

这篇试图颠覆物理学很多最神圣原则的论文，很快便以三人姓氏的首字母而得名 BKS 理论。文章提出的第一个重要思想是，能量守恒和动量守恒在单个亚原子粒子的碰撞中不成立。这两个原则之所以看起来是成立的，是因为实验中观察到的始终是多次碰撞的平均值，而对平均值来说成立的原则，对单次碰撞来说未必同样成立。论文宣称，严格的因果关系，即原因与结果之间看似不可改变的关联，也只适用于多次测量的平均值。爱因斯坦曾提出电磁波也是一种粒子，并称其为光子，而 BKS 理论则宣称光子并不存在。

爱因斯坦曾在早年考虑过这篇文章里提到的很多想法，但后来都被他自己否决了，现在他对 BKS 理论的每一条都表示坚决反对。

就此他并没有直接跟玻尔交流，但埃伦费斯特从他那里听说，能量不守恒的想法“是我的老相识了，但是我可不认为这个老朋友值得尊重”，而且“没有光量子（的理论）是不可能成功的”。爱因斯坦给玻恩写信说，要是因果关系都得束之高阁，他宁愿“去赌场当个伙计，也不要当物理学家”。在爱因斯坦看来，物理学定律必须有明确的预测作用。

泡利想居间转圜，向玻尔传达了爱因斯坦的反对意见，同时也阐明了自己的立场：

> 即便从情理上讲，我有可能基于对权威的某种程度上的信仰而形成一种科学观点（但你也知道，情形并非如此），但从逻辑上讲也不可能（至少对于这种情形是这样），因为两位权威在这个问题上的观点实在是太针锋相对了。

这两位物理学伟人之间后来旷日持久的激烈论战，就是从这个分歧开始的。玻尔和爱因斯坦彼此都很敬爱对方，但似乎从这一刻开始，他们在对亚原子物理的阐释上开始变得水火不容。

不到一年，实验就证明了光子的确存在，并且其性质跟爱因斯坦预测的一模一样，这才让这个问题尘埃落定。1925年初，玻尔宣布收回之前的说法。他想对那篇文章的失败表现得有风度一些，于是在给一位朋友的信中写道：“我们只能给那些革命性的努力办一个尽可能风光的葬礼，除此之外别无他法。”而在给另一位朋友的信中，他宣称：“现在再也没有任何理由怀疑能量守恒原理了，很令人欣慰。”

对能量守恒的第一次质疑只维持了不到一年。没过几年，玻尔又回到了这个问题上。这一次他的对手不是爱因斯坦而是泡利，而他们争议的主题，会在《哥本哈根的浮士德》中一览无遗。

新的乐观情绪

1923年底量子理论似乎已陷入僵局，玻尔、克喇末和斯莱特为了打破这个局面而提出了BKS理论。第二年，物理学的情形开始有所好转，德国的情形也是如此。政府推出了新的“地租马克”，大致相当于战前的1马克，也就是现在流通中的10000亿马克纸币，随后德国经济迅速抬头向好。这种新马克理论上有德国的土地和商品抵押作为保证，被民众普遍接受，而已经肆虐三年、摧毁了养老金体系、让银行存款变成废纸一张的通货膨胀，也终于得到了控制。

因为不想看到第一次世界大战的惨剧重演，在这种热望推动下，人们开始对解决政治冲突普遍感到乐观。这种乐观情绪一开始还很孱弱，但很快就壮大了起来。1921年在布鲁塞尔举行第三次索尔维会议时，受到邀请的德国科学家只有一位，就是爱因斯坦。但是他拒绝赴会，回应称同盟国对德国的态度太恶劣了。不过同盟国与德国的关系很快开始正常化。总体上缓和下来的氛围也影响了物理学界，从那时起，德国人也能重新受邀参加重大国际会议了。来自曾经你死我活的国家的科学家之间的交流，也迅速变得越来越卓有成效。

1924年对泡利来说尤其是个好年景。他开开心心地在汉堡定居下来，周围都是令人振奋的同事，其中很多都是单身汉，也都喜欢锦衣玉食的生活。随着德国恢复繁荣，餐馆遍地开花，有歌舞表演的酒吧也人满为患。汉堡是个大城市，也是港口，有众多俱乐部，还有个很大的红灯区；前面我们也提到过，这个红灯区就位于这座城市中一个名为“圣泡利区”的地区，跟泡利同名，很有意思。这位青年物理学家也开始自得其乐起来。

这一年还有一个观念开始流传，就是为了避免某些关键仪器莫名其妙地损坏，应当禁止泡利踏足任何物理实验室。一连串被冠上

“泡利效应”之名的故事，开始在物理学家中间流传。汉堡的资深实验物理学家奥托·施特恩是泡利的好朋友，经常跟泡利一块儿吃午饭，很可能就是这个迷信的始作俑者。施特恩秃顶、爱抽雪茄，总是一副乐呵呵的样子，他说他在实验室里的时候，只会隔着一道关起来的门跟泡利说话，免得实验室里的仪器坏掉。

这事儿传得越来越玄乎，迷信的例子也越来越多。哥本哈根的一次小事故被归咎于泡利在场，甚至有一次位于哥廷根的实验室中发生了起离奇的设备故障，也被归罪于泡利，因为当时他恰巧正身处于一辆经过哥廷根的火车上。有时候泡利效应还会扩大到车祸、盘子从桌上掉下等现象，但所有事故里的共同点是，其他人遭罪时，泡利本人却总是丝毫不受影响，对此泡利也乐何如之。

尽管经常有人开玩笑叫他不要进实验室，泡利仍然很关注实验数据，做了很多细致的研究。1923年，他开始详细分析在磁场中的原子发出的辐射。他想了解怎么给所有环绕原子核运动的电子分配量子数，并据此为元素周期表提供完整、严格的解释。

1924年底，他在这个方向取得了进展，认识到每个电子都需要4个量子数，比索末菲一开始为了确定电子的运动状态提出的3个量子数多了1个。一般认为索末菲给出的3个量子数分别确定了轨道的尺寸、偏心率和倾角，而第四个量子数，只有+1/2和-1/2这两个取值，并没有马上得到解释。

为了解释这些数据，接下来泡利提出了不相容原理，有时也简称泡利原理。这个原理声称，同一个原子中的2个电子不能4个量子数全都相同，必须至少有1个是不一样的。

1924年12月，泡利寄给海森堡一份手稿，阐述了他的结论。海森堡马上回了封信：

亲爱的泡利！

今天拜读了你新写就的大作后，我肯定是最为此感到高兴的人之一了。这不仅因为你把这个骗局推到了无人企及、目眩神迷的新高度（竟然引入了具有4个自由度的单电子），打破了之前由我保持的所有纪录（为此你可没少诅咒过我），而且因为你也（你也有份啊，布鲁图[①]！）低着头回到了形式主义老学究的国度，这总的来说让我不由得喜上眉梢。但你不用为此难过感伤，因为那里会有人张开双臂、夹道欢迎你的。如果你写下的东西在什么地方跟先前的骗局相悖，那也不过是自然而然的误解罢了；因为骗局乘上骗局不会带来任何正确的结果，所以两个骗局是永远不会相悖的。因此，我向你表示热烈祝贺!!!!!!

圣诞快乐——维尔纳·海森堡

泡利把手稿寄给海森堡的时候也收到了玻尔写来的一封热情洋溢的短信，是对他之前一封信的答复。信中说："我的良知太糟糕了，我甚至都羞于提起。我本来打算马上修书一封感谢你写来的长信，因为在等了这么久之后，这封信终于让我有了再次跟你吵架的机会。"泡利被玻尔显而易见的深情打动，便把引入4个量子数的那份手稿也寄给了玻尔。海森堡的回信寄到一周后，泡利收到了一封简短的回复，对他表示大力支持。玻尔在这封回信中告诉泡利，哥本哈根人都被泡利带给他们的"那么多未曾一见的胜景"迷住了，并接着说道："亲爱的泡利，正如你所见，你已经得到了你想要的一切，让我们的脑子全都开动起来。我觉得，现在我们来到了一个关键的转折点。"

之后不到一年，埃伦费斯特在莱顿大学的两名年轻学生，塞缪尔·古德斯米特（Samuel Goudsmit）和乔治·乌伦贝克（George

① 原文为拉丁语，这里是海森堡从"你也（et tu）"二字出发玩的谐音梗文字游戏。布鲁图为恺撒养子，"你也有份啊，布鲁图"据说是恺撒遇刺时的最后一句话。——译者

Uhlenbeck)，就泡利提出的第 4 个量子数给出了一种可能成立的解释，尽管并不是以泡利乐见的形式。他们沿用并拓展了泡利已经不再赞同的行星类比，指出就像地球绕着太阳公转的同时也绕着地轴自转一样，电子也可能在绕原子核运动的同时自旋。而且，量子理论会对这种自旋加以限制，使之只能有两种取值，分别对应着向上和向下两个方向。

埃伦费斯特鼓励这两名学生以适合发表的形式简单写一写他们的想法。几个星期后，他们俩去见了洛伦兹，是他慧眼识珠把埃伦费斯特招到了莱顿，他也是欧洲所有理论物理学家中资格最老的。尽管已经退休，他还是会时不时去莱顿大学讲讲课，跟学生们讨论问题。对他们提出的想法，洛伦兹考虑了一会儿，随后告诉他们，尽管这个想法很有意思，但也有重大缺陷。两名学生吓坏了，立马跑回去找埃伦费斯特，说他们觉得应该暂缓提交那篇文章，先不要发表。埃伦费斯特回答说，他已经寄出去了，随后又加了一句："没事的，你们俩都还年轻，蠢一回也没关系。"没过多久，他们的猜想便又受到了一次打击，变得岌岌可危。他们收到了一封来自海森堡的信，信中海森堡指出他们关于自旋电子效应的公式中缺了个关键因子 2，然而解释实验数据又非得有这个因子不可。

又是几个星期过去之后的 1925 年 12 月，莱顿举行了一场纪念洛伦兹的活动。玻尔和爱因斯坦都非常崇拜这位荷兰长者，他们决定前去参加这场活动。有个关于这次聚会和电子自旋的故事可以说明那时候的理论物理世界有多小。在从哥本哈根前往莱顿的路上，玻尔的火车经停汉堡，他发现泡利和施特恩在等着他，想知道他对电子自旋有什么看法。玻尔说，这个想法很有趣，但显然是错的。一天后，埃伦费斯特和爱因斯坦在莱顿火车站接到玻尔，并告诉玻尔他们是如何找回缺失的因子 2 的，以及如何用量子理论来反驳洛伦兹的反对意见。玻尔马上摇身一变，成了热烈支持电子自旋的人。

几天后庆祝活动结束，玻尔返回哥本哈根，经停哥廷根。海森堡在车站等他，问他对电子自旋有什么看法。玻尔说，这是个巨大的进步，是量子理论的胜利。玻尔继续前行来到柏林火车站，又碰到了泡利。他专程从汉堡赶来，就是想看看玻尔在莱顿之行期间有没有改变主意。得知玻尔的看法已经改变后，泡利责备玻尔还在坚持把原子类比为行星。但电子自旋确实存在，尽管应当用量子力学来重新诠释一番。

同时泡利不相容原理也很快得到了普及。现在我们知道，处于同一个系统中的 2 枚电子，无论是在原子、气体、晶体、磁铁甚至是恒星中，它们的量子数不能全部相同。这个原理充分解释了为何各式各样的物质可以稳定存在并能保持形状不变。太阳最终会变成一颗白矮星，那为什么白矮星里的电子不会统统坍缩到恒星中心去呢？因为泡利不相容原理禁止这种事情发生。同样的，为什么一个原子里的所有电子不会全部跃迁到最低能态（如果愿意你也可以称其为最低能轨道，虽然泡利肯定不会赞同）？答案仍然是，泡利不相容原理禁止这种事情发生。

泡利原理很快成为新量子理论的两大关键要素之一，另一个要素是不通过把电子运动想象成轨道来分配量子数的一种自洽的方法。想想泡利原理那么重要，我们可能会觉得奇怪，为什么泡利过了二十年才获得诺贝尔奖。可能有很大一部分原因是，很多物理学家都希望有人能解释一下，这个原理为什么成立。泡利自己在 1940 年给出了部分解释，但瑞典皇家科学院显然持保留态度。随着时间消逝，这些保留意见最终也烟消云散了。

1945 年 1 月 13 日，爱因斯坦给瑞典皇家科学院发了封电报：

> 提名沃尔夫冈泡利物理学奖句号他对现代量子理论的贡献即所谓泡利原理或不相容原理独立于该理论的其他基本定理已成为现代量子物理的基础句号阿尔伯特爱因斯坦

这封电报让科学院行动了起来。诺贝尔物理学奖于 1945 年 11 月 15 日颁发给泡利，也就是海森堡和狄拉克获奖十二年后。授奖辞写道：“授予沃尔夫冈·泡利，因为他发现了不相容原理，又名泡利原理。”

第八章　开始革命

合唱

不要迟疑，要敢于冒险，
众生往往犹豫不定；
大丈夫事事都能实现，
因为他能知而即行。

（歌德《浮士德》，第二部，第一幕，50—53）

黑尔戈兰岛

到1925年初，海森堡和泡利已经确信，电子环绕着原子核运动不可能是原子内部的真实情形。从玻尔最早提出这个想法到现在已经过去了十多年，玻尔模型尽管取得了很多成功，但同样有很多失败之处。在描述氢原子发出的辐射时，玻尔模型确实非常管用，但在描述氦原子时却彻底失败了。以年轻人特有的激情，泡利和海森堡觉得需要有一幅全新的图景，一幅去掉电子轨道的图景。这幅新图景可能也会包含玻尔现有原子理论的很多特征，但其方法会是全新的。1924年底泡利的一篇文章甚至完全没有提到轨道，在12月写给玻尔的一封信中他解释了为什么要这么做："量子态的……能量和动量……比'轨道'要真实得多……然而，我们决不能把原子放在我们先入为主的枷锁中。（在我看来，假设电子有运行轨道……就是一个这样的例子。）”

不出所料，玻尔很难放弃他一手创立的描述方式，但泡利没有让步。1924 年圣诞节，玻尔对泡利最近声称的任何 2 个电子的量子数都不能完全相同的观点表示热烈支持，泡利的回应却非常严肃："那些弱者，需要依靠明确定义的轨道和力学模型才能理解原子结构的人，会认为我的原理说的是，拥有相同量子数的电子都是在同一轨道上运行的，所以会相撞。"那强者应该怎么理解呢？谁会引领他们离开电子轨道这个安全区，这趟旅程又将驶向何方？很可惜，这个人不是泡利。

多年后，他不无伤感地回忆道：

> 年轻时，我以为我是当世最优秀的形式主义者。我觉得我是个革命者。当大问题到来时，我会解决它们，并写下方法。但是，大问题来了，与我擦肩而过，别人解决了它们，并写下了方法。我是个古典主义者，不是革命者。

泡利总是既严于律己也严以待人。尽管这里泡利低估了自己的贡献，但毫无疑问，这次勇往直前的创新者是海森堡，不是泡利。泡利也许更有洞察力和批判能力，但他不像海森堡那样，敢于在学术世界里冒险。

1924 年 2 月，也就是海森堡抵达哥本哈根并常驻的两个月前，泡利给玻尔写了封信，评价了他这位朋友的能力："他不大注重清晰阐释基本假定及其与现有理论之间的关系。但……我相信，未来某个时候他会极大推动我们这个科学领域的发展。"这些话很有先见之明。正是海森堡与"现有理论"分道扬镳的能力和意愿，让他走向了量子力学。

跟泡利一样，海森堡坚持认为，将电子想象成在环绕原子核的轨道上运动，不可能是量子理论的内容。人们可以追踪行星的完整轨道，与之相反的是，虽然电子的行为看起来仿佛是在轨道上运动的，但我们却不可能追踪到电子的轨道。在更深层的意义上，海森堡的基本思路是，量子理论应该只涉及实验中能测量到的物理量——用物理学术语来说，就是可观测量——而电子轨道不是可观测量。

物理学家们认为，量子力学革命真正肇始于1925年6月中旬，在一个颇有些古怪的地方——北海中的一个寸草不生的小岛黑尔戈兰岛。事情是这么发生的：海森堡从哥本哈根回来后就一直在哥廷根工作，但为了摆脱花粉热的煎熬（他从小就一直被这种病折磨着），海森堡又从哥廷根来到黑尔戈兰岛。匆忙离开大陆的他觉得自己只会在岛上待一小段时间，所以随身只带了几件衣服，一双用来在海边岩石上攀爬的徒步靴，一本歌德的《西东诗集》，以及一些他碰到了困难的计算。如果状态足够好，他希望自己能琢磨琢磨这些计算。

在去掉电子轨道这一图景后，海森堡没能取得什么进展，于是决定试试转向另一个更简单的问题，他觉得这个问题可能会指明前进的方向，就像大赛前先热热身一样。他要解决的问题大致是，电子在一条线上往复摆动，而不是人们想要搞明白的更真实也更复杂的椭圆路径上的运动。如果在他的模型中不需要清楚地了解电子轨迹就能得出一种描述辐射的方法，他希望这个方法也许能告诉他，怎么把电子轨道完全去掉。

最关键的一步是找到把电子来回摆动的振幅乘起来的规则。海森堡知道，他缺了一个需要加到这个乘法运算上的关键约束。在黑尔戈兰岛的一天晚上他找到了这个约束，尽管后来他才完全意识到他发现的东西究竟有多大意义。

在黑尔戈兰岛上，有那么一刻，我脑子里灵光闪现……那时已经很晚了。我辛辛苦苦地完成了计算，并验算了结果。随后我走出去，躺在一块石头上，看着大海，看到太阳缓缓升起，满心欢喜。

花粉热好了以后，海森堡返回哥廷根，先在汉堡稍事停留，告诉泡利他在岛上得出的结论。接着，他马不停蹄地动笔写了一份供发表的手稿。1925 年 6 月 29 日，他在给泡利的信中写道，他“打心底里确信，这个全新的量子力学肯定是完全正确的”。7 月 9 日，海森堡把写完的稿子寄给了泡利。文章开头如下，里面有句话前面我们也引用过：

> 众所周知，在量子理论中用来计算氢原子能量等可观测量的形式规则，可能会因为里面包含了原则上明显不可观测但却被用作基本元素的物理量而受到严肃批评……人们迄今为止一直无法观测到诸如电子的位置和周期这样的物理量，在这种情况下，彻底抛弃我们可以观测到它们的所有奢望，并承认量子规则与经验所得有一部分相符这事多多少少算是种偶然，恐怕才是明智之举。

简单来讲，物理学需要一种新理论。他提出的意见会是迈向这个目标的第一步吗？

又一个不眠之夜

海森堡还准备了另一份手稿。尽管仍然没有完全认识到他的发现有多重要，他还是把这份手稿寄给了哥廷根的资深理论物理学家马克斯·玻恩，请他帮忙评估这篇文章的内容，并说如果他认为值得发表的话，就请他把这篇稿子转交给德国最顶尖的物理学期刊《物理学杂志》。随后海森堡出门，去剑桥做一场事先安排好的讲座。

玻恩觉得这事并不紧急，就把文章放了几天，先去忙别的事了。等终于读了海森堡的文章之后，就轮到玻恩夜不能寐了。他发现，海森堡找到的那个奇特的振幅乘法规则出奇地眼熟。玻恩回忆道：

> 我开始思考他的乘法规则，很快就沉迷其中不能自拔。我想了一整天，到了晚上也几乎完全睡不着觉。因为我感觉，他这个乘法规则后面有某种很基础的东西……然后有一天早上……我突然眼前一亮。海森堡的乘法规则不是别的，正是矩阵乘法，我从学生时代起就已经烂熟于心了。

玻恩认识到，虽然海森堡的物理学思路是原创的，但他所用的数学方法早已有人研究过了。实际上，海森堡是重新发现了这种数学方法。也就是说，理论物理学家不需要为了推进海森堡的想法而去创造一个全新的数学分支，数学家已经写了好些著作，列出了必要的计算步骤。物理学家只需要了解如何运用这些新工具，并不需要另起炉灶新创一套工具出来。颇有几分相似之处的情形十年前也曾发生过，就是爱因斯坦提出广义相对论，把空间弯曲和能量联系起来的时候。爱因斯坦用到的数学工具，就是数学家历经数十年建立起来的微分几何，这一数学工具帮助这个领域迅速发展起来，若非如此根本不可能有这样的发展速度。

玻恩因为自己的发现而振奋不已，热切希望把这种喜悦也分享给别人，尤其是在海森堡之前也在哥廷根给他当过助手的泡利。玻恩知道，除了海森堡和他自己之外，泡利是唯一对这一新成果了若指掌的人。7 月 19 日，他们俩约好在一趟火车上见面，两人都要去汉诺威参加一个会议。对于接下来发生的事情，玻恩回忆道：

> 我去他那间车厢找到他，因为沉浸在我的新发现里，我马上跟他讲了矩阵运算的事情，以及我在求解那些非对角元素时

遇到的困难。我问他愿不愿意跟我一块儿解决这个问题。但他没有表现出我期待的兴趣，而是用冷淡和嘲讽拒绝了我。“对，我知道你喜欢繁琐、复杂的形式，但你的数学运算毫无用处，只会毁了海森堡的物理思想。”

泡利对数学形式主义一贯持谨慎态度，尽管相对而言数学技巧对他来说还容易些。他既不想要玻尔的“弱者的依靠”，也不想要玻恩的“毫无用处的数学运算”。在写给朋友的一封信中，泡利说，海森堡的成果让他重新找回了生活的热情。但他仍然对玻恩持怀疑态度，他在信中补充道：“我们必须确保，工作成果不会被哥廷根精深学识的洪流淹没。”泡利相信海森堡大胆提出的新想法把量子物理从“先入为主的枷锁”中解放了出来，并希望这种新获得的自由不会受到各位前辈的干扰。泡利尽管才二十五岁，但先后跟索末菲、玻恩和玻尔都共事过，他从他们身上学到了很多，对他们很是感佩，然而随着新时代到来，他相信，年轻人会成为引路人。

结果泡利说玻恩的“数学运算毫无用处”还真没说对。玻恩先是跟二十二岁的帕斯夸尔·约当一起，后来又跟海森堡一起，终于发现了海森堡找到的奇特的新乘法规则的实质。与此同时，二十三岁的保罗·狄拉克也独立发现了同样的关系。

学算术的时候我们很快就能领会到，3 乘以 4 等于 4 乘以 3。这种乘法交换律告诉我们，如果 A 和 B 是任意两个数字的话，AB 等于 BA。与此类似，在牛顿提出的经典力学中，在测量粒子的位置和速度时，无论测量顺序如何，总是会得到同样的结果，但在新的量子力学中就不是这样了。

取 A 为粒子位置，B 为粒子动量（动量的定义要复杂很多，不过我们大致当成是质量乘以速度就好了），物理学家发现 AB 减去 BA 与普朗克常数成正比。为什么位置和动量的乘积不满足乘法交换律呢？先查看粒子的速度后查看位置，跟先查看位置后查看速度有什么区别?

这种奇特的乘法规则能不借助电子轨道图景就解释清楚玻尔氢原子模型的结果吗？这就是刚开始的时候推动海森堡和泡利前行的巨大挑战。如果能做到，他们就会知道自己正朝着一种全新的量子理论形式大步前进。革命开始了!

泡利迅速行动起来。他用海森堡的新数学形式计算了氢原子的能量谱线，结果大获成功。跟他想的一样，和玻尔1913年的结果，也就是所谓的巴尔末公式一致。泡利写了篇论文描述这项成果，并在第一页就用下面的文字强调了这个新方法有多优越："海森堡的量子理论形式完全避免了将电子运动视为一种机械运动。"也是在这篇论文中，泡利接着讨论了外部电场和磁场引起的轻微扰动会带来什么影响，得到的结果是旧量子理论难以企及的成功。

泡利对自己新得到的成果很是兴奋，很快就把这个结论写信告诉了他的朋友们。1925年11月3日，海森堡几乎马上就回了一封信，他写道："我不用写信告诉你我对你关于氢原子的新理论有多高兴，也不用说我对你这么快就提出了这个新理论有多钦佩。"泡利短短几周就成功完成了所有计算。十天后，玻尔也表达了跟海森堡相同的感想："我无比高兴地从克喇末那里听说，你成功得出了巴尔末公式。我非常希望能听到你说说这些，也希望你能像跟克喇末承诺的那样，很快给我写信。"

1926年1月17日，泡利提交了他的文章以供发表，标题是《从新量子力学的角度看氢原子谱线》。这篇文章让物理学家们相信，海森堡的新方法是理解原子问题的重要方法。量子力学已全面启动，泡利、狄拉克、玻恩和约当都在新量子力学的诞生过程中做出了重大贡献，但用泡利的话说，海森堡才是*革命者*。

就在海森堡开启革命的差不多同一时间，发生了一件神奇的事。一位名叫埃尔温·薛定谔的三十八岁奥地利人发现了一种完全不同的方式解决了相同的问题。就在几个月前，原子物理学还看不到任何打破僵局取得进展的迹象，现在却一下子出现了两种方法。物理学界当时还没有意识到这两种方法之间的关系有多密切，于是分别给了不同的名称。海森堡的方法叫做矩阵力学，以他所用的人们并不怎么熟悉的数学工具来命名；而薛定谔的叫波动力学，因为在他的方法里电子好像是由波引导的。

科学史上不同的人同时做出相同发现的例子并不鲜见，但从不同的角度同时解决同一个问题的重大发现还是很罕见的。就好像素未谋面的两个人同时登上了以前从未有人登顶过的喜马拉雅山脉的某座山峰，一个走东边，另一个走西边。

物理学家们对此既震惊又兴奋，不过很快又得知矩阵力学和波动力学其实是彼此等价的，科学家们还需要花好些年才能完全理解这是什么意思。这两种数学方法的起点并不一样，看起来也毫无关联，但殊途同归，最后抵达的终点是一样的。

是波还是粒子

薛定谔是在了解到一个法国年轻人的想法后开始探索这个问题的。这个法国年轻人的想法非常简单，简单到其他很多理论物理学家看了肯定都会觉得奇怪，为什么自己就没想到。这个想法并不像海森堡、泡利和狄拉克做出的革命那样在技术方面极富创新性，而是就那么躺在那里等着某人来捡拾，即便是普通的理论物理学家也有希望能发现它。你也许算不上卓尔不群的天才，但说不定就走运了一把。这种事情一辈子可能就发生一次，但一次就够了。要是发生一次以上，那么很有可能从一开始就不是运气。

无论是什么原因，反正 1923 年，能力和运气同时降临到这个不太可能的天选之人身上。路易·维克多·德布罗意（Louis Victor de Broglie），第七代布罗伊公爵，三十一岁，跟他哥哥莫雷斯·德布罗意（Maurice de Broglie），也就是第六代布罗伊公爵，一起生活在他们家位于巴黎的豪宅里，他们的父母几年前去世了。从照片上看，路易·德布罗意留着精心修剪过的小胡子，一副无精打采的样子，穿着带翼领的正式服装，身上每一丝每一毫都是纯正的法国贵族范儿。他本来打算从事外交事业，但一战爆发打断了他，他的兴趣也发生了变化。二十八岁时他考上了物理学的研究生，想着也许能跟哥哥从事一样的职业：他哥哥已经是相当知名的物理学家，在他们家的豪宅里有个单独的实验室。

四年后，路易·德布罗意准备把毕业论文提交给巴黎索邦大学。大学老师们不太清楚该拿他的论文怎么办，不过他们都不想让一个社会地位这么高的人失望。他们让他过了，说他的努力值得称赞，尽管也有人语带嘲讽地说，他的工作是一出法兰西喜剧。不过有位评审人保罗·郎之万（Paul Langevin）认为，这篇论文里可能还真有点干货。他跟爱因斯坦一起开过会，于是给爱因斯坦寄了一份。爱因斯坦认真研究后，写信给郎之万道："我认为，这是我们这个最糟糕的物理学谜团上第一道微弱的曙光。"

1929 年，德布罗意因为带来了这"第一道微弱的曙光"而获颁诺贝尔奖，证实他的猜想的两名实验物理学家也很快同样获得了诺奖。1929 年，瑞典皇家科学院在给他的授奖辞结尾写道：

> 你从那么年轻的时候起就投身于围绕物理学最艰深的问题展开的激烈讨论中。在没有任何已知事实佐证的情况下，你大胆断言，物质不仅具有粒子性，也有波动性。后来的实验证明，你的看法是正确的。你给一个戴上荣耀桂冠好几个世纪的名字带来了新的荣耀。

其实非常简单。德布罗意知道，1905 年爱因斯坦坚持认为，电磁辐射是以能量包的形式发送的，这种能量包就是量子，而每个量子都有粒子性。现在，德布罗意不过是把这个思路掉了个个儿。如果说光由光子组成，因此波就是粒子的话，那么粒子也应该是波。更准确地说，就是电子应该会表现出像波一样的性质。用德布罗意自己的话来说就是：

> 1923 年的时候，在独自冥想了很长时间后，我突然有了一个想法，就是爱因斯坦 1905 年的发现应该可以推广到所有的物质粒子，尤其是电子上面。

接下来就是给运动电子的波长找个公式。爱因斯坦曾经运用他的相对论，用辐射波长得出了一个光子动量的公式，现在德布罗意反其道而行之，用电子的动量得出了电子的波长。

他试着把电子轨道视为一根根弦，波在轨道上来回运动就等于弦在振动，接着试图用自己的公式推导出玻尔原子模型中量子化的电子轨道。2500 年前毕达哥拉斯就已经证明，绷紧的弦只能发出波长与弦长有确定的简单关系的音符。但是，如果波长与动量成反比，至少德布罗意是这么坚持认为的，那么弦上或者说轨道上就只允许某些特定动量存在。这样一来，就以一种全新的方式推导出了玻尔的量子化规则。

德布罗意的想法很快就产生了实际影响。显微镜的工作原理实际上就是让一束光波聚焦到观察对象上。既然电子也是波，那么现在就可以造一台电子显微镜，把电子束聚焦。显微镜的放大倍数受到光束波长的限制，因为比波长小的物体不可能在视觉上互相区分开。最好的光学显微镜只能放大 1000 倍，但因为电子波长可以做得比可见光波长短得多，现在的电子显微镜可以把观察对象放大到 10 万倍。细胞内部的情形对于光学显微镜来说太小了，完全看不见，但用电子显微镜来看就纤毫毕现了。量子理论的应用也许很玄妙，但以这种方式，很快就具备了改变化学和生物学研究方法的能力。

德布罗意的重大发现很可能被人看成一辈子只有一次的灵光闪

现，属于撞了大运。但是对薛定谔的成就却没人会有这种看法，尽管刚开始他戏剧性地大获成功，看着和德布罗意一样出人意料。薛定谔是维也纳一个殷实的中产家庭的独生子，上文理中学和大学时都是明星学生，但在1910年，他的职业生涯因为义务兵役中断了一年，随后又在第一次世界大战中当了四年兵。大战结束后，三十岁的他回到维也纳大学，试着在这里继续自己的事业，然而维也纳大学已经成为二流的物理学研究机构，这里最优秀的学生，像泡利那样的，都去别的地方深造了。薛定谔的成就非常值得尊敬，这让他相继在耶拿大学、斯图加特大学和弗罗茨瓦夫大学的学术职位上节节高升。1921年，他成为苏黎世大学理论物理学教授，到这时他才终于开始跟最高水平的人为伍。

然而薛定谔是个喜欢单打独斗的人，不想招学生，也不想找人合作。到1925年秋天他都还没做出任何世界级的研究成果，这时已经三十八岁的他，似乎已经可以说"斯亦不足畏也已"了。薛定谔曾以为自己注定会成就一番伟业，现在却眼睁睁看着梦想不断褪色。跟所有人一样，他也知道爱因斯坦和玻尔二十多岁时就已经名满天下，而泡利和海森堡也正亦步亦趋，追随着他们的脚步。

不仅事业陷入停滞，他的婚姻似乎也触礁了。作为丈夫他向来三心二意，有好几段风流韵事，而他的妻子安妮也有一段婚外情。他们的朋友都觉得，这段婚姻走到头了。

1925年圣诞节，薛定谔前往瑞士阿尔卑斯山度假胜地阿罗萨度假两周，以前他也曾因为患上肺结核来这里疗养过一段时间。跟他同行的是一位不知名的女子，身份至今成谜，可能是他在维也纳的一个老朋友。是她启发了薛定谔的灵感，让他取得巨大突破，成就了伟业吗？他在苏黎世大学的同事赫尔曼·韦尔（Hermann Weyl）曾评论道："在他生命中较为晚近的一次干柴烈火中，薛定谔得出了他最伟大的工作成果。"

我们确切知道的只是，薛定谔从阿罗萨回来时带回了波动力学的基础——薛定谔方程，时至今日，学化学和物理的学生都还要在这个方程上耗费无数个钟头。很明显，有那么一段时间他一直在思考量子理论，我们也知道他研究过德布罗意的论文，但最终的成果来得相当快，这一点跟海森堡一样，但薛定谔得出结论的环境跟海森堡大异其趣：海森堡孑然一身，在黑尔戈兰岛寸草不生的海岸上，独自想出了那个气势恢宏的结论。

接下来六个月，薛定谔一连写了四篇论文，将他的方程的解应用于大量问题：氢原子、双原子分子、谐振子、外部电场和磁场引起的轻微扰动以及辐射的吸收和发射。理论物理学家们很快得知，要想了解原子和分子之所以能结合在一起的根本原因，就必须在这些新环境下求解薛定谔方程。此外，如果想得到数学上自洽的解，就必须要求方程的某些参数只能在一组受限的数中取值，这组数值叫本征值，而事实很快证明，方程的本征值就是玻尔的量子数。一切都严丝合缝地对上了。

薛定谔的四篇论文，《作为本征值问题的量子化之一二三四》，读起来感觉就像今天研究生一年级量子力学课程的标准教科书。这六个月的时间里薛定谔还写了第五篇论文，题为《论海森堡-玻恩-约当的量子力学与我的量子力学之关系》，展现出这两种形式其实是等价的。但不会有比这两者之间更大的反差了。矩阵力学像是临时拼凑而成，晦涩难懂，很难掌握，运用的也是人们很生疏的工具。而薛定谔的成果实际上为德布罗意的粒子波建立了一个定义十分清晰的数学形式。薛定谔用的是物理学家们很熟悉的工具，他们在高等微积分课程中全都学过。

对物理学家来说，得心应手的方程就跟木匠手里趁手的锤子一样。薛定谔方程更像一个奇妙的工具箱，给出了解决各种问题的办法。即使到今天，人们也还是会把大部分物理学总结到牛顿、麦克斯韦和薛定谔三人的成果中——牛顿第二定律，即作用力和加速度之间的关系，F=ma；麦克斯韦的四个电磁方程；薛定谔的量子力学方程。在世界上的任何地方，随便走进哪间物理学或化学教室，你都会发现学生们正在这些方程中苦苦挣扎。

薛定谔在 1926 年上半年的工作成果可以视为创造力和生产力的少有异数，在 20 世纪可能只有爱因斯坦在 1905 年的巨大贡献能与之媲美。他只用了几个月就解决了量子理论中的诸多关键问题，在这过程中也展现了非凡的数学技能和高超的物理学见解。尽管在此之后他的工作再也没有达到这一高度，但永远不会有人对他的思想深度产生疑问。跟所有人一样，他的成功必然有运气的成分，但铸就这个成果的，还有多得多的其他因素。

海森堡对薛定谔

甚至早在那一连五篇学术论文的最后一篇发表之前，薛定谔就已经被当成了物理学新的救世主。1926 年 4 月，普朗克写信给薛定谔说，他读了头几篇论文，“就像一个爱刨根问底的孩子焦急地听着一个困扰他好长时间的谜题的答案一样”。爱因斯坦也给薛定谔写了封信，说：“你文章里的想法真是天才。”过几天又来了一封：“我确信你在量子条件的表述方面取得了决定性的进展，我也同样确信，海森堡和玻尔的路线跑偏了。”埃伦费斯特则告诉薛定谔：“过去两周，我们这个小团队每天都会在黑板前站上好几个小时，就是为了能通盘掌握（薛定谔方程的）所有精彩结果。”

似乎所有物理学家都必须要做的就是去研究这个了不起的方程，而量子理论的所有问题在它面前都会迎刃而解。1926 年底普朗克从柏林大学教授席位上退下来时，薛定谔被选中接任。理论物理学界还从来没见过这么迅疾、这么高调的成功宣言。

但并非所有人都为此而高兴。1926 年 4 月底，也正是物理学界最兴奋的时候，海森堡来到柏林大学，面向物理系师生做一场安排好的讲座，讲矩阵力学。见多识广的老一辈物理学家发现海森堡所用的数学形式颇令人费解。三个月后的 7 月，优秀的柏林人接受了薛定谔的量子力学观点，因为他的观点更符合他们的喜好。他是他们中的一员，而不是一个给他们发下战书、让他们大惑不解的二十四岁男孩。

薛定谔从柏林凯旋，返回苏黎世，路上在慕尼黑停留了一阵，介绍他的发现。无巧不成书，海森堡正在这里探望父母，于是也去听了讲座。讲座结束时，海森堡起身表示不认同薛定谔对量子力学的诠释，强调说里面涉及了不可观测的物理量。然而尽管这里是海森堡的家乡，听众却不买他的账。一位慕尼黑大学的资深教授口气强硬地打断了他："年轻人，薛定谔教授肯定会在合适的时候解决所有这些问题。你得明白，现在我们把所有关于量子跃迁的那些胡言乱语都扔到一边了。"

薛定谔本人从不讳言这两种新方法之间的鲜明对比。在 1926 年那五篇文章的最后一篇里，他直接比较了波动力学和矩阵力学，并用了一个脚注来说明他是怎么得出这些结论的：

> 启发我得出这个理论的是德布罗意，以及爱因斯坦言近旨远的评论。我一点儿都不觉得这个理论跟海森堡有任何显而易见的关系。我当然知道他的理论，但由于过于抽象与超越经验的代数方法看起来实在是太难了，而且无法可视化，所以我对那个理论望而生畏，甚至可以说是敬而远之。

对通常都不会表露情感的物理学论文来说，"敬而远之"是情绪很强烈的一个词。我从来没在任何类似文献中读到过这个词。但薛定谔真的就是这个意思。或许只是出于无意，但他还是制造了一场对抗，对此海森堡绝不会抽身而逃。战斗一触即发。

薛定谔对海森堡的矩阵力学敬而远之，海森堡对薛定谔的看法也没客气到哪儿去。他确信，薛定谔的设想是错的：电子的运动不可能由导波决定，薛定谔给导波起的名字是波函数，也叫 Ψ 函数。

问题不在于矩阵力学和波动力学哪一个在数学上是有效的。薛定谔和泡利分别证明过，两者在数学上其实是等价的。薛定谔版量子力学的物理意义才是让海森堡大惑不解的地方。薛定谔喜欢这样的观点：我们应该抛弃原子中的电子在轨道之间跃迁的想法。他的方程的解，也就是波函数，在他看来才是关键所在，是控制电子运动的舵。然而海森堡认为，量子跃迁是唯一的可观测量。在海森堡看来，薛定谔的波函数不是物理上的可观测量，因此无法检验。

1926 年 6 月底，马克斯·玻恩提交了一篇供发表的文章，题为《碰撞现象的量子力学》。他觉得自己找到了一种让两位角斗士都与有荣焉的诠释方法，并就此解开了戈耳狄俄斯之结[①]。确实，就像海森堡坚持认为的那样，薛定谔的波函数是不可观测的，但其平方（严格来讲是绝对值的平方）的大小是可观测的，跟在某处找到电子的概率有关。关键是，人们不可能通过波函数的平方来 100% 确定电子的位置，只能知道探测到电子位于这里或那里的相对概率。

尽管玻恩因为这篇论文的内容在三十年后获得了诺贝尔奖，薛定谔和爱因斯坦并没有觉得这种表述形式比海森堡的更令他们满意。玻恩的理论抛弃了因果性这一概念，而因与果之间的这种联系是他们极为珍视的。爱因斯坦被引用最多的一句名言出自 1926 年 12 月他写给玻恩探讨这个问题的一封信。他实在是没办法接受，测量电子的位置，最多就只能得出一个概率分布而已：

> 量子力学真是了不起。但内心深处还是有个声音在告诉我，还远未见真章。这个理论带来了很多成果，但几乎没能让我们

---

① 戈耳狄俄斯之结（Gordian knot），也常被翻译为“戈尔迪乌姆之结”。传说亚历山大大帝途经弗里吉亚首都戈尔迪乌姆时遇到一个绳结，人们都因找不到绳头而解不开这个结，亚历山大大帝则一剑将绳结劈开来解开绳结。这个传说后来常被比喻为“用非常规的手段来解决无法解决的困局”。

离揭示大自然这位老者的秘密更进一步。无论如何我都坚信，上帝不会掷骰子。

尽管有玻恩帮忙，形势似乎还是对海森堡不利。好在玻尔也得出了跟他一样的结论。薛定谔也许是救世主，但现在他必须跟“天主”战斗。

1926年5月，这场危机最严重的时候，海森堡从哥廷根来到哥本哈根，担任玻尔的助手。这个职位之前克喇末做过好多年，但现在他回荷兰担任乌得勒支大学理论物理学教授去了，职位就空了出来。海森堡在接受玻尔给出的工作职位前犹豫了一番，因为他已经被提名为莱比锡大学的副教授，而一份工作邀约一旦生效了却没有去，按照德国的规定，放鸽子的人会受到惩罚。海森堡的父亲对自己求职路上的艰辛记忆犹新，力劝儿子接受莱比锡大学的职位，端上铁饭碗，但年轻的海森堡更感兴趣的是推动量子力学发展，而不是捧着铁饭碗过日子。此外，玻恩等人也一再向他保证，他在学术界的进身之阶完全不是问题——他很快就会在德国的大学得到一个正教授的职位。

海森堡来到哥本哈根，搬进玻尔研究所三楼新装修的小公寓。来到哥本哈根的物理学家越来越多，玻尔家也越来越人丁兴旺，布莱丹斯维的这栋建筑，已经不可能装下所有人了。玻尔一如往常，行动了起来。1924年，与原玻尔研究所毗邻的第二栋建筑破土动工，玻尔一家后来便住了进去。这样一来，理论物理学家有了更多空间，老楼里也有了客房，现在由海森堡住着。这种友好而亲密的氛围为海森堡提供了他所需要的支持，他得以集中精力，开始构想他用以反驳薛定谔的论点。现在他实际上也成了玻尔家的一员，在他们家里来去自如，可以在他们家弹钢琴，随时都可以打断他们的谈话。

相应地，玻尔也经常会踱进海森堡的房间：

> 晚上八九点钟以后，玻尔突然来到我房里，问道："海森堡，对这个问题你有什么看法?"然后我们就会一直聊啊聊，常常聊到半夜12点甚至1点。

玻尔和海森堡从来没有像现在这么亲密过，而泡利就在咫尺之遥的汉堡，也跟他们俩交流得很频繁。三个人现在拧成了一股绳，成为越来越广为接受的薛定谔观点的主要反对者。

1926年10月，薛定谔来到哥本哈根，也带来了他曾用来打动柏林和慕尼黑听众的观点。但这次听他讲座的人对他就没有那么认同了。前面我们也讲过，玻尔和薛定谔这两个战斗中的巨人从早上一直争论到晚上，就连薛定谔感到不适回到床上躺下都停不下来。他们谁都说服不了对方改变观点。最后关于量子力学他们没能达成任何一致意见，但彼此都更敬重对方了，尽管多数时候他们似乎都是在鸡同鸭讲，而不是在真正交谈。终于回家后，薛定谔给一位朋友写了封信，说玻尔真是个非凡的人物，但他也发现，根本不可能同玻尔辩论："很快你就弄不清自己是否站在了他所攻击的立场上，也不清楚自己是否真的必须攻击他所捍卫的立场。"

玻尔、海森堡和泡利都觉得，量子力学与经典力学的相似之处，比薛定谔愿意妥协到的程度还要少。而对玻尔而言，只要一个观点没有被解释得一清二楚，那他就不会满意。多年以后海森堡回忆道：

> 其他大多数物理学家都倾向于在某个地方停下来说："行吧，先到此为止吧。"但玻尔绝对不会这么说。玻尔会义无反顾地一直走下去，一直走到他想要抵达的终点。

薛定谔方程为量子物理学提供了"清晰、简洁的数学形式"，但在哥本哈根，他们的问题是：这个方程的物理意义究竟是什么？是不是说，人们想要描述的自然本身就有其内在局限？玻恩、约当以及狄拉克都分别独立强调过，在量子力学的计算中，动量 p 与位置 q 的顺序是不可交换的，也就是说 pq－qp 的结果并不是 0，而是一个与普朗克常数成正比的值，因此上述的自然内在局限是不是就体现在了这一关键步骤中呢？如果说 p 等于质量乘以速度，那么上面这个概念说的就是同时测量粒子的位置和速度的事情，但它究竟说的是什么呢？

1926 年 10 月底，泡利给海森堡写了一封长信，问他为什么会是这种情形。

> 有的人可能会从 p 的角度看这个世界，而另一些人可能会从 q 的角度来看这个世界，但要是有人同时睁开了两只眼睛，那就疯了……我热切期盼着你的回复。现在，仅此一次，你可以批评，可以口无遮挡。

泡利这个永远都在批评别人的人，现在鼓动着海森堡，说不能“同时想知道 p 和 q”。他很快就收到了回复。海森堡告诉泡利，他对泡利的来信有多激动，这封信已经在玻尔、狄拉克（当时正好到访哥本哈根）和其他人中间传阅了一遍，大家为如何回复他的评论吵得不可开交。然而，这是现在我们能见到的 1933 年 1 月以前泡利写给海森堡的最后一封信。1927 年到 1932 年之间的信件在二战期间丢失，泡利也没有留存副本。

在哥本哈根形成的一个普遍共识是，薛定谔对量子力学的诠释并不充分。哥本哈根小组把争议浓缩到了几个关键问题上。如何测量电子在哪里，它又是如何运动的？此外，测量在原子语境中到底是什么意思？电子究竟是粒子，是波，抑或两者都是呢？经典世界和量子世界的本质区别是什么？到现在为止，玻尔和海森堡之间的关系还没有真正紧张起来，但随着围绕对量子力学的终极阐释展开的争论日趋白热，两人必然会开始产生不同意见。怎么进行下去？要用什么概念来指引他们前进？现在他们已经把同薛定谔之间的分歧抛诸脑后，战斗逐渐演变成了玻尔和海森堡之间的较量。就在不久前两人还亲密无间，现在却再也找不到共同语言了。

薛定谔认为电子运动由导波决定，而海森堡坚决反对这一观点，他认为数学形式是指引大家找到电子运动问题答案的关键，其次才是实验解释。玻尔则坚持认为，尽管薛定谔的导波并不完全正确，但肯定是综合方案的一部分。玻尔相信，全面了解物理情景必须是第一位的，数学才是第二位的。

从 1926 年最后几个月一直到 1927 年，激烈的讨论每天都在进行，有几位理论物理学家在其中发挥了重要作用。尽管很多人都会参与进来，但最后的主角始终是玻尔和海森堡，也就是“天主”和新的救世主。他们日复一日唇枪舌剑，直到两人都精疲力竭。我不确定是不是这样，但我猜他们一定也已经感觉到，他们正在进行的讨论马上就要抵达一个关键点，而他俩谁都不肯后退一步。

玻尔的好友奥斯卡·克莱因（Oskar Klein）时不时地会试图调解一下。克喇末和克莱因在还没有玻尔研究所的时候就跟玻尔合作过，之后克莱因去美国待了一些年，现在又回到了哥本哈根。克喇末警告他：“这场冲突你可别掺和进去，我们都太温文尔雅，参与不了这种斗争。玻尔和海森堡这俩人，都是很强硬、很顽固、不会妥协也不知疲倦的家伙。我们会被压垮的。”只有一个人能在他们俩之间游刃有余，那就是沃尔夫冈·泡利。

不确定性原理和互补原理

到 2 月中旬，玻尔和海森堡产生了巨大分歧，两人吵得精疲力尽。后来海森堡也曾说起他们这种疲惫状态：

我们俩都完全筋疲力尽且神经紧绷了。1927 年 2 月玻尔决定去挪威滑雪，我也很高兴能留在哥本哈根，可以不受干扰地好好想想那些复杂得叫人绝望的问题。

这段时间理应算是假期，不过玻尔和海森堡都知道，他们也确实需要分开一段时间。玻尔才走了没几天，海森堡就找到了他一直在找的东西。后来人们将其称为不确定性原理，是 20 世纪科学史上最重大的进步之一，至今仍然是最令人费解的谜题。在写给泡利的一封长达 14 页的信中，海森堡首次阐述了自己的结论，并在结尾写道："我完全了解这个理论在很多方面仍然很不清晰，但我必须写信告诉你，才好让它变得更清晰一些。现在，我准备好接受你无情的批评。"海森堡希望设法保证自己的想法是对的，但他也知道跟玻尔讨论起来会很艰难，因此想得到另一个人的支持，这人的话他知道玻尔一定会听进去的。泡利细读了这封信，对海森堡的意见表示同意。

3 月中旬玻尔从挪威回来的时候，海森堡已经准备好了一份手稿。玻尔很快认识到，海森堡的成果非常重要，但在他看来这篇文章最多也就是还算有趣的初稿。他认为，海森堡依然没有完全处理好亚原子粒子（比如说电子）的波粒二象性，在他对自己这个新成果意味着什么有更好的理解之前，什么都不要发表。

然而海森堡想马上发表。他意识到，薛定谔的量子力学方法正在占据主导地位，因此他希望物理学家们马上知道，他的新成果能颠覆薛定谔理论的前提条件，即可以同时确定电子的位置和速度。

烽烟又起。海森堡回忆道："玻尔努力跟我解释说，这是不对的，我不应该发表这篇论文。到最后，我记得我的眼泪都夺眶而出了，因为我实在受不了玻尔的压力了。"但他最终还是顶住了压力，文章一字未改，只是加了个脚注，提到玻尔即将进行的工作。1927 年 3 月 22 日，他提交并发表了这篇论文。

无论情形变得有多紧张，玻尔都很佩服海森堡精神上的坚韧。玻尔的传记作家亚伯拉罕·佩斯回忆起他跟玻尔的一次对话，在那次对话中："玻尔和我谈到一件事，一位资深的理论物理学家想说服一位年轻的同事不要发表他的一个成果，但最终表明那个成果不但正确而且十分重要。我评论说这个故事真叫人伤感，玻尔一下子站了起来，说：'不，那个年轻人是个莽夫。'他解释说，你要是确信无疑一件事，就永远不要因为别人的劝说而放弃。"也许玻尔想起了曾经的自己，那是 1913 年，卢瑟福给他写信，建议他对那篇论述氢原子的文章做几处修改。他马上就从哥本哈根赶去曼彻斯特，跟卢瑟福解释说，那篇文章没有任何可以修改的地方。

1927 年 6 月初，泡利在玻尔和海森堡的热切期盼下来到哥本哈根，他们俩之间的冲突也终于得到了解决。泡利让这两个唱对台戏的人认识到，他们只是在发表论文与理清概念细节应该孰先孰后这个顺序问题上有所争议，不存在任何实质性分歧。以海森堡的不确定性原理和玻尔的互补原理为基础，后来所谓的量子力学的哥本哈根诠释，就从这里发端了。

不确定性原理（uncertainly principle）这个名字起得实在是不大好，因为 uncertainly 一词有做事犹豫不决的意思，所以这个原理就好像在说，如果我们能更坚定地进行测量就可以得到更准确的测量数据一样。所以有时在一些严肃讨论中，我们会称之为"不确定度原理"（indeterminacy principle），但其实听起来不伦不类的"不可知原理"和"不可能原理"才更接近这个原理的真意。海森堡想要说明的是，如果认定量子力学是有效的，就必须接受某些类型的测量是不可能做到的这点。在经典力学中，我们可以同时确定粒子的位置和动量，但量子力学表示，我们做不到。我们能得到的最好的测量结果，也就是位置测量中不确定的部分与动量测量中不确定的部分的乘积，等于普朗克常数。

海森堡也展示了因果律是如何被巧妙地打破的。而要打破因果律，最直接的方法就是证明现在不能决定未来。对此，海森堡的不确定性原理断言，我们之所以无法预测未来，是因为我们不能以任意精度了解现在。用他自己的话来说就是：

> 因果律明确表示："如果我们知道现在，我们就可以预测未来。"这个表述中错的不是结论，而是前提。我们不可能知道当前的所有决定性因素，这是一个本质问题。

海森堡证明，不可能以预测粒子未来轨迹所需要的精度同时测定动量 p 和位置 q，始终存在一些无法归零的不确定性，而这点最终会被发现与普朗克常数不为 0 这一事实息息相关。

海森堡知道，要说服学界接受他的理论并不容易，于是也在一家德国杂志上以非专业性的方式展现了他的结论。不确定性原理提出后的几十年间，我们能确定什么这事有其内在局限，这一理念已经被多个领域吸收引用，成为一种常见的比喻，比如在经济学领域，供需显然会互相影响，给市场情形带来了不确定性。虽然这一概念在很多领域都发挥了重大作用，但必须谨记的是，物理上可以选择哪些变量来构造不确定性关系是明确的，而且同时测量的精确度上限取决于普朗克常数。但在其他领域，不管是变量的选择还是精度上限都是主观的。无论如何，这仍然是量子力学被广泛提及的一个概念，尽管这一原理的细节已经少有人关心。说到底，这个原理在物理学以外的最大用途，可能就是把注意力集中到跟测量有关的事情上。

玻尔担心的正是这个问题，他觉得海森堡没有完全解决的也是这个问题。在挪威滑雪的时候，玻尔一直在想十几年来一直在思考的一个问题。经典世界和量子世界究竟有什么不同？他最初提出的对应原理便是两个世界之间的纽带，巧妙运用就能指引研究人员走向量子力学。如今数学基础在手，他面临着最后一个问题：什么是粒子，什么是波？薛定谔强调的是波，海森堡强调的是粒子，但就不能他们俩都是对的吗？

玻尔的答案就是互补原理，在1927年夏天终于成形。玻尔将看似互相矛盾的理论架构融为一体的本领再次大显神威。互补原理认为，波和粒子的概念只是在尝试用习见的语言来描述能量包。能量包并非要么是粒子要么是波。在某种意义上也可以说既是粒子又是波，但这两种形态不能同时看到。波和粒子是描述测量结果的互补方式。更准确地说，能量包既不是波也不是粒子，粒子和波只不过是我们记录能量包穿过测量仪器的过程的两种方式。测量操作是关键，决定了我们在实验中看到的能量包的形态。

这些概念并不容易理解。理查德·费曼在给加州理工学院学生讲课时说：

> 原子的性质跟我们的日常经验相差太大，所以很难习惯，无论是新手还是很有经验的物理学家，对所有人来说都显得古怪又神秘。就连专家都没有以他们喜欢的方式去理解。他们做不到也是有充分原因的，说到底，人类的全部经验和直觉都是针对大尺度物体的。我们知道大尺度物体会如何相互作用与运动，但在很小的尺度上，如何运动就是另一回事了。因此，我们必须以抽象、想象的方式来理解量子世界，而不是将其与直接的人类经验联系起来。

随后费曼开始介绍，如果把电子束对准一个割出两道狭缝的障碍物，接下来会发生什么。这些电子会像粒子一样还是会像波一样运动呢？电子束在击中带有双缝的隔板后，会在狭缝后方的屏幕上产生典型的波干涉图样。但是，如果我们设置一个装置来记录每个电子都是通过哪道狭缝的，就不会产生这种现象了。将电子识别成粒子，就去掉了任何检测到电子波动性的可能；反之亦然，将能量包当成波来测量，我们就再也不可能将其识别为粒子。

测量行为以及我们的测量方式，决定了我们会看到哪种形式，与此同时也杜绝了我们同时看到两种形式的可能性。但是，为什么不能同时测量这两种形式，从而证明互补的概念是错的呢？这就是不确定性原理和互补原理，也就是海森堡和玻尔携手并进的地方。如果能同时进行精确测量，互补原理就不可能成立，但由于海森堡的不确定性原理，同时进行精确测量是不可能的。

如果想理解量子力学的含义，无论是过去还是现在，都需要调整思维模式，这个过程殊为不易。玻恩曾说，我们只能确定测量结果的相对概率，海森堡则否定了严格的因果关系，声称不可能精确测定当前的状况。现在玻尔坚持认为，波和粒子只是描述实验结果的互补方式。想想这些想法有多新颖、多复杂，就可以理解为什么刚开始人们接受起来不情不愿，而且并非所有人都能接受了。

1927 年夏天结束的时候，玻尔和海森堡都准备好展现他们的结论，也都期待着参加这一年的第五届索尔维会议。跟往年一样，这次会议照例定于 10 月的布鲁塞尔举行。索尔维会议的召集人，睿智的思想者、年长的前辈亨德里克·洛伦兹，选择了“电子和光子”为这次会议的主题，因为他知道，围绕这个题目，会出现一场跟粒子、波以及量子力学的含义有关的大辩论，大家都非常期待。

第九章　国王已黄花

梅菲斯特（唱）
从前有一位国王，
他有一只大跳蚤，
他对它宠爱非常，
比太子不差分毫。

（歌德《浮士德》，第一部，1860—1863）

关键的索尔维会议

这届索尔维会议，时机是最好的，话题也是最好的。大战结束已将近十年，世界进入了和解与合作的阶段。到 1925 年 10 月，氛围已发展到足以让七个欧洲国家制定一系列协议，内容包括保证德国与法国、比利时的边界不会变动，并制定了解决潜在争端的仲裁程序。系列协议以最初协商立约的城市命名为《洛迦诺公约》，并很快得到了批准。如今在和解的氛围下，德国于 1926 年 10 月被接纳为国际联盟成员，并在理事会得到了一个常任理事国席位。

战后的压抑情绪一扫而空，被新的艺术形式、思想和技术带来的狂热和兴奋取代。新奇的空中飞行器大受欢迎，人们开着汽车，打着电话，蜂拥到影剧院观看第一部有声电影。这次索尔维会议之前几个月，一名美国年轻人，至少在一段时间里，成了全世界最有名的人。1927 年 5 月 20 日至 21 日，查尔斯·林德伯格（Charles Lindbergh）驾驶“圣路易精神号”从纽约飞到巴黎，他的传记作家说这架飞机就是“会飞的 2 吨重油箱”。他颠簸着起飞，有时在离海浪只有几米高的浓雾中飞行，用了三十三个小时多一点的时间，完成了这段旅程。他在这段飞行中随身带的东西，比海森堡带去黑尔戈兰岛的还少。记者发现他只带了五块三明治的时候，他像狄拉克一样惜字如金地说：“如果我到得了巴黎，就不需要更多。如果我到不了巴黎，也不需要更多。”林德伯格比海森堡还小两个月。

在这个令人振奋的年代，全世界与“电子和光子”主题相关的顶级专家，带着日益扩大的知识边界和各式各样的颠覆思想，齐集布鲁塞尔。因为“洛迦诺精神”，德国科学家大批参会——或者说差不多有一大批人。索末菲在战争期间曾提议吞并比利时，因此尽管按照科学贡献应该被邀请，他还是没有受邀参会。但这属于异数。出席会议的二十八名物理学家囊括了量子力学发展中其他所有的重量级人物，按年龄排序如下：马克斯·普朗克、阿尔伯特·爱因斯坦、保罗·埃伦费斯特、马克斯·玻恩、尼尔斯·玻尔、埃尔温·薛定谔、路易·德布罗意、亨德里克·克喇末、沃尔夫冈·泡利、维尔纳·海森堡以及保罗·狄拉克。这一大群人全都聚到一起，是绝无仅有的一次。

事实证明，这是物理学史上最著名的一次会议，我们这些物理学家到今天还会谈起。这次会议标志着量子理论革命的结束，尽管这场革命才不过开始两年多一点，同时量子力学的形成也就此宣告大功告成。20 世纪物理学领域最伟大的发现，有了哥本哈根诠释就完全成形了（尽管还有另外几项成就也可以说标志着这个过程的终点）。这次会议如此著名还有一个原因，就是爱因斯坦与玻尔之间关于量子力学意义的大论战，也是从这次会议发端的。小说家兼科学家查尔斯·珀西·斯诺（C. P. Snow）说：

学术辩论从未像他们之间进行的那样影响深远——而他们俩都有着最崇高的精神，因此双方都怀着高尚的情感进行这场辩论。如果两个人在他们最关心的终极问题上产生了分歧，那么爱因斯坦与玻尔的这种辩论就是解决之道。

在此之前，这两位伟人之间在其他问题上也有过一些分歧，比如BKS理论，但最终他们都能和解。然而这次索尔维会议之后，两人再也不会有握手言和的机会了。尽管如此，他们彼此对对方的情感却从未动摇分毫。在他们第一次见面四十多年后，玻尔回忆起他这位老朋友："我还想说的是，现在，爱因斯坦都已经去世好些年了，我都还能看到爱因斯坦在我面前微笑，那微笑非常特别，仿佛会心一笑，充满了人情味和友好。"

对量子力学的哥本哈根诠释，爱因斯坦只是不愿意接受其中所强调的测量要怎么进行，以及由海森堡的不确定性原理决定的对能得到的答案的内在限制。有人认为爱因斯坦之所以拒绝接受哥本哈根诠释，是因为他把全副精力都放在推广他关于空间和时间的宏伟构想上，所以从来没有把全部注意力都放在量子理论上，但事实远非如此。有一次他对一个朋友说："那些量子问题我思考了不下一百次，跟我用来思考广义相对论的时间一样多。"他对公认的量子力学形式表示反对的原因是，这种形式跟他深信不疑的真理格格不入。说不定他才是对的，尽管没有证据。争论到现在都还没有止息。

索尔维会议上的报告非常出色，但玻尔和爱因斯坦之间，在走廊中，在散步时，乃至吃晚饭时就量子力学展开的对话，才是这次会议的精魂。他们争论不休时，他们的朋友保罗·埃伦费斯特经常跟他们在一起，充当讨论中的第三方。他写给身在莱顿的学生的一封信，也许是玻尔和爱因斯坦之间情形的最佳记录：

玻尔完全超越了所有人。刚开始的时候完全不被理解，但接下来一步步击败了所有人……每天凌晨1点，玻尔走进我房间，说**就跟我说一句话**，结果一直说到凌晨3点。能亲耳听到玻尔和爱因斯坦的谈话，让我很高兴。他们你来我往，就像下棋一样。爱因斯坦总能举出新的例证，某种意义上就像一台第二类永动机，誓要打破**不确定性原理**。玻尔走出哲学的迷雾，不断寻找工具来粉碎一个个例证。而爱因斯坦就像玩偶匣一样，每天早上都会满血复活地跳出来。啊，真是太有价值了。但我几乎完全站在玻尔这一边，反对爱因斯坦。

接下来埃伦费斯特详细描述了他们之间的争论，偶尔还会在叙述中来上一句"好样的，玻尔!!!"私下里他对爱因斯坦这么顽固颇有微词，指责他语气开始变得跟当年反对相对论的保守派一样了。然而爱因斯坦不会让步。"那位老者"跟他说过话，比起玻尔和埃伦费斯特来，他更宁愿相信"那位老者"。

爱因斯坦说起"那位老者"时，并不是指传统的上帝。他的神其实就是斯宾诺莎的上帝，是宇宙中的秩序之神[①]。观察者必然会影响实验结果，这个概念他无法接受。然而他也无法说服那些持不同观点的人相信，他的看法才是正确的。

1927年的索尔维会议是量子力学发展的一个分水岭。会议开始时，只有玻尔、海森堡和泡利相信，逻辑上一致的量子力学诠释已经实现了。而会议结束后，它已经成了公认的量子力学诠释，且地位从未动摇，尽管有些物理学家和爱因斯坦一样，仍然有些怀疑。

半个多世纪后，已届耄耋之年的狄拉克回想起那次会议和随后的岁月，仍然记得那段经历对他来说意味着什么，以及如何影响他对未来发展的看法，其中包括一些相当实际的建议：

---

① 斯宾诺莎认为，"上帝"是"宇宙中的自然规律和物理学定律的总和，绝对不是某个单一的实体，也不是造物主"。——译者

索尔维会议上爱因斯坦和玻尔之间的那些讨论，我参与得并不多。我听了他们的辩论，但我没有加入一起讨论，主要是因为我不是很感兴趣。我更感兴趣的是得出正确的方程……有一点似乎是很清楚的，当时的量子力学还不是它的最终形态……我觉得很有可能，或者说至少相当有可能的是，未来会证明爱因斯坦是对的，尽管目前物理学家们不得不接受玻尔的概率诠释，尤其是如果他们面前是一张考卷的话。

到如今这次索尔维会议已过去将近八十年[①]，玻尔诠释被反复验证，至今仍颠扑不破，也仍在受到质疑，不过本来就理应如此。

这次会议之所以那么重要，也有一些跟量子力学诠释无关的原因，那就是它密切关系到了革命青年的职业生涯。海森堡、泡利和狄拉克在布鲁塞尔出现，标志着他们已经功成名就，完全可以跻身物理权威之列。尽管还很年轻，现在他们在学术界也已经能与玻尔、玻恩和埃伦费斯特比肩。薛定谔的年纪跟后面这拨更近，作为普朗克的衣钵传人，在此期间他也已在柏林被奉若神明。

这三位年轻人很快就得到了认可，可谓实至名归。1927 年 12 月，泡利拿到了苏黎世理工学院（ETH）的正教授职位。此后他的论文一律署名为沃尔夫冈·泡利，去掉了以前会加在前面的“小”字。如今提到泡利，说的都是他，而不是他的父亲了。狄拉克于 1927 年成为剑桥大学圣约翰学院研究员，1930 年又当选为英国皇家学会会员。1932 年，约瑟夫·拉莫尔（Joseph Larmor）爵士辞去卢卡斯教席后，狄拉克作为名副其实的英国最伟大的理论物理学家被授予了这一职位，以前曾坐在这个位子上的还有牛顿。

我猜获得承认对海森堡来说尤为重要，因为他是他们三人中

① 本书英文版出版于 2007 年，写作时距 1927 年的第五次索尔维会议还不到八十年。——译者

最雄心勃勃的。在他拒绝莱比锡大学副教授职位一年多以后，莱比锡大学又来邀请他领导理论物理研究所。莱比锡大学实在是太想得到他了，甚至答应在 1929 年给他放八个月的假，让他能周游世界。

这样迅速得到承认，在玻尔和海森堡冰释前嫌的过程中起到了很大作用。尽管他们俩的关系在 1927 年初已经到了就要破裂的地步，但随后他们就量子力学的主要特征达成了一致意见，又让他们之间的裂痕得以平复。1928 年秋天，海森堡短暂访问哥本哈根后写信给玻尔道："看到我们又一次对彼此那么了解，一切又变得跟'往日'一模一样，真让我高兴。"玻尔回复道："非常感谢你的到访给我们带来的巨大快乐。跟其他人相处，我很少有觉得这么真挚、和谐的时候。"

插图 爱因斯坦/国王侧面像

国王爱因斯坦

尽管玻尔在索尔维会议上讨论了他的互补原理，但在发表的最终版本中，他甚至变得比往常更惜字如金。他知道这个理论有多重要，更感觉到阐明这个理论的文稿必须清晰明了，因此请了泡利来帮他简明扼要地表述自己的想法。接下来几个月里他们见了好几次面，直到玻尔终于觉得文章准备好了。

两篇基本相同的文章在期刊上同时出现，一篇德文版发表在《自然科学》杂志上，另一篇英文版发表在《自然》杂志上。玻尔关于量子力学的物理意义的结论看起来充满了颠覆传统的争议性，《自然》杂志跟这篇文章一起还发表了一篇编者按，称编辑们希望此文不会成为量子力学的最终定论，因为量子力学的概念显然不能“用比喻来修饰”。也许《自然》杂志的编辑委员会希望能重新树立因果关系，也希望能确定粒子什么时候是粒子，波什么时候是波。在写给玻尔的信中，泡利戏仿性地改述了编委们的评论以表讥讽：

> 如果下面这篇文章所主张的观点在未来被证明是错的，我们英国物理学家会非常开心。然而，由于玻尔先生是个非常良善的人，这样的开心恐怕会显得很不友好。此外，由于玻尔先生也是著名的物理学家，他说对的时候比说错的时候要多得多，所以我们的愿望会得到满足的机会恐怕微乎其微。

尽管《自然》杂志对这篇文章的态度摇摆不定，但到 1928 年底时，大部分年轻一代与部分老一辈物理学家还是接受了量子力学的哥本哈根诠释。随着他们的看法传播开来，阐释这种新理论的著作迅速出现在德语、法语、英语甚至意大利语中。但爱因斯坦仍然坚决反对这些概念。爱因斯坦知道，至少薛定谔的观点跟他基本一致，于是给薛定谔写信道："海森堡和玻尔那令人兴奋不起来的哲学设计得非常精巧，就眼下看来，它等于是给它真正的信徒们提供了一个温柔的、叫人一睡难醒的枕头。就让他们躺那儿吧。"

大家觉得爱因斯坦太固执了，这也让他的一些老朋友感到难过。马克斯·玻恩就对这一损失感到悲痛："我们很多人都觉得这是场悲剧——对他来说是场悲剧，因为他一个人在那儿独自摸索；对我们来说也是场悲剧，因为我们怀念我们的领袖，我们的旗手。"另一些人说得更加直白。泡利与爱因斯坦通信已近十年，现在他开始指责爱因斯坦对这门学科的发展明显缺乏兴趣，给他写信说道："关于量子理论，现在你一个字都听不进去了。我能理解，但看到这个样子，我还是觉得很遗憾。"青年物理学家们正在忙着把量子力学的新规则应用于大量问题，而爱因斯坦则跟大部队日渐疏离。他走上了另一条求索之路，想把万有引力和电磁力统一起来，但他形单影只，从者寥寥。

不过泡利没有忘记爱因斯坦，也注意到了他的努力。读过爱因斯坦 1929 年的最新文章后，泡利在这年 12 月给他写了封信，对他提出了严厉批评。前面我也说过，尽管泡利的批评有时近于侮辱，他也从来都不会扭扭捏捏，但物理学家们对他还是那么喜欢，原因之一就是他们知道，他就是对爱因斯坦和玻尔，说话的语气也不会有什么不同：

> 我想补充一点我的意见，以及大量青年物理学家对你这项工作的物理学方面的看法……
>
> 你现在转到纯数学领域去了，我应该对你表示祝贺。(还是应该表示哀悼?)

泡利还祝愿爱因斯坦最近的努力早日寿终正寝[①]。

爱因斯坦在回信中也指责泡利："我觉得你的信相当有趣，而你的意见却相当肤浅。只有那些对自己关于自然力统一的观点相当有把握的人，才会像你这样写信。"随后他力劝泡利重新考虑一下这个问题，跟他说要像刚从月亮掉回地球上一样[②]："把这个问题好好研究几个月，再跟我说说你是怎么想的。"泡利一直没这么做。爱因斯坦不愿放弃自己的追寻，但肯定愿意承认自己的错误。1932 年 1 月，他写给泡利的一封信是这样开头的："亲爱的泡利：你是对的，你这个无赖。"

然而有一点泡利错了。爱因斯坦还在继续研究量子力学。1930 年第六次索尔维会议举办时，尽管宣布的主题是磁学，但会上最引人注目的交流仍是爱因斯坦对哥本哈根诠释的挑战以及玻尔的回应。爱因斯坦提出了这样一种设置：一个盒子，装有粒子和时钟，还有一个会在指定时间打开和关闭的快门，只允许 1 个粒子跑出来。快门打开前和打开后，盒子都要称重。因为 $E=mc^2$，所以质量之差可以用来衡量粒子的能量。快门打开的那一瞬间设置为粒子离开盒子的时间。这个设定看起来很简单，但根据不确定性原理，精确测量粒子的能量不可能在事先规定的时间进行。

玻尔刚开始被爱因斯坦的论证搞得很苦恼，但第二天就准备好了一个答案。爱因斯坦没有考虑到，给盒子称重需要在地球引力场中稍微移动一下这个盒子，这样就给确定盒子质量进而确定能量带

---

① 这里说的应该是爱因斯坦试图将广义相对论与麦克斯韦电磁理论结合起来的文章，当时他正考虑从数学家埃利·嘉当 1922 年发表的、从广义相对论发展而来的、包含自旋的爱因斯坦-嘉当理论入手来统一引力与电磁力，但没能成功，随后开始试图利用卡鲁扎与克莱因发展的五维广义相对论来统一两种力，并于 1938 年发表了相关成果，但最终也没能成功。这一系列尝试非常数学化，而且几乎无法被实验所验证，无论是证明还是证伪，也无论是当时还是现在。但其直接导致了现代超引力理论的诞生，并最终成为 M 理论的一部分。——编者

② 在英语中"月球"一词也暗藏了"疯狂"、"精神失常"的意味，"精神失常的" lunatic 一词就是从"月球的" lunar 演化来的。而"回到地球"在英语中则有"回到现实"的意味，所以爱因斯坦这句其实是让泡利放弃不切实际的幻想（量子力学的哥本哈根诠释）、回到现实的意思。——编者

来了很小的不确定性。此外，爱因斯坦早年也证明过，时钟怎么走跟时钟在引力场中的位置有关系，也就是说，时间也存在不确定性。玻尔由此证明，不确定性的乘积正好满足海森堡的不确定性原理！

爱因斯坦的例子看起来矛盾重重，但玻尔巧妙应用了爱因斯坦自己的相对论，把爱因斯坦的例子转化成对不确定性原理的精彩证明。爱因斯坦为哥本哈根诠释精心构建的反例这么容易就被玻尔驳倒，给爱因斯坦留下了深刻印象，他同时也认识到，玻尔能这么快找到解决办法，是因为他对哥本哈根诠释的信心不可动摇。但爱因斯坦的信念同样不可动摇。是这场战斗输了，而不是整个战争都失败了。

经此一役，大部分物理学家对哥本哈根诠释再也没有任何怀疑，尽管还是有些质疑的声音一直持续到今天。这也是玻尔和爱因斯坦最后一次公开讨论。到 1933 年 10 月第七次索尔维会议举办时，希特勒已经控制了德国，爱因斯坦也已经离德赴美，再也没回过欧洲。但 1930 年并不是玻尔和爱因斯坦大论战的结局。接下来二十多年，他们经常在新泽西的普林斯顿高等研究院见面，他们的讨论也一直在私下进行，直到 1955 年爱因斯坦去世。

但是对于在量子力学革命后才步入盛年的物理学家来说，玻尔和爱因斯坦的讨论似乎也越来越跟他们无关，1932 年的哥本哈根会议举办时，他们都还不到三十岁。他们直接无视了爱因斯坦后来对物理学的贡献。尽管他们很尊敬他，但觉得没必要关注他的工作，因为似乎对他们的工作没有任何影响，也没有展现出他们可能想探索的新方向。那时爱因斯坦五十多岁，年龄是他们的两倍，在他们看来，爱因斯坦跟需要他们关注的最新问题已经不再有关系了。

然而，玻尔和爱因斯坦开启的关于量子力学诠释的讨论从未止息。1935 年，爱因斯坦、鲍里斯·波多尔斯基（Boris Podolsky）和内森·罗森（Nathan Rosen）一起提出“EPR 佯谬”，对哥本哈根诠释的质疑又一次出现了。已故的约翰·贝尔（John Bell）是杰出的理论物理学家，1960 年代，他再度重启了这场辩论。甚至还有一个全新的、充满活力的领域，我们通常称其为量子计算，也因为这些概念和技术发展而出现并方兴未艾，再次证明了量子力学革命的规模。

第十章 大综合

浮士德
使我认识是什么将万物
囊括于它的最深的内部，
看清一切动力和种子[①]，
不再需要咬文嚼字。

（歌德《浮士德》，第一部，29—32）

狄拉克方程

1927年的索尔维会议上，对玻尔和爱因斯坦之间的辩论，狄拉克的反应是："我更感兴趣的是得出正确的方程。"几个月后，狄拉克真的找到了正确的方程，并就此让玻尔的量子力学和爱因斯坦的（狭义）相对论这两大领域融为一体[②]。

海森堡和薛定谔在研究量子世界时用的都是经典力学的框架。他们知道，加入相对论的约束会让情形更加复杂，对他们想要研究的问题来说没有这个必要。然而，研究量子世界的物理学家也都知道，最后他们肯定还是需要一个理论来描述以任意速度运动的电子，速度最高可以达到相对论的上限，也就是光速。他们推测，这个理论就是把薛定谔方程推广到相对论情形中。狄拉克在1927年底找到的，就是这个方程。

方程预测了电子在电场和磁场中的行为，与实验数据非常吻合，因而马上被誉为重大突破。狄拉克把自己的方法跟薛定谔方程联系了起来，他说：

> 薛定谔和我都非常看重数学之美，而对数学之美的这种看重主导了我们的所有工作。描述大自然基本定律的任何方程都必须包含相当程度的数学之美，对我们来说简直已经成了信念，成了宗教信仰。这种信仰非常有益，可以说我们的大部分成功都以此为基础。

方程中的数学之美甚至让狄拉克都惊呆了。晚年他做过一次自曝秘密的讲座，说起五十年前他发现这个方程时感到的忧虑，以及为什么他在为方程预测的电子运动找到精确解的门槛前停了下来，逡巡不进。他本来不需要花多大功夫就能解出来，但想到也许会因此而不得不放弃自己的发现，那种恐惧让他踌躇起来。

> 我真的很害怕这么做。我担心，在更精确的近似中，得出的结果可能会不正确。有一个在初步近似中很正确的理论我已经很高兴了，所以我想就以这种形式发表，让这次成功板上钉钉，不想冒在更精确的近似中失败的风险……提出新想法的人总是会害怕，会有什么发展刚好扼杀了这个新想法，而一个独立的人可以不用理会这种恐惧继续前进，也可以更大胆地进入新领域去探险。

---

① 钱春绮译本注：种子为炼金术士的术语，指元素。——译者

② 其实 1926 年时，奥斯卡·克莱因与沃尔特·戈尔登就发现了同样能将（狭义）相对论和量子力学结合起来的克莱因-戈尔登方程，但因为这个方程本身没考虑自旋，解有各种问题，因而没被人重视。同样，1925 年底的时候薛定谔在发现后来的薛定谔方程之前先得到的就是这个考虑相对论的克莱因方程，但因为同样的原因而放弃，并没有发表出来。——编者

尽管（由其他人找到的）该方程的精确解与实验极为吻合，但确实有个问题非常让人担心。这个方程通常都以非常简洁的形式出现，导致物理学家说到它的时候会把它当成一个方程，但它实际上是四个方程合在一起的，有四个解。其中两个解的物理意义显而易见，对应着自旋向上和向下的电子的运动。但另外两个解似乎完全说不通：能量为负的自旋电子。电子能量为负是什么意思？如果 $E=mc^2$，那么能量为负似乎意味着电子的质量可以为负。但并不存在质量为负的东西。这种情形尤其让人担心，因为量子理论等于是在说，电子理应可以从能量为正跃迁到能量为负。

若不是因为跟实验在其他方面都惊人吻合，而且看上去那么简洁优雅，方程有四个解这事已经足够让物理学界弃之若敝屣了。事实证明方程是对的，只是还要过几年才能明白为什么解有四个而不是两个，这个故事也非常关键，我们下一章再讲。

狄拉克方程一出，量子理论的最后一块砖也归位了。到 1930 年，发起这场革命的物理学家们已纷纷获得诺贝尔奖，普朗克、爱因斯坦、玻尔和德布罗意都去过斯德哥尔摩了。是时候撒花庆祝新一代闪亮登场，但是谁先来呢，海森堡还是薛定谔？海森堡的矩阵力学先问世，但薛定谔的波动力学后来居上，影响更大。还有泡利、玻恩、约当和狄拉克，又该往哪儿排？泡利写信给诺贝尔奖委员会，建议先颁给海森堡，之后再颁给薛定谔，但爱因斯坦建议先给薛定谔，后给海森堡。玻尔选择了两个同时上。斯德哥尔摩的委员会似乎难以抉择，1931 年的诺贝尔物理学奖谁都没有发。1932 年，他们仍然举棋不定，仍然付之阙如。到 1933 年他们终于达成了决定：1932 年的奖项颁发给海森堡，1933 年的由狄拉克和薛定谔共同获得。这样的选择带来了一些不愉快。海森堡先后给玻恩和玻尔写了两封道歉信，说："薛定谔和狄拉克至少和我一样理应获得全奖，而我如果能跟玻恩共同获奖，我会非常高兴。"

由于 1932 年和 1933 年的物理学奖同时颁发，我们有了一张

1933 年 12 月在斯德哥尔摩火车站拍的照片，照片上薛定谔戴着领结，穿束膝灯笼裤，跟他的妻子安妮玛丽（Annemarrie，简称安妮）一块儿，一脸笑容，而一脸严肃的狄拉克和海森堡在各自母亲的陪伴下，一脸乖娃娃的样子（见照片 15）。“男孩物理学”来到了斯德哥尔摩。

德尔布吕克加盟“男孩物理学”

1920 年代末到 1930 年代初，很多天资聪颖的学生被量子力学令人兴奋的发展所吸引。其中一些人非常成功，职业生涯也堪称辉煌，还有几人赢取了诺贝尔奖，影响非常深远。然而，尽管跟海森堡、泡利和狄拉克比只年轻几岁，他们还是时常会意识到，自己和量子力学革命的奠基人之间，有一道鸿沟。

马克斯·德尔布吕克就是新一代物理学家中的一员，1926 年 9 月从家乡柏林转到哥廷根大学就读时才二十岁。他来到这个德国小镇时，正是矩阵力学和波动力学之争达到顶峰的时候。当时德尔布吕克还不是活跃在一线的研究人员，起初只能远远看着这个致力于量子力学应用的新兴群体，徒然称羡。这个群体大部分成员都不到二十五岁，让“男孩物理学”的队伍迅速壮大。德尔布吕克觉得，如果运气好的话，很快就能加入他们的行列。

二十四岁的帕斯夸尔·约当是“男孩物理学”的元老，跟玻恩和海森堡写下了多篇重要论文。现在他已经被任命为哥廷根大学讲师，开始教课了。

尤金·维格纳（Eugene Wigner）二十三岁，匈牙利人，后来将新的数学分支引入量子理论，并因为这项工作获得了 1963 年的诺贝尔物理学奖。这年秋天，他也来到了哥廷根。在老家布达佩斯的时候，维格纳为选择数学还是物理学很是踌躇了一阵，但还是觉得物理学的前景更看好一些，因为有个高中同学在数学上的天分比他高得多。那时候他不可能知道，这位同班同学，约翰·冯·诺依曼(John von Neumann)，后来会成为20世纪最伟大的数学家之一，造出了第一台数字电子计算机，还创立了经济学中的博弈论。冯·诺依曼真称得上是全才，他对量子力学也兴趣浓厚，已经做了很多工作，给这个新兴领域奠定了坚实的数学基础[①]。

还有一个美国年轻人也非常出色，他跟德尔布吕克同一时间来到哥廷根，并马上开始跟马克斯·玻恩一起合作写一篇论文。罗伯特·奥本海默似乎能以闪电般的速度理解任何事情。只花了一年时间，“奥比”就和玻恩一起为在量子力学中如何处理分子打下了基础。

1969年德尔布吕克获得了诺贝尔生理学或医学奖，同年的文学奖由法国作家萨缪尔·贝克特（Samuel Beckett）斩获。有一篇可能意在向贝克特致敬、题为《贝克特眼中的人类科学家》的短文，文中物理学家兼生物学家德尔布吕克回忆起将近五十年前哥廷根的情形：

> 我很小的时候就发现，科学是胆小鬼、怪胎和格格不入者的避风港。可能这一点在过去比现在更甚。如果你是1920年代哥廷根的大学生，去参加由大卫·希尔伯特（David Hilbert）和马克斯·玻恩共同主持的“物质结构”研讨会，你完全可以想象，走进去的时候会觉得自己是走进了疯人院。那里的每一个人明显都患有某种严重的精神疾病。最少你也会变得有些结巴。罗伯特·奥本海默，研究生在读，他发现让自己拥有一种

① 冯·诺依曼和维格纳后来一起提出了一个不同于哥本哈根诠释的量子诠释，被称为“冯·诺依曼-维格纳诠释”，或者简称为“维格纳诠释”。这个诠释的特点在于它将量子系统的坍缩，也就是从量子态变为经典态，和意识关联在了一起，而这点也是日后大众媒体将量子理论和人的意识关联到一起的起源，更经常被人错误地安在了哥本哈根诠释的头上。另一方面，冯·诺依曼与维格纳这两位后来也逐渐放弃了自己发展起来的维格纳诠释，但大众媒体并没有放弃。——编者

很简便的结巴方式，或者说“嗯嗯啊啊”技术，会非常方便。
所以如果你行事古怪，就会有找到了组织的感觉。

奥本海默离开哥廷根之后就不结巴了，但他的结巴肯定给德尔布吕克留下了深刻印象，《哥本哈根的浮士德》里有个场景就可以作为明证。梅菲斯特走进美国一家地下酒吧，唱起关于国王和宠物跳蚤的歌（稍后详述），剧本上的舞台说明显示，有个叫奥比的年轻人回答了魔鬼的问题：

插图　美国物理学家悲伤地坐在安娜堡一家地下酒吧的吧台前，这时泡利/梅菲斯特进来了

没人笑笑吗？没人喝点什么吗？
眨眼之间，我就能教会你物理呀……

奥比先是结结巴巴地“嗯嗯啊啊！”了一阵，才说出台词：

你的错！你没有一句让人高兴的话——

在德尔布吕克看来，哥廷根的物理学家都聪明得很，尽管也许有点古怪。而且他也不能自我安慰说他们全都比自己年长，因为后来跟尤金·维格纳共同获得诺贝尔奖的玛利亚·格佩特（Maria Goeppert）跟他同龄，天资非凡的维克托·韦斯科普夫（跟迈特纳、埃伦费斯特和泡利一样，都是来自维也纳的犹太人）比他年纪还小，但吸收起新量子力学理论来似乎比他快得多。无所谓了！韦斯科普夫成了他一生的挚友，他们的道路在各个大陆不断交错。无论如何，他觉得就算自己不是他们中最聪明的，反正量子力学是那么引人入胜、丰富多彩，肯定有什么事情是他也能做的。

好消息是马克斯·玻恩愿意指导他的论文。但是，玻恩在1921年是以教授身份来到哥廷根的，到1928年，又要跟上科学领域的飞速变化，又要当“疯人院”院长，压力让他不堪重负。他已经四十五岁了，感到无法保持自己的节奏。后来他回忆说：

> 对我这样一个上了年纪的人来说，要跟上年轻人的步伐还挺难的。我付出了极大努力，结果却是精神崩溃（1928年），我的教学和研究工作只好中断了一年左右，之后我的节奏也放慢了很多。

玻恩想帮德尔布吕克，但帮不了太多。好在还有一个天资聪颖的青年物理学家也在这个时候来到哥廷根，接过了玻恩助手这个人人称羡的职位，成了泡利和海森堡等人的继任者。职责所在，他接过了玻恩的很多责任，也向德尔布吕克建议了一个论文主题。

这位助手名叫瓦尔特·海特勒（Walter Heitler），一年前给大家展示过，如何用量子力学来解释两个氢原子结合在一起形成氢分子的机制。他的计算非常重要，很多人说量子化学就是从这里正儿八经地开始的。前面我们提到过，狄拉克在1929年说：“至此，很大一部分物理学和整个化学的数学理论所必需的基本物理定律，都是完全已知的了。”他之所以会这么说，至少有部分原因就是海特勒的工作。

海特勒建议德尔布吕克采用他的计算方法研究两个锂原子之间的结合。元素周期表里的 2 号元素氦，一般认为跟氢非常不一样，但 3 号元素锂按理说会跟氢比较类似。当然德尔布吕克的计算比海特勒的复杂得多，但如果德尔布吕克碰到困难，海特勒也可以帮他。

分配给脑袋瓜子灵光的年轻学生的论文题目就得是这种样子：工作冗长甚至单调，但无论结果如何，带来的答案肯定是非常重要的，只要没被别人抢了先，基本肯定够格拿一个博士学位。因为那时候的物理学界实在是小得很，要是有别人也在研究锂原子结合的问题，海特勒肯定会知道，所以就算德尔布吕克无法像经验更丰富的物理学家一样快速完成这项研究，也不太可能被别人抢了先。

事实证明那些计算确实很单调乏味。并不需要什么新想法，得到的结果呢，用德尔布吕克一贯低调的话来说，就是“还可以接受，但相当沉闷”。完成这项研究并把结果提交给一家期刊后，德尔布吕克接受了布里斯托尔大学物理系的一个职位，为期九个月。1930 年，新近获得洛克菲勒基金会奖学金的德尔布吕克回到德国，这笔奖金让他可以去他想去的任何地方做一年研究。现在他已经成为“男孩物理学”的正式成员。

奖学金在手，德尔布吕克开始考虑下一步行动。量子力学里有那么多有意思的问题有待研究，他该怎么办？

物理学开始分裂

无论是德尔布吕克还是“男孩物理学”里的其他成员都没有意识到，1920 年代末，物理学正向越来越专业化的方向迈进。其实任何职业都是这样：用来训练的时间拉长了，要取得进步需要学习的知识也变多了。医生在不久前都是治病救人，现在却分成了内科医生、外科医生、眼科医生、皮肤科医生、精神科医生等我们会去看的各种科室医生，而这些科室又会进一步分成更细的分支学科。

随着量子力学的发展，物理学领域也出现了类似的分裂。1920年代以前，物理学家会研究很多领域的各种各样问题，但从那以后这样的广度就越来越少见了。量子力学提供了非常强大的工具，所以这门学科成了必修课，但应用这些新技术需要更多训练，因此这个专业也开始细分为多个子专业。物理学家很快开始给自己加上各种各样的前置词，随便说说就有凝聚态物理学家、原子物理学家、核物理学家和天体物理学家等等。这些分支随后继续分裂，形成的专业分支数量几乎跟医疗领域一样多。

时不时地也会有个把人跨界，但是到1960年代我进入美国一所很大的研究型大学的物理系时，跨界的事情就已经非常少见了。本科的基础课程我们会一起上，也希望跟“老板”交谈时能众口一词，但我们都是单独跟“老板”会面，各自独立规划我们的研究项目并申请资金。那时候，每个专业都已经发展到有专属期刊的地步了——以及专属会议，比如本书开头写到的中微子专家的盛会。

我们会感时伤逝地回忆起那个不怎么遥远的过去，那时我们已经出生，而物理学家还能以一己之力打通理论物理学的所有领域。更为罕见的是，那时似乎还有人在实验和理论两大分支都能做出重要工作，到我开始学物理的时候，这已经几乎不可想象了。我叔叔埃米利奥·塞格雷在写到自己的导师，1954年去世的恩里科·费米时，就曾这样写道：

> 最后一位同时主宰了理论与实验所有领域的物理学家，就这样离去了。随着专业化程度越来越高，我很怀疑我们是否还能再次见到这么全面的天才。

当然，硬币的另一面是，我们也必须认识到因为专业化日益增强而取得的巨大进步。专业化是有代价的，但如果看到专业化带来的诸多奇迹，我们也会乐于承受这个代价。我们永远也无法确定下一个奇迹会来自哪里，因为奇迹本来就是要出人意料、让人惊叹不止的。

我们永远不可能事先知道下一步需要什么，也不可能知道谁更有可能推动某个领域的发展，因此也需要有不同天赋、不同爱好和不同风格的贡献者。泡利就不太可能发现狄拉克发现的相对论性方程，因为狄拉克拥有一种“信仰”，这一“信仰”指引着他去寻找具有“极致数学之美”的方程，而这点恰恰是泡利所难以接受的。尽管泡利也是训练有素的数学家，他还是更执着于从实验数据中汲取思想，而不是像狄拉克说的那样，“把玩方程”。但从另一方面讲，极为看重数学之美的狄拉克，也基本上不可能去详细分析实验数据，而泡利就是靠分析数据，才提出了不相容原理，并建议实验物理学家去找中微子。而且很有可能，他们俩都不会得出海森堡的不确定性原理。这些重要发现，每一个都带有其创造者对物理学的态度的印记。

应该以实验数据为依归还是应该以数学之美为准绳，其间的争论至今仍是经典的物理学两难困境，而最能感受到这个困境的可能就是理论物理学家，他们恰好正是所从事工作最接近这条界线的人。毫不奇怪，会对某一理论优雅的数学形式最感到惊叹的，往往也是最爱这一理论的人，也就是提出这一理论的人。

当然，实验也有可能会给出错误结果，因此对理论物理学家来说，等到实验被再三验证之后再抛弃自己的理论，也许会是个好主意。Celtium 跟铪的争议就属于这种情形，当时法国科学家的实验结果似乎跟玻尔的预测相左。到现在我们讨论了很多正确的理论，有的出现在正确或错误的实验之前，有的出现在正确或错误的实验之后。但是，历史往往只会讲述胜利者的故事，而在科学理论中，失败者比胜利者多得多。错误的理论比正确的理论多得多，而有些错误的理论就来自做错的实验。错误的理论和错误的实验结合起来非常糟糕，错错并不得正。而所有科学家都同意，如果某个理论的预测与最权威的实验数据相矛盾，那么无论这个理论看起来有多美丽都必须丢开。

必然会有灰色的阴影让提出理论的人对自己的判断犹豫不决。有时候，某个新理论还没有达到能用实验直接验证的程度，这就让情形更加复杂了。对于这种情况，提出的新理论就不会有被与之矛盾的事实毁掉的风险，而数学上是否简洁优雅则成为主导标准，就像今天的超弦理论一样。支持者强调这个理论内在一致，并且能够提供涵盖了所有相互作用的统一图景，有时支持者还会称之为“万有理论”。而批评者则指出，这个理论缺乏实验证据支撑。

科学领域还有另一种很常见的情形是，也许建立了一个能解释先前看起来很神秘的实验数据的框架，但内在矛盾表明这个框架只能提供临时的解决方案。玻尔的原子模型就是这种情形，给了人们很多希望和信心，令人激动。这个模型给出的预测很多都得到了惊人的验证，大部分科学家因此都相信，这是朝着最后的正确理论迈出的第一步。事情就是这么发生的。

有时候如果能够证明，旧理论的基本特征只是一个更普遍的理论架构的近似，那新理论带来的修改可能就会很细微。牛顿的万有引力理论一直是最好的例子。这个理论尽管只是爱因斯坦广义相对论方程的不够精确的解，用来描述行星轨道还是绰绰有余的，除非你会关心水星近日点每个世纪会有几角秒的进动这么细微的差异。

通过测量光在引力场中的折射，爱因斯坦的广义相对论引起了普遍关注，但在那之前，因为能够消除那几角秒的差异，爱因斯坦就已经确信自己的理论有多正确。爱因斯坦的朋友兼传记作家亚伯拉罕·佩斯说，能够达成这样的一致是“爱因斯坦的科学生涯中，乃至他整个一生中最强烈的情感体验。大自然曾向他面授机密”。也许他就是因此才对大自然这位“老者”充满信心。

狄拉克发现他那个方程时的感受很可能跟爱因斯坦 1916 年时的

感受类似，尽管对狄拉克方程的确认没有广义相对论那么举世瞩目，也无法想象狄拉克会像爱因斯坦在1916年给埃伦费斯特写信说“有那么几天我欣喜若狂、不能自已”一样写给哪位朋友。狄拉克方程和爱因斯坦的方程都极具数学之美，就方程本身而言非常简单，然而又极为新颖，在数学和物理学两大领域都开启了新的探索空间。这两个方程的提出都不是为了解释实验观测结果，但却无心插柳地做到了，就连提出方程的人都始料未及。这两个方程都是不刊之论，可以说是在石头上凿刻而成，适合放在提出者的墓碑上。确实，狄拉克方程就被刻在威斯敏斯特大教堂的狄拉克纪念碑上。

狄拉克曾经说起，如果“有人第一次想到了一个新想法，他会非常想知道这个想法究竟是对是错。他会非常焦虑，新想法中任何跟旧的既有想法不同的地方，都会引起他的焦虑”。尽管类型有所不同，但感受跟任何创造性事业中产生的感觉是一样的，不鸣则已的时候觉得抑郁，一鸣惊人的时候又感到焦虑。我描述的这些恐惧和焦虑也不只是伟大的物理学家独有。我们必须学会控制这些感受，至少也要想办法戒绝这样的感受。如果我有了一个想法，而且还指望它能是一个真正的好想法，那我处理它的独门绝技就是先晾它几天不管，不去研究它。我想尽情享受有了这个新想法之后的乐趣，而不是急着开始寻找想法中的错误——很不幸，找错这事往往八九不离十，总能揪出错来。但是我也不想等太久，免得抱太大希望，最后也得承受太多失望；希望和兴奋，总是跟焦虑如影随形。在这个行当里，我们就是这么自娱自乐的。

无论有了新想法会有多麻烦，没有想法总是更痛苦的，即便如此这也不是最糟糕的情形。在“男孩物理学”中，年轻人可能会直接一骑绝尘惊艳世人，确实，这样的事经常发生。随后会变得更像是一场竞赛，就像环法自行车赛那样，领骑的人在阿尔卑斯山道上劈风前行甩开了大部队，但有些人就连跟上大部队都需要拼上老命，甚至慢慢地就算再怎么拼命都跟不上了。对这种情形，没有谁的表述能比埃伦费斯特1931年写给玻尔的一封信更令人心酸：

> 我跟理论物理学完全脱节了。我什么都读不下去，铺天盖地的文章和著作都说了什么，感觉自己哪怕想有那么一点点理解都做不到。也许我再也起不到什么作用了。

德尔布吕克的选择

德尔布吕克和其他“男孩物理学”的成员着手选择研究什么课题时，最主要的考量不是专业领域、研究风格或自己的年龄，而是如何最好地展开他们个人学术研究的冒险之旅。

德尔布吕克的专业技能来自他在哥廷根大学的毕业论文以及他在布里斯托尔大学时的工作，是用量子力学来解释原子如何结合起来形成分子，但现在他想研究更具推测性的问题，那些所得结果更有可能造成轰动的问题。看起来最让人摩拳擦掌的两个领域，是神秘的原子核，以及相对论和量子力学的结合。

前者尤其叫人垂涎三尺。一直到20世纪开始的时候，科学家甚至都还不确定原子是不是真的存在，然而接下来不到十年的时间，科学家不但证实了原子存在，卢瑟福还展现了原子是怎么组成的：电子环绕着一个非常小的原子核旋转。随后，关于原子中的电子究竟是怎么运动的，玻尔提出了一个开创性的模型，到1920年代末，量子力学能极为详尽地解释电子与小小原子核是如何相互作用的。但原子核的内部结构仍然是个谜。

1896年3月，法国物理学家亨利·贝克勒尔（Henri Becquerel）无意中发现，含铀的盐会发出持续的强力辐射，就此打开了解原子核结构的第一扇窗。两年后的1898年，二十七岁的欧内斯特·卢瑟福认识到，贝克勒尔发现的射线可以分成截然不同的两种类型，并分别命名为α射线和β射线。科学家很快证明β射线就是最近刚刚发现的电子，但随后几年仍然无法知道α射线究竟是什么。1908年，卢瑟福终于证明，α射线就是去掉了负电荷的氦原子，也就是说，组成α射线的α粒子就是氦原子核。

卢瑟福得出初步发现后没几年，人们又发现了第三种放射性物质发出的射线，并沿用希腊字母命名方法，称之为γ射线。后来证明γ射线就是电磁辐射的量子，也就是光子，不带电。

卢瑟福很早就决定集中精力研究α射线。α射线是他最喜欢的科学探索工具，卢瑟福也是举世公认的研究α射线的专家。人们通常会拿α射线做两种实验，而这两种实验类型都是卢瑟福首创的。第一种是研究α射线是怎么发射的，核心问题是，为什么有些原子核会从自己内部释放出氦原子核？第二种实验是用α射线轰击原子标靶，研究碰撞的结果，卢瑟福在曼彻斯特大学的实验室就是这样证明原子核存在的。研究人员观察到，如果让α射线穿过一层薄薄的金箔纸，射线中的α粒子通常不会受任何影响径直穿过，但有时也会以很大的角度散射开，有的时候甚至会直接反弹回来。卢瑟福推断，这是由于金原子内部有体积非常小、质量非常大的东西，并给这种东西起名叫原子核。

第一次世界大战行将结束的那几年，卢瑟福仍在曼彻斯特，进行了他最后一次伟大的个人实验。在这项实验中，他证明如果用α粒子轰击氮原子，有时会产生氢原子和某种氧原子。这是最早的诱导核嬗变，第一次在实验中成功把一种元素变成另一种元素。卢瑟福当时声称："整个结果表明，如果α粒子，或类似的发射物，能在试验中以更高的能量发射，我们也许可以把很多较轻的原子的结构都打破。"

卢瑟福是在剑桥大学做研究时发现的α射线和β射线，那时候他离开家乡新西兰还不到三年。到1928年，登上物理学的世界舞台三十年后，卢瑟福已经成为世界上最有影响力的实验物理学家，欧内斯特爵士，卢瑟福勋爵，诺贝尔奖章获得者，剑桥大学卡文迪许教授，同时也是英国皇家学会主席。年齿渐增但仍然精力充沛的他，越来越成为青年物理学家的引路人和协调人，而不是亲力亲为的实验物理学家。但这并不意味着他对物理学的兴趣减弱了，更不是说他就没有强烈的个人偏好。在其他实验室埋头研究原子中的电子有什么性质时，卢瑟福认为，卡文迪许实验室应该一马当先，去发现原子核的秘密。

尽管人们对于 α 射线、β 射线和 γ 射线已经有了很多了解，但原子核发出这些射线的机制在 1928 年仍然是个谜。尽管量子力学彻底改变了人们对电子围绕原子核运动的理解，但对于原子核，量子力学能解释的仍然很有限。因此，欧内斯特爵士基本上没关注量子力学的发展。一直到现在他都不需要学习这门学科来处理他关心的核物理学问题，而且无论如何，他都对他认为是抽象数学的内容不怎么感兴趣。在谈到理论物理学家时他经常说："他们颠来倒去摆弄着那些符号，然而我们卡文迪许实验室里的人，才能发现大自然真正的事实。"

德尔布吕克觉得，这个领域的前景非常诱人。这就是核物理学，一个有好多重要问题的新领域。而且这个领域可能很适合他。在哥廷根大学遇到的团队中，他的数学从来都不是最好的，因此如果以实验为依归而不是以数学之美为准绳，他更有可能成功。他的风格会跟玻尔和泡利类似，而不是走狄拉克和海森堡的路线。另外，尽管卢瑟福不这么认为，但几乎可以肯定量子力学最终会在理解原子核心的关键特征，也就是"大自然真正的事实"时，发挥至关重要的作用。

而且，德尔布吕克认为物理学领域可能还会发生另一场革命，说不定会出现完全意想不到的新概念，就像量子力学在几年前那样。刚开始没有人认为，可能会需要一套全新的原理来解释原子尺度上发生的事情，毕竟光学显微镜能看到的最小尺度都比原子尺度大一千倍，但全新的原理确实存在。如今物理学家又要深入探索原子核领域，尺度是原子的十万分之一，又会有什么惊喜在等着他们呢？

在研究元素周期表中的 2 号元素氦时就已经很明显，需要新的作用力和新的原理。卢瑟福为氢原子核造了个词，质子，这是已知最小的带正电荷的粒子。既然氦原子核所带的正电荷是氢原子核的两倍，那么认为氦原子核由两个紧密结合在一起的质子组成似乎也挺有道理。但同种电荷（这里都是正电荷）会互相排斥，而且斥力会随着电荷之间的距离减小而增强。但是，没有证据能够表明，小小的氦原子核中的两个质子之间有我们预期的斥力。恰恰相反，这两个质子紧紧抱在一起，难分难舍。

此外，氦原子核如果只由两个氢原子核组成，质量就应该是氢原子核的两倍，但我们已经知道，氦原子核的质量有四个质子那么多。这个谜题的答案可能是，氦原子核里有紧密结合的电子-质子对。电子-质子对不带电，质量大致等于质子质量，因为跟质子相比，电子质量可以忽略不计。把两个电子-质子对和两个质子放在一起，形成氦原子核需要的质量就齐活啦。但事情没那么简单。答案肯定不止于此，不然为什么电子有时在原子核里面，有时又在原子核外面呢？而且，把电子限制在原子核的狭小空间里，不就跟海森堡的不确定性原理矛盾了吗？解决一个问题似乎产生了另外两个问题。这样算是进展吗？原子核发出的射线里，会不会有物理学家尚未勘破的秘密线索呢？

德尔布吕克知道，需要新的实验数据、新的想法。但他同样知道，以前的数据也需要解释，就跟玻尔提出原子模型时做的那样。当然，那可是好多好多数据，积累了整整三十年。在这位青年物理学家看来，这些重大谜题让人垂涎三尺。也许他和朋友们会成为下一代革命者。最少最少，他们会参与一场全新的、令人摩拳擦掌的智力探险。

第十一章　能量守恒

浮士德

他所认识的，都能把握；
就这样完成他的浮生行旅，
出现幽灵，依旧我行我素，
在前进的路上会碰到困苦和幸福，
他！在任何瞬间都不会满足。

（歌德《浮士德》，第二部，第五幕，407—411）

神秘的原子核

1928年的一天早上，莉泽·迈特纳坐在自己的实验室里，想着她在β射线研究方面最主要的竞争对手，查尔斯·埃利斯（Charles Ellis）团队最近得出的结果。她觉得他们的结论很难接受，尽管看起来是长期艰苦研究的成果。但她也非常信任卡文迪许实验室给出的数据。埃利斯的研究就是在卢瑟福的实验室里做出来的，那里所有的研究结果都有数据支撑，几乎从不出错。如果最新发现是正确的，就意味着要想弄清β射线的性质和背后的机理，需要面临更多挑战。

尽管迈特纳研究这些射线已经二十多年，是全世界在这个领域最权威的专家之一，她还是会对这些射线的奇特性质感到惊讶。好在到了 1928 年，她可以全身心投入研究中，不用去管直到最近都还困扰着她的一些烦心事。现在她在学术界的地位很稳固，生活也不再家徒四壁。以前她住带家具的出租屋，经常要靠朋友接济才有吃的。1923 年，在给寡母的一封信中，她写道："您别给我寄那么多了。我还有咖啡，周日的时候可以喝。"但那之后没多久，德国的经济状况和她的个人状况都迅速改善了。

跟同事奥托·哈恩一样，莉泽·迈特纳现在当上了教授，同时还领导着柏林的威廉皇帝学会化学研究所的一个分支部门。她在物理学领域的专业知识，跟哈恩在化学方面的专长珠联璧合，再加上两人在研究方向上志趣相投，让他们俩成了令人高山仰止的组合。她有了固定的助手，开始招收学生，也开始有访问学者来跟她一起工作。现在，她终于有了自己的公寓。

迈特纳认为，原子核发出的 β 射线有一些非常古怪的特征。卢瑟福刚开始以为，β 射线来自环绕原子核旋转的电子，出于某种原因被从本来应该稳定运行的环境中喷射了出来。但 1913 年玻尔证明，情形并非如此。α 射线、β 射线和 γ 射线无论怎么产生的，都直接来自原子核，而不是原子的外层电子。但这些射线之间还有一个非常明显也令人费解的差异。α 射线和 γ 射线携带的能量和预期一样，等于发出射线的原子核在发射前后的能量差，但 β 射线不是这样，似乎在表明要么是发射过程中能量不守恒，要么是同时还有别的辐射也从原子核里出来了，我们却没发现。这两种可能似乎都很不可能。

β 射线的这个问题是在 1914 年因詹姆斯·查德威克的工作而浮现出来的，那时查德威克才二十三岁，是曼彻斯特一个棉纺厂工人的儿子。他拿到奖学金进入曼彻斯特大学，在卢瑟福感召下开始研究物理学。以优异的成绩毕业后，他拿到研究生奖学金去了国外，被安排在卢瑟福之前的合作者汉斯·盖革在柏林的实验室研究 β 射线。

然而非常不幸，就在得出初步但意义重大的结果后，查德威克和另外五千名英国平民，因为第一次世界大战突然爆发，被困在敌人的前线后方。他们被囚禁在柏林附近一个废弃的赛马场，六名囚犯一个马厩隔间。查德威克从小就习惯了艰苦的环境，但这种环境他从来没经历过。在那里饥寒交迫的四年几乎要了他的命。好在他还是挺了过来，也多亏了盖革，给他弄到了额外的食品，以及一些最基本的仪器设备。为了保持精神头，他甚至还做了点物理研究，征召了一位名叫查尔斯·埃利斯的年轻军校学生当助手。

战争结束后，查德威克回到曼彻斯特。卢瑟福搬去剑桥时他也跟着去了，并很快成为他的左膀右臂，负责卡文迪许实验室的日常运作。原本打算从军的埃利斯很喜欢跟查德威克一起做的工作（尽管条件异常艰难），于是改变了职业方向。他加入卡文迪许实验室，跟查德威克和卢瑟福一起工作，拿到了博士学位，并很快成为该实验室研究β射线的专家。

1928年让迈特纳大伤脑筋的就是埃利斯的工作。迈特纳越是思考就越意识到，她恐怕不得不重复剑桥的实验，尽管需要好几个月，而且最后也基本上不会带来什么荣誉。埃利斯的结果无论有多可靠，都必须要有另外的声音。这样的研究中总是有一定的可能性出错，而重要实验的标准操作流程，无论是过去还是现在，便是要在另一个实验室中复现出相同的结果来。如果结果一致，学界就可以满怀信心地继续前进。

迈特纳准备做这个实验的时候，卢瑟福研究α射线已经整整三十年。尽管他不是理论物理学家，也没学过怎么用量子力学来计算，但他对原子和原子核的运转机理有很好的直觉。为了思考散射和辐射会怎么发生，他给自己绘制了一幅简单的图景，并没有用到太多数学细节，之后便把这幅图景用于规划和解释实验。之前他发现原子中的原子核也是用的这个方法。

卢瑟福尝试用这种方法来构建一个模型，以解释铀元素等放射性元素的原子核为什么会发出 α 射线。他设想了一种结构，带正电的 α 粒子紧挨着 1 个大质量原子核，而每个 α 粒子都有 2 个电子使之呈电中性。在某一时刻，由于尚不清楚的原因，2 个电子开始把 α 粒子从中心往外拖拽，就像两条拖船把一艘邮轮拖出港口一样。来到开放水域后，拖船离开邮轮并后撤，留下邮轮（也就是 α 粒子）继续前进。描述这个模型的文章发表在 1927 年的《哲学研究》上。

鉴于作者大名鼎鼎，人们满怀尊敬地拜读了这篇论文，但文中有太多叫人想不明白的地方。是什么让拖船离开港口的，为什么完了又会跑回去？这个模型甚至都没法跟数据非常吻合。

势垒太高了

一个名叫乔治·伽莫夫的二十四岁的俄国年轻人，此时正在哥廷根的图书馆里游荡，他是第一个瞥见正确解释的人。那是 1928 年 6 月初，伽莫夫几天前才从列宁格勒（今圣彼得堡）抵达哥廷根。在德国见到伽莫夫的一位物理学家曾这样回忆他那时候的样子：

> 我永远不会忘记他第一次出现在哥廷根的样子——任何一个见过伽莫夫的人都不可能忘记他们第一次碰面是什么情形——斯拉夫大个子，金发，说一口优美生动的德语，实际上他不管做什么都很优美流利，甚至他的物理学也是这样。

列宁格勒没有一位资深物理学教授学过量子力学，因此伽莫夫之前没有任何机会在这个领域得到正式训练。但他和另外两个学生组了一个学习小组，一起研究来自世界主要物理学研究中心的论文。1928 年晚春，伽莫夫的教授想鼓励他，便给他在哥廷根安排了为期三个月的一笔奖学金，所以在他得出非凡见解的那一天，他会出现在哥廷根的图书馆。

伽莫夫拿起最近的一期《哲学研究》，读到了卢瑟福讨论 α 粒子辐射的论文。用他自己的话说就是：

> 在合上那本杂志之前，我已经知道，这种情形下究竟发生了什么。这是在牛顿的经典力学中不可能发生的一种典型现象，但在新的波动力学中其实可以预料到会发生。在波动力学中，没有不能逾越的势垒。

伽莫夫提到的现象有时叫做势垒穿透。无论是通过这个名称，还是另一个名称量子隧穿，如果设想 α 粒子是被一种作用力禁锢在原子核中（这种作用力的细节不需要具体说明），你都可以想象这事儿是怎么发生的。这种作用力形成了一个势垒，把粒子困在里面，有点儿像一座监狱。经典力学的法则规定，囚犯永远不能逃出生天，但量子力学却法外开恩，给了囚犯一种新的自由。跟所有监狱一样，作为监狱墙壁的势垒越大，无论是更高、更宽还是兼而有之，通过挖隧道钻出去的难度就越大，但监狱里的那间牢房只要在地面以上，挖隧道钻出去的机会就永远不会为零。（在此类比下，古怪的新自由法则规定，挖出来的隧道必须是水平的。）另外，如果粒子成功穿过了势垒，就能以逃出生天之前拥有的任意能量随意游走。

桌子上的玻璃杯底部放着的一颗玻璃弹珠，没有受到任何扰动的话，按照经典物理，就会永远待在那里。但不确定性原理和互补原理与经典物理有微妙差别，声称即便没有任何外部推动，这颗珠子仍有一定可能会自发出现在玻璃杯外面，四处滚动。皇家学会那年晚些时候举办了一次会议，一位参会的物理学家在听完伽莫夫讲话后，诙谐地说明了这种情况："在座的任何人都有一个非常小的机会不打开门就离开这间屋子，当然，也不是从窗户里被扔出去。"随后他又安抚听众说，这种被弹射出去的可能性可以忽略不计。但在原子核的世界，这种事情就没那么罕见了。

量子隧穿的可能性人们在1928年就已经知道了，但量子力学仍然是一门非常年轻的学科。现在通过把量子力学初步应用到核物理学中，伽莫夫成功解释了辐射现象很多令人迷惑的特征。很低、很窄的势垒会让原子的寿命只有好几分之一秒（强放射性元素），而又高又宽的势垒意味着原子核会非常稳定，能维持数百万年甚至数十亿年。某些还算常见的情况下（相当于囚犯的牢房建在地底下），原子核永远都不会衰变。

得出这一见解后的几周，伽莫夫想明白了他这个理论的很多细节。他发现自己的计算跟所有实验数据都非常吻合，便就此主题写了篇论文，提交给著名的德国期刊《物理学杂志》。

伽莫夫论述放射性的论文非常重要，他也想在哥廷根多待一段时间好继续研究下去。然而这时候他已经花光了本就有限的经费，必须回列宁格勒了。他决定回国路上在哥本哈根逗留一天，去看看著名的玻尔研究所，说不定还能见到传奇人物玻尔。来到布莱丹斯维后，他用结结巴巴的德语跟玻尔的秘书解释了一番此行的目的。秘书说，他得等上好几天才能跟玻尔约上，但伽莫夫说他的钱只够在城里待一天，秘书便离开了，很快就带着那位伟人本尊回来。玻尔把伽莫夫带进办公室，礼貌地问他最近在忙什么。伽莫夫磕磕巴巴的德语完全没有造成障碍。方程自己会说话。

伽莫夫说完他对α粒子发射的解释后，玻尔马上认识到他讲的内容有多重要，便对他说："秘书跟我说，你的钱只够在这儿待一天的。如果我给你安排一份丹麦皇家科学院的嘉士伯奖学金，你能在这儿待一年吗？"

玻尔给伽莫夫的可不仅是一份奖学金，伽莫夫欣然接受了。玻尔想到卢瑟福应该也听说了这位俄国年轻人对α粒子辐射成因的解释，于是安排伽莫夫去剑桥访问。但欧内斯特爵士对复杂的理论表述总是很谨慎——他曾说过，无法向酒吧女招待解释清楚的物理内容，他听都不想听——因此玻尔还写了封信，告诉卢瑟福要认真听听这位俄国年轻人的意见。为保险起见，玻尔还给卢瑟福附寄了一份记录，上面有张图，比较了伽莫夫的模型和卢瑟福的“两条拖船”模型跟卢瑟福自己的实验结果分别吻合得怎样。谁的模型更吻合非常明显，玻尔相信，卢瑟福会认真关注的。

卢瑟福很喜欢这个热情洋溢的斯拉夫年轻人，伽莫夫也很高兴认识这位卓尔不群的新西兰人。丹麦奖学金到期后，伽莫夫又在玻尔帮助下拿到了洛克菲勒基金会的奖学金，去剑桥待了一年。肯定就连那些英国怪人都被这个“斯拉夫大个子”吓了一跳，因为他意气风发地穿着打高尔夫球的衣服，骑着一辆巨大的二手摩托在乡间风驰电掣。但他不光会嬉游，也会严肃认真、紧锣密鼓地工作。伽莫夫告诉卢瑟福的一项观察结果后来表明对核物理学的未来非常重要，而这只是他的诸多成果之一。

伽莫夫意识到，如果原子核里面的 α 粒子可以穿过势垒跑出来，那么要想把外面的 α 粒子瞄准原子核打进去可能也并非天方夜谭，毕竟挖隧道钻入监狱同挖隧道从监狱里钻出来，难度是一样的。尽管原子核之外的世界从来没发生过这种事情，但在核物理的世界里，这事儿听起来就很诱人了。卢瑟福也一直在考虑类似的想法，但不知道该怎么计算这种事件发生的概率，于是有一天，他把伽莫夫叫到自己的办公室，问他相比 α 粒子，质子需要多大的能量才能打进原子核内部。伽莫夫记得，当时自己很快就答了上来：“（α 粒子的）十六分之一。”伽莫夫在回忆录里写到，接下来发生的事情是：

> “我还以为你得用你那些该死的公式算上好几页纸呢。”
>
> 我说：“这事儿用不着。”
>
> 卢瑟福把约翰·科克罗夫特和欧内斯特·沃尔顿（Ernest Walton）叫了进来，他们是剑桥大学两位年轻的实验物理学家，之前他就跟他们讨论过这件事情在实验上的可能性。
>
> “给我造一台 100 万电子伏的加速器，我们就能不费吹灰之

力，把锂原子核敲开了。”卢瑟福说。

于是他们就这么做了。

但直到 1932 年这事儿才做成。与此同时，伽莫夫回到哥本哈根第二次短期逗留，还把那辆摩托车也带去了，任何人只要胆子够大敢坐在他后面，他都愿意载上一程。他甚至还把这辆摩托借给了玻尔一小段时间，因为玻尔想试试自己能不能驾驭。这是 1930 年。

在丹麦首都第二次逗留期间，伽莫夫跟马克斯·德尔布吕克成了好朋友，后者也是在洛克菲勒基金会奖学金的帮助下来到这里的。他们俩意气相投，都很喜欢搞恶作剧，也都热爱物理学。他们开始一起工作，分析起 γ 射线后，他们对物理学的热爱就显露无疑了。由于 γ 射线是由电磁辐射的量子，也就是光子组成，因此原子核会怎么释放 γ 射线取决于原子核内部的电荷分布。德尔布吕克和伽莫夫的结果必然是初步的，因为这时人们对原子核的结构基本上仍一无所知。要解开这个谜团还缺少一个关键因素，只不过当时他们并不知道。这个关键因素在 1932 年被发现了，就是查德威克发现的中子。

第二次来到哥本哈根小住的伽莫夫也有个非常大的惊喜，就是再次见到他的俄国友人列夫·朗道，是早年他们列宁格勒三人学习小组中最年轻的一位。朗道（人们经常就用“道”来称呼他）当年十六岁就从大学毕业了，现在二十一岁的他已经是经验非常丰富的物理学家。朗道后来成了俄罗斯最伟大的理论物理学家，位居 20 世纪最重要的科学人物之列，从来没被任何事情、任何人吓到过，就算是伽莫夫也没法吓住他。荷兰物理学家卡西米尔回忆道：“朗道的脑子可能是我见过的人里最聪明、最敏捷的。”卡西米尔对海森堡和泡利都非常了解，从他嘴里说出这样的话，可是极高的评价。

伽莫夫常常被叫做“高”，道和高俩人极大提高了哥本哈根的士气，重现了他们在列宁格勒热闹的场面，卡西米尔也经常跟他们形影不离，充当第三个火枪手。卡西米尔在回忆起他们的活动时说："我们形成了三人组，主要是我们自己觉得有趣，别人并非总能领会到我们的逗趣之处。"外人往往会觉得他们对长辈一点儿都不尊敬。比如不止一位访客看到（这种情形并不少见），朗道在演讲后觉得累了，就平躺在听众席的长椅上，"跟尼尔斯·玻尔争论不休，边说边比划，而玻尔只能俯身跟他辩论，试图让他相信他错了"。玻尔从不觉得这是冒犯，但来访者有时会被这么随意的方式吓一大跳。别人可能会觉得这样有违师道尊严，但在玻尔看来，这只是哥本哈根自由交流精神的题中应有之意。对讨论不设任何限制是唯一的规则。

为了纪念这样的争论场景，德尔布吕克在滑稽短剧《浮士德》中写下了玻尔/天主与朗道交谈的一幕，其中朗道被堵住嘴绑在椅子上。大家都知道，朗道可以随时随地地对任何人滔滔不绝地谈论自己的观点，因此很多人都认为，这是唯一能让他住嘴的办法：

天主

安静，道！……实际上，
如今唯一正确的理论，
或者说我会在它的诱惑下投降的唯一理论，
是

朗道

嗯！嗯嗯！嗯嗯！嗯嗯！

天主

不要打断我们的对话。
我来说就行了。道，你看啊，
唯一恰当的经验法则
是

朗道

嗯！嗯嗯！嗯嗯！嗯嗯！

插图　被堵住嘴、绑在椅子上的朗道，只能听玻尔口若悬河

玻尔很喜欢跟朗道交流，但他也告诉朗道，在 1930 年代的苏联，想到什么就脱口而出是个很危险的习惯，而朗道回国后也确实曾因为这个习惯而身陷囹圄。1938 年，他被关进监狱，在牢房里苦苦熬了一年。如果不是苏联最著名的实验物理学家彼得·卡皮查勇敢介入，他几乎肯定会在牢里一命呜呼。卡皮查直接找到人民委员会主席维亚切斯拉夫·莫洛托夫（Vyacheslav Molotov），毫不含糊地告诉他，如果不放了朗道，他不会为苏联做任何军事研究。

伽莫夫回国后的生活同样经历了一些急转直下的情形。1931 年春天，他去国将近三年后回到苏联，希望能尽快更新护照，好去罗马参加一个讨论原子结构的会议，但发现他的祖国不像几年前那么好说话了。在当时的意识形态压制下，俄国科学家受到鼓励去发现资本主义科学的秘密，同时不能透漏他们自己无产阶级科学的秘密。他们还得到命令，不许跟西方的研究人员交朋友。矩阵力学被宣称为反唯物主义，不得使用，但波动力学可以接受，只要不涉及不确定性原理就行。

正如伽莫夫所指出的，对科学的这种毫无意义的政治干预并没有对苏联的物理学研究造成长期的恶劣影响，但生物学领域就不是这样了，特罗菲姆·李森科（T. D. Lysenko）主宰着生物学研究，拒绝接受染色体遗传学说，实际上让苏联的遗传学研究停滞了多年。一直到今天，政治是否应该干预科学研究的争论，在世界各地都还在激烈进行。

1931 年伽莫夫更新护照的请求没有得到批准，现在他被困住了。马克斯·德尔布吕克替他去罗马参会，做了计划中的演讲。一年后，伽莫夫仍然无法离开俄国，德尔布吕克非常失望，把伽莫夫也写进了那出滑稽短剧。前面我们提到过，在那一幕中伽莫夫的照片出现在铁窗后，幕后有个声音说道：

> 我去不了布莱丹斯维。
> (势垒太高了!)

很明显这是一语双关，既是说伽莫夫发现了 α 粒子是怎么从原子核里出来的，也是说他试图离开苏联时遇到的政治问题。1933 年 10 月，伽莫夫和他妻子意外拿到了参加第七次索尔维会议的出国签证，之后他们就再也没回国。

天地间

第二次在哥本哈根逗留期间，伽莫夫认为到了把自己的思想写成书的时候了。成果就是 1931 年由牛津大学出版社出版的一部著作，题为《原子核与辐射的本性》。这部由二十六岁的年轻人写成的著作，是世界上第一部核物理学教科书。伽莫夫的拼写和语法都很糟糕，所以出版社请了一名物理学家把伽莫夫式英语翻译成真正的英语。这项工作非常艰辛，尽管编辑也承认：“偶尔能有一两个写对的句子。”

伽莫夫深信，自己观察到的由 α 粒子发射引起的核衰变是真实的，但对于不管是他还是其他人提出的产生 β 射线的机制，无论怎么解释他都非常怀疑。为了提醒读者，他准备了一个特别的图章，图案是海盗旗上常见的骷髅图，用来在本书长条校样中标记涉及这个话题的段落。出版社建议改用波浪线，说这个符号不像骷髅图那样不吉利。伽莫夫不情不愿地同意了，回答说：“本书文字毫无疑问会吓到读者，但我从来不想比文字更吓人。”

插图　骷髅图

从某种意义上讲，物理学家们在 β 射线上面临的问题跟他们在 α 射线上面临的问题是相反的。β 射线的组成非常清楚，就是电子，没有别的，但 α 射线的组成仍然很神秘。卢瑟福早在二十多年前就已经证明，α 粒子就是氦原子核，但氦原子核是由什么组成的？两个质子，还有呢？

但从另一方面讲，尽管人们对 α 射线从原子核里释放出来的方式已经很了解，但 β 射线是如何从原子核里出来的，又为何要出来？为什么发生 β 辐射时能量似乎并不守恒？从实验结果来看，要么就是在 β 辐射过程中能量真的不守恒，要么就是在 β 射线从原子核里出来的时候，还有别的东西也一块儿出来了，但我们没探测到。玻尔认为是第一种情况，而泡利选择了第二个原因，哪种观点似乎都无法令人满意，所以伽莫夫在1931年出书时用上了骷髅图。

很多人认为，玻尔提出的假说只不过是新瓶装旧酒，回到了BKS那篇文章的老路上，然而那篇文章提出的概念已经被证明不可信，爱因斯坦也称之为“我的老相识，但不是个诚实的家伙”。在BKS中，玻尔曾坚持认为，在原子尺度上，能量只有将多次事件平均后才守恒，并不是在每一起事件中都会守恒。实验证明玻尔的想法错了，而他也欣然接受了失败。五年后他似乎在旧事重提，只是这次是在要小很多的原子核尺度上。

玻尔对这些批评心知肚明，而如果只有β射线这个问题，他很可能不会重新提起这个话题，但他脑子里想的还有另外三个问题。他认为，这些问题可能都跟能量不守恒有关。

第一个问题是恒星为什么一直能闪闪发光。在19世纪末这是个重大科学问题，因为对能量产生的传统理解无法解释太阳何以能燃烧那么久，让生命有时间进化。在发现放射性这种新的能量来源后，人们以为这个问题解决了。然而到了1929年，情况已经越来越清楚，就是需要比放射性强大得多的能量来源才能解释推算得来的太阳年龄。现在玻尔认为，巨大的恒星内部有一个压缩得非常紧密的核心，那里能量不守恒，恒星的光度可能就是这么来的。

第二个问题是玻尔在哥本哈根的助手奥斯卡·克莱因发现的。1928年底，在认真研究狄拉克将相对论和量子力学结合起来的那个方程时，克莱因注意到对于用电子去撞击势垒的情形，方程预测会有一个很古怪的现象。物理学家预计有些电子会穿过势垒，另一些会反弹回来，就像伽莫夫证明的α粒子的情形一样。但克莱因注意到，狄拉克的理论表明，刚开始反弹回来的电子会比击中势垒的多。也就是说，电子的数量并不守恒。于是玻尔开始思考，数量不守恒跟能量不守恒有没有可能是有关联的？

第三个难题通常叫做“错误统计问题”，说的是电子和质子紧密结合在原子核里的事情。元素序号为 7 的氮，原子质量为 14，按说原子核就应该由 7 个质子和 7 个电子-质子对组成，总粒子数 21，是个奇数。然而实验证明，氮原子核里的粒子总数肯定是偶数。这里肯定也有什么地方出错了。

尽管直到 1930 年 5 月玻尔才在一次正式演讲中提出能量不守恒的概念，但在那之前，他已经在合作者面前试探性地提了足足一年多，通常都会遭到非常强烈的反对，表明能量守恒原理有多么深入人心。1929 年 2 月泡利就已经跟克莱因抱怨说，玻尔走上了“歧路”，并说部分原因在于玻尔“在讨论实验时毫无帮助”。他也斥责玻尔：“你还打算怎么虐待可怜的能量法则?”随后又在信中劝玻尔“就让星星好好发光吧”。再次写信给克莱因时，泡利说他正打算去柏林跟“迈特纳女士”谈谈，“意在收集证据，反对哥本哈根理论的无稽之谈”。

在 1929 年 4 月举办的第一次哥本哈根会议上，能量守恒问题掀起了轩然大波。尽管泡利反对，还是没人能说服玻尔放弃他的观点。夏天过去了，玻尔就这个问题写好了一份初稿寄给泡利，泡利的反应可以想见，肯定是反对的。泡利还是想说服玻尔别更进一步了，写信给玻尔说：“让这个音符休止一大段时间吧。”

但玻尔没有放弃。他给狄拉克写了封信，在信中提出原子核层面的能量不守恒跟克莱因发现的电子数目貌似不守恒之间也许存在关联。结果还是遭到了否决，狄拉克回信道：“我对这个问题的意见是，我会不惜一切代价坚持严格的能量守恒，我宁愿放弃物质由单独的原子和电子组成这样的概念，也不愿放弃能量守恒。”跟以前一样，狄拉克非常清楚自己的立场。

卢瑟福可能从狄拉克那里听说了这些事情，便给他的丹麦朋友写了封信，信中提到另一位著名的丹麦人哈姆雷特对霍拉修说的一段话：

我听说你在大发雷霆之威，想从微观和宏观两个层面把能量守恒都推翻。我会先等等看再发表意见，但我一直觉得，“天地间有无数稀奇之事，远非我们的哲学梦想所可企及”。

事实证明，哈姆雷特的意见特别明智。尽管没有人能预见到，还需要 3 种新粒子（中微子、正电子和中子），2 种全新的相互作用（强相互作用和弱相互作用），以及能阐明这几种相互作用是如何工作的重大理论进展，还要用 1930 年还无法想见的手段去考察恒星中的核反应，才能解答玻尔的四个问题。

玻尔一直在为这四个问题寻找一个共同答案。然而这四个问题有四个互不相关的答案，每个答案都石破天惊，也都改变了物理学的进程。

革命主张

四个大问题。一些物理学家开始有一种不祥的预感，就像五年前随着玻尔的原子模型越来越不足以解释实验数据时他们经历的那样。那些担忧被矩阵力学、波动力学和量子力学的哥本哈根诠释的胜利一扫而空，但现在，又以另一种面目慢慢地死灰复燃。

物理学家们开始自问，现在他们手上的理论是否正确。狄拉克方程能量为负的解，β 衰变问题，以及另外一些谜团，在他们脑子里沉甸甸的。

这种不安到 1932 年的哥本哈根会议上还仍然存在，在滑稽短剧里由歌德《浮士德》接近尾声的一幕改编的场景中清晰可见。那一幕中，四个灰色的妇女幻影出现在浮士德博士面前，说她们分别叫做匮乏、罪孽、忧愁和困隘。在滑稽短剧中，这四个灰色女影就是电子理论中的那四个问题。她们让一个叫狄拉克的角色宣称：

先生们啊，我们的理论已经失控了，
我们必须回到 1926 年；
我们从那时到现在的工作只合付之一炬。

这是夸张的说法。物理学家并不觉得他们的工作“只合付之一炬”，但该怎么继续进行下去还是摸不着头脑。

第三位灰色女影代表的是狄拉克方程的负能解问题，到 1929 年底，狄拉克自己就这个问题给出了一个答案，结果却让很多人都觉得无法容忍。问题原本是，为什么电子不能像球滚下山坡那样，从能量为正的状态下降到能量为负的状态？狄拉克的解答是假定他的方程预测的无数个能量为负的那些状态，每一个都已经被占据了。而根据泡利原理，没有哪 2 个电子可以处于同一个状态，因此能量为正的电子不可能掉进能量为负的状态，那些位置已经被早已存在的负能量电子占据了。

我们怎么可能从来没有注意到有无穷多个能量为负的电子呢？狄拉克的回答回到了毕达哥拉斯学派的老路上，而此前启发开普勒的也是这个思路。在毕达哥拉斯宇宙中，由环绕着“中央火”运动的行星发出的音乐形成合奏，那些天球发出的和声，为什么没有人听得到？毕达哥拉斯说，我们对这种音乐无知无觉，是因为那是我们生活中永恒不变的背景音。正如莎士比亚写下的那样，毕达哥拉斯逝去两千年后，他的思想仍然在产生回响：

你所望见的每一颗微小的天体，
在运转的当儿，都发出天使般的歌声，
永远应和着那明眸的天婴的妙唱。
这和声原来就存在于人的灵魂里；
可是，封上了这一重泥壳，我们，

心窍就给塞没，再也听不到了。

狄拉克仿此声称，永远存在、数量无限的负能量电子发出的电子噪声我们是不可能听到的，因为这声音一直伴随着我们。

狄拉克的下一步是在希腊世界永恒不变的天堂中不可能走出的一着。尽管如此，毕达哥拉斯也有可能会同意，如果有个天球突然从天空中被移走，我们可能会因为合奏旋律中少了这个音符而感知到这个球体不见了。也就是说，在永恒不变的背景上做任何增删，都能以音乐的形式感知到。

按照这个思路，狄拉克提出，能量为负且带负电的电子的缺失，应该解读为出现了一枚能量为正且带正电的粒子；他还推测说，也许这就能解释为什么存在质子了。他说，也许只有一种粒子，其正能量表现形式我们叫做电子，而质子就只是能量为负的对应物缺失而已。

大多数物理学家都无法接受这样的概念。狄拉克的负能量电子的缺失，或者按他的说法，空穴，形成了一片无穷无尽的海洋，似乎太异想天开了，就算考虑到狄拉克是个天才，一直以数学上的一致性为准绳，也还是有点儿过。泡利觉得整个想法一点儿意思都没有，尤其对援引自己的不相容原理来去除负能量状态感到恼火。但从另一方面讲，狄拉克方程似乎毫无疑问是正确的。怎么办呢?

β辐射是怎么发生的也看不到一个可以普遍接受的答案。泡利被玻尔关于能量不守恒的演讲搞得越来越不耐烦，1929年7月，他从苏黎世给玻尔写了封信，说他刚刚听了一场迈特纳女士的讲座，让他越发坚信β衰变里有真正的问题：“我们真的不知道这里面发生了什么。你也不知道，你只能指出为什么我们什么都不知道的原因!”

但玻尔就是顽固不化，而他能有多顽固，海森堡和泡利当然早就领教过。顺便提及，泡利跟他在苏黎世的朋友古斯塔夫·荣格就这个问题进行过一次很有意思的交流。泡利和荣格之间的通信长达二十五年，在此期间泡利把一千多个自己做的梦的概要记录下来寄给了荣格。有一次为了跟荣格说清楚玻尔在一个梦里出现的重要性，泡利告诉荣格，玻尔有多强大："在现实生活中，他确实有能力战胜别人的反抗。"这一次玻尔没有战胜泡利的反抗，但他确实给泡利施压了，让他对能量不守恒的说法给出更好的回答，而不是"我们什么都不知道"。

1930 年 12 月 4 日，泡利向正在德国著名的大学城图宾根开会的放射性专家们寄去了一封公开信，提出了一个能与玻尔分庭抗礼的理论。一同参会的迈特纳有着敏锐的历史见证感，她保留了一份信件副本。信中写道：

> 尊敬的放射性女士们、先生们：
>
> 作为带给你们下面这些话的人，我希望大家都能认真听取，也希望这些话能向你们详细说明，我在思考氮和锂 6 原子核的"错误"统计问题，以及 β 衰变的连续光谱问题时，我想到了一个挽救统计力学与能量守恒定律于水火的妙招，一个"更替定律"。有这样一种可能性，就是原子核中可能存在一种电中性粒子，我姑且称之为中子，其自旋为 1/2，服从不相容原理，此外也跟光量子不一样，它不以光速传播。如果假设在 β 衰变中，还有个中子跟电子一起发射出来，并使得电子和中子的总能量保持不变，那么 β 衰变的连续光谱问题就可以理解了……
>
> 我承认，这个补救办法可能从一开始就看起来不大可能成功，因为如果中子存在，人们应该很久以前就见过了。但"不入虎穴，焉得虎子"，我尊敬的前任彼得·德拜（Peter Debye）先生最近在布鲁塞尔对我说的一番话，说明了 β 衰变的连续光谱问题有多严重："这个问题最好压根儿不要去想——就跟新的税种一样。"因此我们应该认真探讨每一种可能的挽救方案。所

以，尊敬的放射性同行们，测试一下这个办法，并做出判断吧。只是很抱歉，我无法亲身出席图宾根的会议，因为 12 月 6 日到 7 日的晚上在苏黎世有一场舞会，我走不开。

你们最卑微的仆从，沃尔夫冈·泡利

我想马上澄清一个会叫人困惑的地方。泡利管这种新粒子叫“中子”，但这个名字很快被用在了另一种粒子上，就是在原子核里伴随着质子存在的一种很重的电中性粒子。这样当然带来了混淆，随后费米提出了另一个名称来命名泡利这种非常轻的粒子，也很快被采纳了。在意大利语中，把大改成小就是把后缀从 one 改成 ino，所以泡利的中性粒子就从 neutrone 变成了 neutrino，也就是中微子。现在我们仍然把这种粒子叫做中微子，本书后面也都会采用这个名称。

泡利在信中强调指出，每次有电子从原子核里出来时，同时也会有个中微子跑出来，携带的就是之前以为不见了的能量。在他看来，中微子很难观测到，所以 β 衰变实验都做了三十年，却一次都没见过中微子。

泡利同时提出，中微子也可以提供错误统计问题的答案，也就是玻尔四个大问题中的第三个。实验证明，氮原子核里的粒子数是偶数。14 个质子和 7 个电子加起来是 21 个粒子，是奇数。现在再把 7 个中微子加进去，粒子数就从 21 变成了 28，从奇数变成偶数了。

泡利提出的理论有多超前呢？21 世纪伊始，我们的思路拓宽了很多，这时我们认为物质是由轻子等粒子组成，而轻子包括电子、μ 子、中微子等，此外还有六种不同的夸克，每种夸克都有三种色，在这样的框架下，多加一种粒子进去似乎挺稀松平常的。但 1930 年的时候，人们认为所有物质都只是由电子和质子组成。泡利曾经说过：“我是个古典主义者，不是革命者。”但在 1930 年提出存在一种新的粒子，恐怕比提出原子核里能量不守恒更像闹革命。

由于私生活混乱，泡利可能放松了他以前通常都很严格的标准，在以一种他以前通常不会采用的方式推测。结婚不到一年，他就在1930年11月26日正式离了婚。一周后，他就提出了能够解决β衰变能量守恒问题的理论。去世前不久，泡利给德尔布吕克写过一封信，信中回忆起那段时间，泡利说，中微子就是“我人生中1930年到1931年那场危机带来的举止可笑的蠢孩子”。

泡利人生中的那场危机非常现实。从青年才俊转变成根深叶茂的教授，中间的这些年对他来说非常艰难。母亲自杀，婚姻不幸且闪婚闪离，离开天主教会，所有这些加起来形成了一种合力，让他狂饮烂醉、烟不离手、大吃大喝，还有很多各种各样的神经症。也许那段时间物理学给泡利提供了一个安稳的岛屿，因为在深陷麻烦时，他对物理学仍然保持着极大兴趣，仍然相当高产。

不过抽烟喝酒还是给泡利带来了一些问题，尤其是1931年他去美国短期访问三个月的时候，当时美国正在实施禁酒令。在写给苏黎世一位朋友的信中，他感叹美国“小资、庸俗”的一面，晚餐结束的时候只有祈祷，没有“咖啡和雪茄，酒就更不用说了”。有一阵他在密歇根大学，离加拿大不远，为了补偿之前的旅途中没能开戒的缺憾，他甚至越过了国境。这带来了满足感，但也带来了另一些问题。虽然官方说法是泡利下船的时候滑倒了，但真实情形是，用他自己的话说，他在“微醺”时被台阶绊了一下。结果是肩膀骨折，这样一来，他的右臂只能用石膏固定，与身体成45度角。尽管如此，他面向听众讲话时会有一个朋友按照说明在黑板上写下相应的方程式，而他的演讲也从来没有这么精彩过。他觉得整个事件里最糟糕的是石膏让他的手臂只能保持一个固定角度，就好像在行纳粹礼。

三个天才三本书

海森堡也遇到了自己的困难，1931年12月，他年满三十，觉得很难过。他的生活中有钢琴，有跟同事和学生的交流，有滑雪、徒步旅行甚至骑马等等，但他还是觉得有什么最重要的东西不见了。在很大程度上，缺失的似乎是“新探路者”的同志情谊。“新探路者”青年运动简单、纯粹，支撑了他的早年生活，让他在紧张的物理学研究之外还能有另一方天地。他现在成了“新探路者”的元老，就是老人或者说“校友”，但他们这些元老们相对来说并不活跃。另外，纳粹党正大力倡导着一个以日耳曼道德准则为准绳、崭新的、一尘不染的德意志帝国的愿景，跟“新探路者”曾为之奋斗的理想极为相近。他只能眼睁睁地看着他们的乌托邦理想变成一个极权主义噩梦，令人胆寒，充满压抑。

德国的经济状况肯定对事态没有任何帮助，华尔街市场崩盘后，全球陷入经济大萧条，德国经济也再次崩溃。随着不满情绪越来越多，那些失业的人、未充分就业的人、心怀不满的人和处境艰难的人都开始要说法。希特勒给了他们一个答案：错在犹太人、共产党、战争中的奸商、《凡尔赛和约》和祖国的叛徒。希特勒的崛起与德国经济的下滑简直是跷跷板的两头。到 1930 年 9 月，本来只是从别的团体里分裂出来的小小纳粹党，已经成为德国第二大党。

世界新闻带来的阴霾变得越来越无法排遣，海森堡对物理学未来的乐观情绪似乎也在崩溃，他的自信一度崩塌。刚开始他还对取得巨大成就并得到认可感到兴高采烈，但现在这种情绪已经消退。1931 年夏天，他非常不高兴，甚至写信给玻尔说：“我已经不再拿根本性的问题来让自己心烦了，对我来说太难了。”他也不再相信很快会有什么变化。如今海森堡认为，只有非常透彻地理解了原子核，物理学才能更进一步，而这一步也许会跟之前的量子力学革命一样大，然而在他看来，无论是自己还是其他任何人，都不可能迈出这一步。

狄拉克是哥本哈根会议前排三名天才中的第三位，似乎并没有焦虑不安。他在剑桥大学的一所学院里以教师身份继续着自己独来独往的生活，仿佛进入了“冻龄”状态，也仍和往常一样，以数学之美、逻辑内洽和风格为标准来引领自己的思路。但他也遇到了问题，尽管他的问题来自学术而非情感。

狄拉克曾希望那些他所谓的“空穴”，也就是未观测到的能量为负、带负电的粒子在由其形成的无穷无尽的海洋中的缺失，可能会是质子，但 1930 年，有几位作者各自独立地证明了空穴不可能是质子。1931 年初，狄拉克承认，空穴肯定对应一种质量与电子相等但所带电荷刚好相反的粒子。这种粒子可以叫做反物质粒子。如果他的理论是对的，反电子就肯定存在，而且会有这样的性质：如果一个反电子遇到一个电子，两者就会同时消失，只留下一道辐射。跟泡利一样，狄拉克现在也在预测一种新粒子，而且比中微子还要古怪。

泡利预测中微子存在，狄拉克说反电子存在，海森堡则坚持认为这些都还不够。物理学界震惊之余，也在想接下来还会出现什么。

随着这三位天才再次出发航向未知之地，他们也都通过行动向物理学界证明，过去五年物理学取得了多么大的进展。无论他们对这门学科的未来有多担心，量子力学都有坚实的基础，现在是时候让所有人都了解这一点了。海森堡、狄拉克和泡利坐下来，分头把自己版本的理论整理成书。这会成为所有人再次启航的港口。

三部著作展现了三种不同的风格，也展现了看待同一问题的三种不同方式，每一种方式都可以说是作者生动的自画像，同时也是对物理发展现状的评论。考虑到海森堡思想和行动的节奏都很快，我们可能会预计他的书会最先出来，结果也的确如此。他的这部著作以 1929 年春天在芝加哥大学开展的讲座为基础，十分简明扼要，开篇就宣称撰著本书的目的是阐明量子理论的哥本哈根精神。

泡利的著作问世于 1933 年，是三本当中最后一本出来的，也是说得最透彻的一本。他早年就曾因为那篇既全面又权威的相对论综述而引起了物理学界注意，爱因斯坦也对他的文章赞不绝口，那时泡利就展现了自己吸收大量材料、提取令人信服的观点并全景式展现整个主题的能力。泡利是量子力学的权威，也可能是唯一一位知识面足够广的物理学家，无论是最神秘的数学新进展还是最详尽的实验细节对他而言全都不在话下。他对量子力学所有观点的细节都了如指掌，无论是跟狄拉克还是跟迈特纳，跟理论物理学家还是跟实验物理学家，都能同样轻松自如地交谈。

1926 年泡利就曾为当时的一部百科全书《物理学手册》写过一份 300 页的量子理论概述，那部参考书中还有很多其他专家撰写的长篇文章，细节翔实。1930 年代初，他决定撰写一本他所谓的“新约”。他打算把这本新作写成早前那部作品的姊妹篇，而之前那部到时候就会成为“旧约”。1932 年底泡利写完了这本书并于次年出版，他跟自己当时的助手亨德里克·卡西米尔描述此书时说：“没有我之前给《手册》写的那篇好，但无论如何都比现在介绍量子力学的其他所有著作更好。”很多物理学家都赞同后面这句评价，但认为他的“新约”至少可以跟“旧约”并驾齐驱。

海森堡的著作是很好的量子力学入门指南，泡利的则是深入学习这门学科的最佳途径，但他们这三部著作只有一部今天仍然拥有广大读者，就是狄拉克 1930 年的经典，《量子力学原理》。学习这门学科有更好的材料和更容易的方法，但这部著作跟这个怪人的大部分作品一样，风格极为完美。有时候听众会发现他在剑桥大学讲量子力学就是在逐字读出那本书里的内容，在被问到为什么这么做时，他回答说，他深入思考过这一领域，他写下的文字代表着表述他的结论的最好方式。因此，他这部著作的完美程度，不时会在剑桥引起惊叹。

对了解量子力学的人来说，阅读这部著作仍是一种愉悦的体验。（实话实说我得补充一句，这三本书里也只有这一本我从头到尾读过。）在该书前言中，狄拉克比较了量子观点和来自牛顿的经典观点，他写道：

然而，近来日益清晰的是，大自然是按照另一套计划行事的。大自然的基本定律并不以出现在我们心理图像中的样子那般直接主宰着这个世界，它主宰着的是这个世界的基础，而如果不引入一些不相干的内容，那我们对这个世界的基础便无法形成真正的心理图像。

随后，他指出我们在了解大自然据以行事的“另一套计划”，也就是“我们无法形成真正的心理图像”的那个世界的基础时，会面临的一些问题。

这些新理论，如果暂且忽略其数学，都可以认为是用一些特殊的物理概念构建起来的，这些物理概念不能用学生以前知道的概念来加以解释，甚至根本就不可能用语言来给出非常明确的解释。就像每个人从生下来就必须开始学习掌握的基本概念（例如邻近、身份等）那样，物理学的这些新概念只能通过长期熟悉它们的性质和用途才能掌握。

文字很优美，逻辑也总是无可挑剔。对物理学家来说，这是真正的艺术品。没有任何介绍能像这样简洁明了地说清楚为什么量子力学很难学，也没有任何著作能把量子理论的优雅之处说得这么清晰。

这三部著作对玻尔的不同态度也很能说明问题。海森堡也许对不确定性原理得到的赞誉感到受之有愧，甚至都没有在参考书目中提到自己关于这个主题的论文，反而对玻尔不吝赞美之词，就差没说不确定性原理就是互补原理的副产品。泡利的处理很符合人们对他的预期，他详细讨论了分别跟不确定性原理和互补原理相关的特征，功劳也都归在该归功的人头上。狄拉克就不一样了，他专门写了一节论述“海森堡不确定性原理”，但互补原理提都没提，说到玻尔的时候也只说他对旧量子理论立下了汗马功劳。丹麦人玻尔的贡献没法纳入狄拉克的表述体系，因为对互补原理，狄拉克提出过自己的理解，用他的话来说，玻尔的版本“并没有给出任何你以前没见过的方程”。

到我们这一代物理学家开始研究这个领域的时候，玻尔对量子力学发展的贡献很大程度上已被忽视，尽管我们知道，这门学科的主流形式就叫“哥本哈根诠释”。我们认为量子力学已经这么难了，衍生出那么多技术和概念难点，因此觉得不能再把时间花在探究历史细节上。我们的概述里有早期历史的简短介绍，突出提到了普朗克、爱因斯坦和玻尔。接下来就是量子力学革命，出现了泡利的不相容原理和薛定谔方程（还有海森堡以一种难以理解的方式得出的同样结果，但其细节我们没有深究）；再然后就是海森堡的不确定性原理和狄拉克方程。

我们也听说玻尔和爱因斯坦之间关于量子力学的意义有过一场长达数十年的大论战，但就连他们都掰扯不清这个问题，我们又何德何能，可以把他们争论的问题说清楚呢？我们这一代确实也有少数人对量子力学深感担忧，他们是值得钦佩的，但不值得效仿。我们要做的是解决能得出数值答案的问题，进行预测，并解释实验结果。

在开始教授量子力学并了解其早期发展历史后，我发现玻尔是个非常关键的人物，他领导、敦促、激励、挑战并团结青年理论物理学家们，为他们创造了能激发他们最好一面的氛围，这对我们来说也是一种启示。在此过程中，我也开始明白他们为什么那么敬爱他，为什么那么多人都说，玻尔给了他们学术生涯中最重要的影响。一言以蔽之，我开始领会到，为什么他们会开玩笑说他是天主，不过也有可能这并非只是玩笑话。

第十二章　新一代成长起来

学生
我想做个真正的学者，
我对什么都想了解，
上自天上，下至人间，
也就是说：自然和学问。
梅菲斯特
这倒是个很好的方针，
可是决不能让精神涣散。

（歌德《浮士德》，第一部，1543—1548）

学徒制

1920 年代末，完成物理学业的青年男女开始找导师来带领他们进入这个领域时，也会开始互相熟识，一起工作和玩耍，建立非正式的社交网络，这些关系可能会跟他们从长辈那里得到的指导一样重要。哥廷根、柏林、慕尼黑、莱顿、哥本哈根、莱比锡、苏黎世和剑桥对他们来说就像走马灯，只要助理研究工作和奖学金允许，他们会在这些地方倏忽来去，一直到将近三十岁，是时候去找一个更长久的落脚点了，才会脱离这种状态。

年轻人在寻找能让自己得到磨砺的地方时，对正在发生的变化会非常敏感。现在索末菲已经六十高龄，尽管仍然很活跃，但毕竟赶不上当年。玻恩正从争斗中抽身而出，而埃伦费斯特越来越容易屈服于一次次抑郁。年轻人也没法去找薛定谔和爱因斯坦，他们俩都不收学生，也都还没有完全接受量子力学哥本哈根诠释大获全胜的根本信条。

到1930年代初，老一代就只剩下玻尔一个人还在穷追猛打，精通并参与理论物理学最新发展的也只有他。这进一步增强了他在众人之中的父兄形象，一同增强的还有他作为连接上个时代之纽带的影响力，以及他对未来愿景之期许的力量。哥本哈根比以往任何时候都更加木秀于林，成了理论物理学的圣地。

但并不是说这里对所有青年理论物理学家来说都是最合适的地方，罗伯特·奥本海默了解到的就不是这样。1925年从哈佛学院毕业后，他先是去了剑桥，但在那里过得并不开心，就搬到了莱顿，随后又在埃伦费斯特建议下去了哥廷根，事实证明在那里停留的那段时间他收获颇丰。回美国待了一年后，1928年秋天，他再次回到莱顿，觉得哥本哈根应该是自己的下一站，但埃伦费斯特拦住了他。埃伦费斯特觉得奥本海默更需要缜密的思考而不是跟玻尔长篇大论，因此毫不含糊地告诉他不要去哥本哈根，而是去苏黎世找泡利。随后埃伦费斯特修书一封，告诉泡利这个年轻人很有天分，但需要有人照看，也只有“上帝之鞭”能照看他。

这个安排卓有成效。奥本海默去苏黎世几个月后，泡利跟埃伦费斯特汇报说，奥本海默直接跟着他干活，干得很好。但是用泡利的话说，这个美国年轻人有“一个非常不好的习惯，就是他把我当做绝对权威，把我说的一切……都奉为绝对真理”。泡利随后描述，他尝试过打破奥本海默对他的这种坚定信念，并在信的结尾告诉埃伦费斯特：

> 然而，有一件事我希望很快就能实现，就是奥本海默，至

少在跟我的关系上，能采用我的方式！这事儿绝对有必要，如果我不应该自认为是个无赖的话。因为在我看来，客套是需要从人类关系中连根铲除的巨大异端——这个信条不可动摇。——签名：上帝之鞭

后来奥本海默确实以辛辣的讽刺而闻名，也许到不了泡利那个水平，但也显著到足以引起很多人的注意。然而他的尖刻并非总是会被当成出于友善，因为奥本海默在别人看来时常比泡利更傲慢。但奥本海默的这种态度大部分源于他后来深入参与政治和军事事务，而泡利从来没涉足过这些领域。

在苏黎世的这段时间，以及早年在哥廷根和莱顿逗留期间，奥本海默了解到有一个强大的理论物理学家团队在一起工作有多重要，大家可以互相切磋琢磨，教学相长。回到美国后，他在加州建立了两所著名的理论物理学院，一所是位于伯克利的加州大学伯克利分校，另一所是位于帕萨迪那的加州理工学院。1930 年代出现了多个传播量子力学哥本哈根诠释信条的理论物理中心，这便是其中的两个。在这一过程中，这两所学院帮助美国成为物理学研究的世界领袖。

从欧洲回到家乡的人都在传扬新的量子力学福音。有时布道是由欧洲回来的物理学家进行的，但有的时候，新物理学的进步是由原本贫瘠的土地上自行生长的天才促成的，就像伽莫夫及其朋友们在列宁格勒时就曾互为师生那样。

1930 年代新出现的最有影响力的研究中心在永恒之城罗马。海森堡、泡利和狄拉克分别在莱比锡、苏黎世和剑桥扬名立万时，他们这一代还有第四个人也成了著名的领导者和教育家。罗马的物理学家都称恩里科·费米为“教皇”，因为他金口玉言，从不出错。费米比泡利年轻一点，比海森堡年长一点，他并非出自学术世家，早年也没有从索末菲和玻恩那样的名师身上得到过教益。实际上他跟

狄拉克一样是自学成才，甚至可能比狄拉克更甚，因为他最早开始研究物理学时，意大利还是物理学的荒漠。

早年费米也获得了几笔奖学金，分别去哥廷根和莱顿暂居了一阵，莱顿对他来说尤其重要，因为埃伦费斯特给了他极大的鼓励，但二十四岁的费米还是回到了意大利。他在意大利形成了以问题而非原理为导向的风格，这种风格最早在物理学界广为人知是因为他1926年的一篇论文，在这篇论文中，他将包括泡利不相容原理在内的量子理论应用到了统计力学中。1927年，他成为意大利第一个理论物理学教授，并开始吸引国内外的追随者。他们热切盼望着从这颗新星身上学到知识，也很高兴能生活在罗马，欣赏到罗马的风景，一百五十年来，歌德曾大为赞叹的罗马风景几乎没有变化。

到1930年，慕尼黑和哥廷根已经在走下坡路，青年理论物理学家求学的最佳路径，是花时间跟狄拉克、海森堡、泡利、费米——当然还有玻尔——一起工作。他们是值得学习的大师。这种学习可能并非总是那么直接，比如说年轻人都知道狄拉克不大爱说话，也不大信得过跟别人合作，但他身边的每一个人的声望都能够保证，这里的氛围会给人带来很大的激励。

这些新集结地的特性跟老的那一批很不一样，部分算是反映了时代的变化，也有部分原因是，掌管这些新集结地的人，除了玻尔都比他们的学生大不了几岁，而且除了费米也全都单身。当然泡利经历过一段短暂而灾难性的婚姻，但现在都结束了。哥本哈根的影响所及，从这些新集结地不拘礼节的氛围就可见一斑。教授和学生之间更有可能有相近的观念，对未来有同样的忧虑，社交也会以基本上平等的身份进行。星期天晚上，青年物理学家多半会跟他们的导师一起喝啤酒，而不是在中产家宅里正襟危坐，由教授太太奉上香茗。无法想象玻恩或索末菲的助手会跟他们当中随便某位一起打乒乓球，但海森堡就会这么做；也无法想象谁的助手会担当泡利在苏黎世的第一位助手扮演过的角色，后来这位助手回忆道："我的事先并没有说好的任务之一，是看着泡利不要在阅兵广场的施普伦黎糕点铺吃太多冰淇淋，下午我们经常会去那儿。”

后来成了鲁道夫爵士的鲁道夫·派尔斯是这四位物理学青年才俊的一位悟性颇高的得意门生。1907 年他出生于柏林，1925 年进入柏林大学就读，但很快就认定离开柏林去慕尼黑对他来说更好。1928 年索末菲离开慕尼黑去美国待了一年，派尔斯便转到莱比锡跟海森堡一起工作。后来他又从莱比锡转到苏黎世给泡利当助手，再之后得到了一份为期一年的洛克菲勒基金会奖学金，他把这一年分给罗马和剑桥两处，分别师从费米和狄拉克。在一部回忆录中，派尔斯讲述了对他们四人的大致印象。

他对泡利和狄拉克的看法跟我们看到的观察结果类似，表明了他们俩为啥很难效仿。泡利“会打破砂锅问到底，决不容忍任何敷衍了事的回答和半生不熟的论点”。派尔斯说，狄拉克讲话的方式跟任何人都不一样：“你往往会意识到他是径直追在问题后面，而其他人出于习惯，会拐弯抹角。”

派尔斯观察到，海森堡似乎比泡利和狄拉克更传统，却同样是个很有挑战性的榜样。在描述海森堡的方法时，派尔斯写道：

> 他在面对一个问题的时候，几乎总是凭直觉就能知道答案会是什么，然后就会去找一个很可能可以得出这个答案的数学方法。对于像海森堡那样直觉强大的人来说这个方法非常管用，但对其他人来说，要想如法炮制就很危险了。

按照派尔斯的说法，费米的风格模仿起来也不会更容易：

> 他的方法总是很简单，他不喜欢复杂的技巧。问题如果复杂起来，他就会失去兴趣。但必须得说，在费米手里，那些对别人来说复杂得令人望而生畏的问题，往往会变得非常简单。

派尔斯带来的是什么信息呢？尽管这么说有过于简化之嫌，但他告诉我们的秘诀是：（1）永远不要粗制滥造、草率行事（泡利）；（2）逻辑内洽（狄拉克）；（3）尝试猜测正确答案（海森堡）；以及（4）保持简单（费米）。

能将这些成分都正确搭配起来的物理学家并不多见，但派尔斯庶几近之。他的研究生涯非常辉煌，大部分时间都在英国，先是在伯明翰，后来又去了牛津。不仅如此，他还是非常出色的教育者和导师，1987年春天的一个夜晚，这一点在我面前显露无遗。当时我非常幸运，在牛津大学待了一个学期。（那时物理学家在学徒生涯结束后的漫游时代减少了，但还没有完全消失。）那一天，我见证了一个感人至深的仪式。大家都尊称派尔斯为教授，为庆祝教授八十大寿，他以前的学生带着他们的徒子徒孙聚集起来，准备搞一个庆祝活动。整个派尔斯物理学大家庭齐聚一堂，成就了这场光荣的盛会。这是对他这个人的庆祝，对他毕生成就的庆祝，也凸显了物理学共同体交流在这个有时孤独但并非总是如此的职业中的重要性。

那天济济一堂的很多物理学家都因为这场盛会而回想起，科学进步的弧线可以一直追溯到量子理论的诞生乃至更早之前，而他们自己也是这条伟大弧线的一部分。夜色将尽，我们一个接着一个走上牛津黑暗的街道，感到物理学共同体正拥抱着我们。

在古老的牛津大学举办的这次活动让我想起，1930年代以来，学徒制并没有发生太大的变化。我自己的职业生涯是在1932年哥本哈根会议三十年后开始的，我在罗马待了一年，在美国马萨诸塞州的剑桥市[①]待了一年，在瑞士日内瓦的欧洲核子研究中心待了两年，又在加州大学伯克利分校待了两年。之后便是我安定下来的时候了，

---

① 马塞诸萨州的剑桥市（Cambridge）有多所知名学府，其中最著名的就是MIT（麻省理工学院）与哈佛大学。——编者

但那些年认识的人到现在仍然是我的朋友，他们组成了我的物理学共同体。而对我的学生，我只能祝他们和我一样幸运。

1932年的哥本哈根

来一场理论物理界大巡礼的可不止派尔斯一人。多年以后，已经摘得诺贝尔奖桂冠的费利克斯·布洛赫回忆起自己来到布莱丹斯维研究所的情景，那是1931年的秋天。他很快在研究所屋顶下的两个小房间里安顿下来，这才意识到最早住进这两间房的是海森堡，也是在这里玻尔和这个德国年轻人就量子力学的含义一直争论到深夜。那些讨论就在四年前，但物理学界这几年发生的事情实在太多，看起来简直已经成了另一番天地。那时候海森堡和泡利还是踌躇满志的年轻人，现在则成了声名远播的教授。布洛赫来到哥本哈根时已经是海森堡在莱比锡的博士生，还去苏黎世给泡利做过一段时间的助手，时光荏苒，逝者如斯。这时的布洛赫二十六岁，海森堡跟玻尔进行那些著名讨论时也正是这个年纪。

刚刚跟两位青年大师共事过的布洛赫满腔热血，他还记得，来到哥本哈根后没几天就见到了玻尔。那天他正在从房间通往研究所图书室的旋转楼梯上往下走，就听到那位伟人冲他打招呼：

> “你也跟他们是一伙的吗？”非常明显，他指的是乔治·伽莫夫、马克斯·德尔布吕克那些人，他们刚刚让这个领域耳目一新，而他们的恶作剧也迅速传遍了整个欧洲。尽管如此，为了足够确定我还是问他，他是不是指那些对什么事都不以为然、无论对谁都吊儿郎当的家伙？玻尔笑了，随后用最庄严的语调说道：“哦，不过我们也没把他们的吊儿郎当当回事。”

布洛赫的敬畏之情很快被玻尔明显的热情和幽默消解了。没过几天，他就在充满哥本哈根精神的工作和娱乐中如鱼得水。

描述布洛赫的娱乐方式比描述他的工作方式更容易，毕竟理论物理学家是干啥的呢？答案不一而足，就好像要问作家、画家是干什么的，答案也不会只有一种。做研究是非常个人的事务，而且在很大程度上反映了个人的性格。实验物理学家还得靠设备来干活，但理论物理没有什么正儿八经的设备。物理学家开玩笑说，他们只需要纸和笔，甚至有时候连纸笔都用不着。理论物理学很多最好的想法都是在徒步旅行、躺在沙滩上或听音乐会的时候产生的，还有的是在黑尔戈兰岛寸草不生的海滩上散步，或是跟情人躲在阿罗萨度假的时候。理论物理学不需要为客户提供服务，也没有固定的时间表。尽管我们期待这个领域会有产出，但似乎没有什么办法可以衡量其生产率。有些从业者——我想到的是狄拉克——总是喜欢自个儿安安静静地工作，还有一些人，比如玻尔，就会觉得必须要有别人在场，为他们的思考提供一个背景。

典型的理论物理学家的一天，可能会从阅读别人最近发表的文章开始，这样才好跟上最新进展。这项工作通常会和跟同事、学生以及来访者的会面融汇在一起。教学、讲话和倾听通常占去例行工作的很大一部分，而且会发生在很多场合：报告厅、非正式讨论、偶遇和学术研讨会。因此，几乎所有理论物理学家的办公室都会有一样东西：一块白板。办公室本身也许整洁也许凌乱，也许有书也许没书，但那块白板总是会有的，通常用各种笔迹写满了奇怪的方程式，有如鬼画符。

这些交流过程中形成的关系会非常紧密，有时能带来极大的帮助，有时则绷得紧紧的，往往还会快速震荡。比如在玻尔和海森堡的关系中，我们可能会发现海森堡“因为实在受不了玻尔的压力而大哭起来”，但之后没过多久，玻尔回忆说：“我跟别人能更真诚地和谐相处的时候非常少。”

有时理论物理学家的任务非常明确。如果有位实验物理学家跑进你的办公室，要你算算他或她刚做的一个实验要是用理论来预测的话结果会是什么，他秘而不宣（也可能昭然若揭）的愿望是你得到的结果跟实验结果不同，这样就会引起其他理论物理学家的注意，因为这可能意味着有什么新的东西就要出现。

生活当中总有一部分是无法避免的。就像画家到最后总免不了要拿起画笔在画布上涂抹，理论物理学家也总免不了拿起笔来计算。必需的数学工具必须时刻磨练或认真学习，然后将其应用于所讨论的问题，而磨炼和学习的任务并不简单。计算的长度和难度千变万化，如果是跟合作者一起完成，任务可能会彼此分派并分头完成，不过任何小心从事的理论物理学家都会确保所有的计算结果都认真检查过。让每一位合作者都独立进行一遍相同的计算并不是什么糟糕的主意。

从刚开始有了想法到最后写成论文，期间可能历时数小时，也可能是数年，这也反映了理论物理学家的任务有多么千变万化，尽管我得承认，我想不起来有多少工作是在数小时里完成的例子。即使在作者看来显然是正确的想法，往往也需要沉思几天才会最终成形。随后论文会提交给一家期刊，进行评审，评审人通常是匿名的。如果论文被质疑并退回，作者可能会认可评审人的意见，也可能会满腔怒火地重新提交一遍，同时大骂评审人是个傻瓜。

理论物理学家的好些日子就是这么度过的，不过我也不能不提参加会议的日子，这时理论物理学家会与朋友和同行碰头，相互了解对方都在做什么，计划做什么，以及他们可能只是梦想着要做什么。大部分理论物理学家都会说，他们追寻的是一种激情、内心的召唤和研究的乐趣，而不是工作。也有可能是沮丧和失望，但很少会有物理学家想转行。

相比之下，理论物理学家休闲娱乐的方式更容易描述，因为跟其他人的休闲娱乐没有那么大的差别。但是跟别的高度紧张的行当一样，物理学家的幽默也可能跟傻气只有一线之隔。亨德里克·卡西米尔，就是埃伦费斯特带去参加第一次哥本哈根会议的那个学生，就把物理学家偶尔幼稚的行为解读为对压力的反应，亦是精神紧张的需求："然而注意力不可能在很长一段时间内一直保持集中，所以他们会在这种孩子气的恶作剧中寻求慰藉，恶作剧能让他们放松，同时又不会影响实际工作。"

卡西米尔还记得在哥本哈根的时候经常跟伽莫夫和朗道一起去看电影，通常是去看动作惊悚片并大笑不止。有时候玻尔也会跟他们一起去，还会试着分析他看到的内容。1935 年庆祝玻尔五十华诞时，卡西米尔在演讲中用打油诗的形式表达了他对看电影这件事的印象：

> 西部片里总有枪林弹雨，
> 但第一个命中目标的总是主角无疑。
> 电影结尾尼尔斯·玻尔深受感动，
> 并着手分析电影情节内容。
> ……
> 反角必须做出重大决定，
> 这干扰了他的速度，也让他不再精准。
> 但自卫者就不会因此分心，
> 没有一丝怀疑能阻碍他做出反应。
> ……
> 故事有真意，我们早就知道，
> 谁要说玻尔傻，那才是大傻帽。

上面诗行中和哥本哈根的滑稽短剧中的幽默可能很幼稚，但通过这扇窗户，我们得以窥见青年物理学家的感受和想法，也提醒我们，科学，即便是最抽象的形式，也是由跟我们所有人有着同样喜怒哀乐的人做出来的。

哥本哈根的短剧表演还有另一方面的意义，标志着一种从那时开始一直延续至今的玩世不恭，不说别的，至少在起名上总有一种率性而为的味道。比如说，过去二十年，研究基本粒子的物理学家都说，我们这个宇宙的可见部分主要由可分为六种“味”的夸克通过带“色”的胶子三个一组结合起来而组成，而不可见同时也是质量大得多的部分由暗物质和大质量弱作用粒子（WIMP）组成。他们希望，身价数十亿美元起步的下一代粒子加速器能发现带味的超夸克和带“色”的胶微子，也就是夸克和胶子的超对称伙伴粒子。

这种语言类型的起源，可以一直追溯到 1930 年代初哥本哈根的孩子气。在如此幽默的命名中，有人看到的是太不严肃。而我看到的是建议我们要敢于解决大问题，敢于不在障碍面前退缩，还要敢于保持孩童般的好奇心。要不然，我们怎么才能鼓足勇气，去解决像宇宙起源和物质的最终组成这么深刻的问题呢？这就是哥本哈根笑声背后隐藏的秘密。

1932 年之后那些年的哥本哈根会议上仍然有新的戏仿作品，物理学家一次次因为玻尔和泡利的模仿者的滑稽动作哄堂大笑。1937 年，玻尔花了六个月环球旅行，哥本哈根会议也只能从 4 月推迟到 9 月举行。那年的滑稽短剧，就是前面我提到我叔叔参演的那出，改编自《八十天环游地球》。这次玻尔不再是天主，而成了儒勒·凡尔纳（Jules Verne）笔下的经典英雄人物菲利斯·福格（Phileas Fogg），但他在这出短剧里的姓氏是“雾”（Foggy），倒是跟他柔若无物、几乎听不到的声音很合拍。这位环球旅行者在旅途中碰到了一些奇怪的动物：一只犀牛，说起话来就像皮糙肉厚的泡利，还有一头瞪羚，跟从来都十分迅疾的海森堡极为神似。那场演出也极为成功，但人们普遍认为，1932 年改编的《浮士德》才是布莱丹斯维上演过的最好短剧。

《布莱丹斯维的浮士德》

跟往年一样，1932 年的哥本哈根会议也没有事先拟定的议程。在计划中会议开幕的前一天，玻尔只是把几个最亲近的朋友叫到一块儿，可能只有埃伦费斯特、海森堡和克喇末几个人。他们写了一份很短的列表，把他们想要讨论的话题列出来，但这次会议的主旨是范围不限的自由讨论，让大家有时间、有机会探索任何看起来值得讨论的话题。就是一群同行在一起钻研物理学而已。

随时都有十来位理论物理学家驻扎在哥本哈根的研究所，对于必定会上演的滑稽短剧来说，他们就是参与者和演员的核心团体。除他们以外，老哥本哈根人会受邀回来，此外还有一些人也会受到邀请，只要他们能带来一些大家感兴趣的话题。在为 1932 年的会议做准备时，玻尔知道泡利没办法到场，而伽莫夫和朗道困在苏联，他也觉得挺难过的。但他知道，有海森堡、狄拉克、埃伦费斯特和他在前排就座，大部分理论物理学家都会因为要向这样的听众阵容发表演讲而激动不已。看到迈特纳在那里也会让他们很放心，因为这样他们就能知道最近发表的实验结果有多可靠，以及从正在进行的实验中他们可以期待能了解到什么。

玻尔再次提醒朋友们，他们完全可以带上一位聪明的青年学子一同前来。1929 年春天举办第一次会议时，是埃伦费斯特坐着长途火车从莱顿把亨德里克·卡西米尔带到了这里。现在海森堡已经是导师了，他把二十岁的卡尔·弗里德里希·冯·魏茨泽克带来了哥本哈根，他跟海森堡已经成为最亲密的朋友。魏茨泽克的父亲是外交官，弟弟在二战后当过德国总统。卡尔是青年贵族，既喜欢哲学，又对人类事务很有经验，是海森堡在政治世界的引路人。到 1934 年海森堡仍然两耳不闻窗外事，对物理学之外愈演愈烈的政治运动毫无知觉，在这年给母亲的一封信中他就曾这样写道："我的朋友卡尔·弗里德里希以自己的方式与我们周围的世界郑重其事地斗争，只有通过他，我才得以窥见这个对我来说原本极为陌生的领域。”

1932年3月，魏茨泽克和三十岁的海森堡一起去阿尔卑斯山滑雪。他们谈起即将到来的哥本哈根之行，也许海森堡觉得自己已经老了，感时伤事地回忆起1922年他如何跟索末菲一起滑雪，同一年晚些时候索末菲又如何带着他去哥廷根，亲耳听到了玻尔的声音。那时候他才二十岁，也就是魏茨泽克现在的年纪。那时，他的职业生涯才刚刚起步，而现在轮到他来带领这个年轻人了。

这是魏茨泽克第一次参加哥本哈根会议。从1932年开始，他每年都会参会，直到第二次世界大战爆发会议停办，但第一次参会格外让他兴奋。他看到物理学就在眼前活生生地被创造出来，而不是记录在课本中。刚刚年满二十岁，就能当面听到狄拉克高谈阔论反电子应该有什么性质没有什么性质，听到玻尔和埃伦费斯特就量子力学诠释中的精微之处争论不休，我们只能想象，这样的情景会让人多么激动。看到只比自己年长几岁的物理学家全身心投入解释亚微观世界的奋斗中，同样令人振奋。

魏茨泽克思考着，有那么多新的谜题，那么多宏图，以及那么多能为他仍在学习的伟大事业做贡献的机会。能量是守恒的吗，还是在核衰变中并不守恒？大家会怎么解释氮原子核的奇特性质？既然我们知道静电斥力会让原子核里的组成成分四分五裂，又是什么奇异的作用力让原子核聚拢起来的呢？他们的发现对这个世界来说意味着什么？魏茨泽克尽管年轻却并不天真，他忍不住会想，他们的力量究竟会带来好的结果，还是什么意想不到的不良后果？他们怎么知道未来会发生什么？

但就当下而言，魏茨泽克仍在忙着掌握量子物理的基本定律。尽管还不能为讨论贡献点儿什么，但他文字功夫很厉害，也对歌德的《浮士德》非常熟悉，因此应该至少可以帮忙完成那出滑稽短剧。剧本需要修改好印制多份，分成多个部分由参与的人分头学习。

道具会保持最低限度，基本上就是看看报告厅里有哪些东西是现成的：长凳、讲台和几把椅子。但这一年既是玻尔研究所成立十周年，也是歌德逝世一百周年。这出短剧要配得上这个场合才行。

插图　三名天体物理学家扮演的天使长

随着会议接近尾声，与会者在研究所一楼的报告厅聚集，观看表演。歌德版《浮士德》里有一出《天上序曲》，拉斐尔、米迦勒和加百列三位天使长在序曲中赞美天主创造了天堂。这时梅菲斯特出现，对一本正经的天主大加嘲讽：

> 我慷慨激昂，定会惹你发笑，
> 如果你没改掉笑人的习惯。
>
> （《浮士德》，天上序曲，35—36）

在那出短剧中，天使长成了三位天体物理学家，一起坐在报告厅前的讲台后面。他们阐述了他们是怎么在物理学引导下了解恒星和宇宙的，最后结束时一起唱了一首献给玻尔/天主的赞歌，还偷偷提了一嘴，说大家都知道解读玻尔的著作困难得很：

这个景象让我们心里充满喜悦
(虽然我们谁都无法理解)
一直到发表的那天
这份杰作都还是伟大而奇特。

观众注意到，演讲过程中有块棉布盖着一个巨大的披着衣服的身影，坐在桌子旁的凳子上。现在棉布被掀开，露出费利克斯·布洛赫，装扮成玻尔的样子，十分酷肖。

也许扮演玻尔的荣誉本该属于莱昂·罗森菲尔德，他是比利时人，1931 年来到哥本哈根接替正要离开的奥斯卡·克莱因给玻尔当助手。罗森菲尔德在整个 1930 年代一直是玻尔最亲密的合作伙伴，但他身材矮小、秃顶，还有点微胖，而布洛赫跟玻尔一样，体格健壮，像个运动员。罗森菲尔德看起来更像泡利，而观众们看到的泡利也正是他扮演的。他戴着角和尾巴，蹦蹦跳跳地跑进报告厅，跳到桌子上蹲下来，先是对天主，继而又对观众说道：

既然你，**我主啊**，你自己现在也已经认为
来看看我们都如何行事挺合适，
而且似乎你有一点偏爱我，
那——现在你看到了，我就在奴隶们中间。

作为“奴隶”的观众们哄堂大笑，玻尔也大笑起来。跟歌德作品中天主遭到梅菲斯特斥责不一样，大笑绝对不是玻尔发誓要弃绝的习惯。

随后，布洛赫和罗森菲尔德，也就是天主和梅菲斯特，开始密谋他们关于谁拥有浮士德灵魂的赌注：

天主

你认识这个**埃伦费斯特**？

梅菲斯特

那个批评家？

说曹操曹操到，埃伦费斯特/浮士德出现了，开始哀叹自己尽管努力了那么久，还是对物理学所知甚少。除此之外，他还遭受着诸般痛苦：

困扰着我的，是世间**所有**疑虑、**所有**顾忌；
我害怕的那个魔鬼就是泡利。

在歌德的杰作中，浮士德喝了灵药而变得俊美，很快就遇到了年轻的格蕾辛，坠入爱河，并引诱了她。他们俩私通之后有一个场景，是格蕾辛独自坐在房间里的纺车旁，讲述着她对浮士德的爱，以及浮士德抛弃了她，她有多害怕；她感到悲伤，简直都要疯了。

插图　中微子/格蕾辛在唱歌

在这出戏仿作品最引人关注的这一幕中，格蕾辛成了中微子。伴随着弗朗茨·舒伯特的《纺车上的格蕾辛》的曲调，一个青年女子改换了歌德的词句唱道：

我的质量是零蛋，
我的电荷也一样。
你是我的大英雄，
中微子就是我名号。

我是你的命运，
也是你的钥匙，
大门闭得紧紧
因为没有我在此。

β射线蜂拥而来
要跟我配对成双。
如果没有**我在**，
核自旋就错得精光。

让格蕾辛扮演中微子有点儿张冠李戴，因为中微子是泡利的挚爱，也是泡利创造的，然而格蕾辛是浮士德的挚爱，不是梅菲斯特的。好在，说泡利是梅菲斯特那是对得不能再对了，不可能有任何反驳意见：大家都知道泡利是"上帝之鞭"。顺便提及，格蕾辛的戏份是德尔布吕克的一位朋友扮演的，一个年轻的丹麦女孩子，叫埃伦·特韦德（Ellen Tvede）。几个月后，德尔布吕克把埃伦介绍给维克托·韦斯科普夫，他是德尔布吕克以前在哥廷根的老朋友，刚刚凭借洛克菲勒奖学金来到玻尔研究所。1934 年，埃伦和维克托喜结连理。

德尔布吕克的困境

德尔布吕克想好滑稽短剧的第一幕要以中微子为核心后，这一幕就很好写了，但他仍要面对两个问题。第一个问题就是拿爱因斯坦怎么办。爱因斯坦从来没去过哥本哈根，而且尽管他跟玻尔情谊深厚，但对于哥本哈根的青年科学家们正在研究的问题，比如核物理学，他的兴趣并不大。不过这并不意味着可以不用考虑或者无视爱因斯坦。他肯定是20世纪最伟大的物理学家，如果要说他是有史以来最伟大的物理学家，可能最多也就牛顿能挑战一下。尽管德尔布吕克和小伙伴们对爱因斯坦的研究方向存疑，但《哥本哈根的浮士德》必须把他也写进来。爱因斯坦一心想推导出万有引力和电磁力的统一场论，德尔布吕克这一代物理学家对此却兴趣寥寥，要怎样才能在剧中把他们的这种态度反映出来呢？他冥思苦想，终于想到了一个办法。

歌德《浮士德》的第一部中，浮士德和梅菲斯特走进莱比锡奥艾尔巴赫地下酒室，这家古老的地下酒室藏有啤酒和葡萄酒，至今仍在营业。在那里，他们碰到了一群喝酒的人。为博聚饮狂欢者一粲，梅菲斯特唱了一首歌，说的是有位国王养了一只巨大的跳蚤（其中四行我用作本书第九章的题词）。跳蚤还有无数兄弟姐妹，国王下令任何人都不准碰它们。对于宫廷里糟糕的处境，歌词里是这样描述的：

> 朝廷公卿和贵妇，
> 无不深深受侵扰，
> 甚至王后和宫女，
> 又被叮来又被咬，
> 他们不敢掐死它，

浑身发痒不去搔，
我们可要掐死它，
如有一只来叮咬。

（《浮士德》，第一部，1880—1887）

插图　爱因斯坦/国王牵着他的宠物跳蚤

聚饮者欢呼起来，一边痛饮，一边向梅菲斯特敬酒。

在德尔布吕克的版本里，爱因斯坦是国王，这是一种带有讽刺意味的尊重，因为他的新理论被比作那些跳蚤，搅得国王的宫廷鸡犬不宁。考虑到 1932 年春天爱因斯坦在美国，德尔布吕克把奥艾尔巴赫地下酒室改成了美国的地下酒吧。梅菲斯特走进去，自我介绍说：

没人笑笑吗？没人喝点什么吗？
眨眼之间，**我就能**教会你物理呀……
丢不丢人呀，坐在那发呆，
要知道本来，你们都该十分光彩！

他们便坐了下来，听梅菲斯特唱道：

半裸的跳蚤一拥而入，
出自柏林的欣悦和骄傲，
那个不受爱戴的人为其命名：
“统一——场论！”

于是跳蚤变成了爱因斯坦关于电磁力和万有引力的统一场论，对于不受爱戴的国王的臣民来说，不过是一大麻烦。就算爱因斯坦曾经是柏林的欣悦和骄傲，此时也已荣光不再，这个事实真叫人悲伤。到了第二年，他甚至在整个德国都不再受欢迎[①]。

德尔布吕克必须面对的第二个问题，是把两个月前发生的一件极为重要的事情融入这出戏仿之作中：在卡文迪许实验室工作的詹姆斯·查德威克发现了中子，也就是质子在原子核里的电中性对应物，这一实验发现必将改变他们对原子核的所有看法。德尔布吕克不希望中子成为这出短剧的中心话题，但略而不谈肯定也不可取。毕竟整整一个星期他们都在谈论此事，这起撼动他们世界的新发现，必须囊括到短剧中。但是，怎么才能中子及其发现者植入浮士德的故事中呢？

插图　查德威克/瓦格纳——理想的实验人员，指尖上平衡着一个黑球

① 这里说的应该是德国在纳粹统治下开始极端排斥甚至迫害犹太人。——编者

德尔布吕克也找到了一个办法。在歌德的戏剧中，浮士德有个助手叫瓦格纳，我们第一次见到他，是在他打断了浮士德一开始遐想的时候。瓦格纳也在哀叹自己毫无建树，看起来一点儿也不比浮士德高兴。但到了第二部，他回到舞台，为完成一个奇迹般的实验而兴高采烈，就是在烧瓶里人工制成了一个小人。

在戏仿作品中，瓦格纳变成了查德威克/瓦格纳，身上的标签是理想的实验人员。他走上舞台，迅速宣布了自己的发现：

中子已经现身，
身上带着质量。
然而电荷永远都是零，
泡利，你认不认账？

对此，泡利/梅菲斯特只能答道：

实验所发现的——
尽管理论还没去论证——
总是会比听起来靠谱，
你可以放心大胆地相信。
祝你好运，你这沉甸甸的代用品——
我们满怀喜悦，欢迎你大驾光临！
然而激情总在搅动我们的思绪，
而格蕾辛，是我的珍品！

这几句台词完美总结了泡利的态度——他认为理论物理学家应该以实验结果为依归，他接受了中子，而对他自己的创造物中微子/格蕾辛，喜爱之情始终溢于言表。

中微子确实一直是泡利的珍品。1956 年，得知有确凿证据证明观测到中微子后，他给发现者发了封电报：“谢谢你的消息。有志者，事竟成。”

1956年以来，已经有三项诺贝尔物理学奖颁给了以中微子为中心的实验：第一项是首次在实验中观测到中微子，第二项是确定存在另一种类型的中微子，第三项是观测到太阳中心发射的中微子。但就我所知，中微子从来没有任何无论好坏的实际应用。中微子与物质的相互作用实在太微弱、也太难以探测了，因此除了增进我们对自然界基本定律的理解，还没有人发现中微子有任何用处。

但是，“身上带着质量”的中子就是另一个故事了。中子的发现重申了实验的重要性，标志着物理学的研究焦点从原子中的电子到原子核的重要转变，而中子研究带来的各项应用改变我们这个世界的方式，是1932年的科学家们无法想象的。他们在追寻知识中发现的真理，隐含的力量亦善亦恶。

物理学家本着科学探索的精神，发现了一些新的、令人兴奋的事情，这些发现揭开了他们很久以来一直想揭开的神秘面纱。他们的追寻值得赞扬。然而，细节决定成败。最终他们的发现会带来可以取代煤和石油的能源，但同样也是这些发现，很快就催生了毁灭性的武器。不知不觉间，科学家们走上了一条通往浮士德式交易的道路。用不了多久他们就会知道，他们的重大发现会带来多么沉痛的代价。

第十三章　奇迹之年

瓦格纳（在炉边）
钟声响了，多么凄然，
震动我这污黑的石墙。
热诚的希望能否实现，
再也不会拖得很长。
黑暗中露出光明一线；
在这长颈烧瓶里面，
好像烧着有生命的火炭，
又像辉煌的红玉一样。

（歌德《浮士德》，第一部，1543—1548）

发现中子

作为卡文迪许实验室的二把手，詹姆斯·查德威克的职责之一，是每天上午向卢瑟福汇报过去二十四小时发生的会让人感兴趣的进展，无论是发生在卡文迪许实验室还是别的什么地方。1932 年 2 月剑桥一个寒冷的早晨，有件事他很想跟卢瑟福讨论一番。

那天早上他读到一篇论文，作者是伊雷娜·居里（Irène Curie）和她丈夫弗雷德里克·约里奥（Frédéric Joliot），他们俩都是颇有建树的实验家，在巴黎实验室工作，实验室的头儿是伊雷娜的母亲居里夫人。文章标题为《极具穿透力的γ射线令含氢材料发射出高速质子》，是两周前提交给法国科学院院刊的，并马上发表了。查德威克觉得实验可能做对了，但对结论持怀疑态度。

瓦尔特·博特（Walter Bothe）是柏林一位著名的实验物理学家，1920年代末，他发现铍原子核在用α粒子轰击后，会发射出一种穿透力极强的辐射，他认为是γ射线，也就是光子束。居里和约里奥夫妇在得知博特的实验结果后，借助居里实验室强大的α粒子源，像博特那样去轰击铍原子核，随后把富含氢元素的石蜡暴露在铍原子核发出的辐射下。他们发现，按说应该是光子束的这种辐射把氢原子核（质子）以极高的速度从石蜡里打了出来，比他们预计的速度高了整整300万倍。他们的论文说的就是这个。

查德威克认为，γ射线（光子）极不可能达到居里和约里奥夫妇观测到的效果。关于γ射线驱使电子运动起来的实验已经做过很多了，但要说能让质量差不多是电子2000倍的质子以那么高的速度运动起来，似乎怎么都不大靠谱。打个比方，使劲儿把三轮车推动是一回事，但用同样的推力去推一辆卡车就是另一回事了。

但是，如果刚开始的α射线是把铍原子核里某种很有分量的东西给撞了出来，那么这个质量很大的东西再把标靶中的质子撞出来就很容易了。而刚好，卢瑟福和查德威克脑子里想着这件很有分量的东西已经很长时间了。

从1920年起卢瑟福就一直在强调，原子核里必定还有电子和质子以外的粒子。要不然怎么解释大质量原子核是怎么结合起来的？他认为这种另外的粒子——他称之为中子——是电中性的，质量与质子大致相当，可能就是质子跟轻得多的电子紧密结合在一起。跟他合作很久的查德威克想起他们曾经常讨论这个问题，也因为找不到这种大质量粒子存在的任何证据而沮丧万分，于是他们认为，之所以这么难发现，是因为这种粒子是电中性的。好几年过去了仍然没有发现，难觅其踪的中子也一直让这两位科学家很有挫折感。

现在查德威克问自己，如果博特、居里和约里奥全都错了呢？如果铍原子核发出的射线其实是中子呢？这个实验很有可能会改变所有人对原子核的看法。

跟往常一样，上午 11 点查德威克去见卢瑟福。对于卢瑟福听到巴黎传来的消息后的反应，他记得很清楚："我一边告诉他居里和约里奥夫妇的观测结果和他们的看法，一边看着他越来越惊诧。到最后他脱口而出：'我不相信。'这么不耐烦的话完全不符合他的性格，跟他合作了这么多年，我想不起他还有过类似的时候。"在卢瑟福的鼓励下，查德威克开动了。

经常有人说查德威克长得像只鸟，圆圆的玳瑁框眼镜戴在细细的鼻梁上，脸很长，样子很严肃。卡文迪许实验室的驱动力仍然是卢瑟福，但负责实验室日常工作的是四十一岁的查德威克。在内心深处，他仍是一个充满激情的实验物理学家，驱使他就算在一战期间的德国拘留营中挨着饿都还要做物理实验的精神，到现在仍然十分鲜活。

对巴黎传来的消息，查德威克的反应是准备证明或否定巴黎的结论。他很快确认了居里和约里奥夫妇的实验结果，随后便开始用铍原子核发出的辐射系统化地轰击大量其他材料。他和卢瑟福的直觉是对的，结论也是必然的：查德威克发现了中子。

2 月 17 日，他在桌子前坐下来，写下自己的发现。他几乎连轴转地干了十天，平均每晚最多睡三个小时。但现在他完成了。他写给《自然》杂志的报告题为《论中子存在的可能性》，得出了这样的结论：

> 如果我们假设这种辐射不是 γ 辐射，而是由质量跟质子极为接近的粒子组成，那么跟碰撞有关的所有困难，包括碰撞过程中向不同质量的粒子转移的能量与频率的问题，就都会消失。要解释这种辐射强大的穿透能力，我们还需要进一步假设，这

种粒子不带电……我们可以假定，这就是卢瑟福在1920年获得皇家学会贝克尔奖的获奖演说中谈到的“中子”。

十多年过去，查德威克终于捕获了自己的猎物，捕猎结束。

那天晚上，查德威克的好友彼得·卡皮查带他去吃晚饭。卡皮查非常好交际，也是非常杰出的物理学家，他在剑桥组织了晚饭后即兴发挥的物理学讨论，总是充满乐趣，后来人们称之为“卡皮查俱乐部”会议。在查德威克做完实验的这天晚上，恰好也轮到查德威克主讲。小说家兼科学家查尔斯·珀西·斯诺当时也在场，他还记得查德威克简要介绍了自己的伟大发现，随后带着疲倦的神情说：“现在我只想被放倒，一觉睡上两个星期。”

查德威克一直在连轴转，因为他知道巴黎团队随时都可能认识到自己的错误，比他先得到结果。卡文迪许实验室轻松获胜，查德威克也很快赢取了诺贝尔物理学奖。似乎是卢瑟福坚持不要让居里和约里奥夫妇共同获奖，他说：“中子的奖给查德威克一个人就好了，约里奥两口子太聪明了，很快就会因为别的事情拿到诺奖的。”结果表明，这个预测也非常正确。1935年，查德威克因发现中子独享诺贝尔物理学奖，而约里奥夫妇也在这一年去了斯德哥尔摩，领取他们凭借1934年探测到人工诱导放射性而获得的诺贝尔化学奖。

查德威克引领着那个紧锣密鼓研究核物理的时代，他的成就几乎跟卢瑟福于1913年最早提出原子中有原子核同样重要，但这一次对物理学家们产生的影响极为不同。1913年的结果完全出乎意料，有如平地一声雷，让整个物理学界乃至卢瑟福本人都一时手足无措，不知道该怎么进行下去。发现中子的消息就很不一样了，尽管并非所有人都有预感，但这一结果落在肥沃的土地上，几乎马上解开了大量谜题，也为新的谜题提供了营养。

哥本哈根与中子

1932 年春天玻尔研究所的会议就在查德威克发现中子两个月后召开，这种新粒子的存在成了会上最令人兴奋的话题。这一新实验结果的影响尚不明朗，然而哥本哈根会议是讨论该结果所有影响的最佳场所。长达一周的会议讨论没有预先设定议题，他们可以尽情讨论这个实验可能会带来什么后果，就下一步如何进行交换意见，想讨论多久就讨论多久。那一周提出的有些问题是新的，但也有一些多年来大家一直在思考，需要在这一新视角下重新审视。

最突出的老问题有两个，就是原子核质量没法解释，以及让原子核没有四分五裂的神秘作用力究竟是怎么来的。氮原子核中的质量缺失可能是因为原子核里那 7 个中子吗？能证明吗？如果确实如此，那么所谓的错误统计问题，也就是为什么氮原子核表现得像是由偶数个而非奇数个粒子组成的问题，可能也就迎刃而解了，因为 7＋7＝14。是这样吗？让大型原子核没有分裂开的也是中子吗？如果确实如此，中子是怎么做到的呢？

在滑稽短剧接近尾声时，泡利/梅菲斯特重申了理论物理学家对实验的信心，并祝中子一切都好：

> 实验所发现的——
> 尽管理论还没去论证——
> 总是会比听起来靠谱，
> 你可以放心大胆地相信。
> 祝你好运，你这沉甸甸的代用品——

但是，为什么“这沉甸甸的代用品”和格蕾辛能和平相处？中子和中微子在原子核里是怎么组合起来的？原子核为什么会发出 β 射线

(电子)？会议期间的讨论进行到如此复杂的地步时，玻尔就会反复说他最喜欢的一句谚语，“伟大真理的背面同样也是伟大真理”，以此缓解气氛，并鼓励年轻的追随者们大胆假设。

那一周相聚在哥本哈根的物理学家们认定，要想了解中子的性质，就必须确定中子是跟电子和质子有同样的地位，抑或只不过是电子和质子结合在一起形成的。与会人员不太愿意引入更多新粒子，因而似乎倾向于后一种选择。查德威克说：“目前除了也许能解释比如氮-14 等原子核中的统计错误问题，中子是基本粒子的可能性很小。”

在其他人还在思考中子究竟是不是基本粒子的时候，一贯务实而大胆的海森堡行动起来。会议结束后没几个月，他就提出了一个简洁的量子力学理论，涉及中子和质子之间的作用力，跟中子是不是基本粒子没有任何关系。他的理论很快成为后来沿这一思路进行下去的所有工作的基础，再次证明了派尔斯曾评价过的海森堡的智慧：“他在面对一个问题的时候，几乎总是凭直觉就能知道答案会是什么，然后就会去找一个很可能可以得出这个答案的数学方法。”

新兴的核物理学领域继续突飞猛进。到 1934 年，已经有明确证据表明，中子和质子都是原子核的组块，而且也和电子与质子一样，属于基本粒子。但这些结果仍然不能解释 β 衰变。如果原子核里本来没有电子，原子核又怎么能发射出电子来？

1933 年底，费米提出了一个大胆而简练的解决方案。需要一种新的作用力，而且从概念上讲和万有引力和电磁力这两种已知的作用力同样属于基本作用力。费米给这种作用力起名叫弱相互作用，跟另外两种作用力的不同之处在于会让粒子改变身份：按费米的设想，电子在弱相互作用下会变成中微子，质子则会变成中子。稍微延伸一下，这种作用力甚至可以让一个中子完全消失，变成一个质子、一个电子和一个中微子。这种新的作用力几乎任何时候都藏得很严实，只有一种情况下清晰可见，就是发出 β 射线的核衰变。

突然之间，费米就这么解决了β衰变的主要问题，也就是如果说原子核里本来没有电子，那又怎么能发射出电子来。我们必须认为原子核由中子和质子组成，但在弱相互作用下，其中的中子会变成质子，同时产生的能量极高的电子和中微子也会立即逃出原子核。

基本粒子可以变换身份，这个想法甚至比存在一种新的作用力还要石破天惊。然而一经提出，对费米和其他人来说，似乎就成了必然结果。我叔叔埃米利奥还记得，1933年年终滑雪趴的时候，他们在多洛米蒂滑了一天雪，之后几个好朋友坐在酒店房间里，听费米跟他们讲解自己的发现。费米完全知道这个发现有多重要，但他还是平心静气地告诉他们，这很可能是他到现在为止，甚至可能会是他一生中，最重要的发现，大家听得目瞪口呆。

费米对实验工作的细节了如指掌，也研究过测量电子的能量得出的曲线，他得出的结论用他自己的话说就是，中微子的质量“等于零，要不就是不管怎么样，跟电子质量比起来非常小”。如何测量小小中微子的质量，是我七十年后在慕尼黑参加的这次中微子会议的中心议题。我们总是会听到科学大步前进的各种故事，但有些事情就是急不得。

费米很快就这个主题写了一篇简短的论文，介绍他提出的理解β衰变的方案，并寄给了《自然》杂志，希望能很快发表。然而杂志社对新的作用力和未检测到的粒子持怀疑态度，他们拒绝发表这篇文章，还给作者写了篇编辑评论：“这些猜测与物理现实过于脱节。”但理论物理学家并不认可杂志社的观点，他们很快就接受了费米的假说，后来那些年，事实证明费米的理论几乎完全正确。费米提出的理论如今已成为基本粒子物理学的基础，《自然》杂志的退稿，也成了期刊在选文时过于谨小慎微的典型案例。

不过我还是有些理解《自然》杂志的编辑们。除了专家，新物理学的发展速度和复杂程度对所有人来说都太让人不知所措了。两年前这个世界还是由电子和质子组成，这些基本粒子靠静电引力结合在一起。才不过两年后就又说有两种新粒子，中子和中微子，还有两种未知机制，一种让中子和质子结合，另一种则允许中子衰变。而且其中一种新粒子一开始也叫中子，刚刚才改名为中微子，仿佛还嫌不够乱似的。

然而，所有这些想法都是对的。过去半个世纪，有十几位物理学家在这一方向拿到了诺贝尔奖，获奖原因包括：证明弱相互作用破坏宇称[①]，展现弱相互作用究竟是怎么作用的，证明中微子存在，以及展示中微子如何在太阳内的核反应中产生，等等等等。但所有这些成果都源自 1930 年代初泡利和费米的想法，甚至还可以进一步追溯到由卢瑟福、查德威克、埃利斯、迈特纳和他们的合作者完成的令人叹为观止的实验。科学大旗就是这样编织出来的。

奇迹之年

发现中子堪称石破天惊，但这一年最轰动的结果，也是概念上最为激进的，要到哥本哈根会议结束后才出现。1932 年夏末，在加州理工工作的美国年轻人卡尔·安德森（Carl Anderson）给出毫无争议的证据，证明存在与电子质量相同但所带电荷相反的粒子。这种粒子不可能是质子，因为质子的质量差不多是电子的 2000 倍。安德森没听说过狄拉克的理论（到这时人们仍然认为那只是个深奥难懂的数学概念），但反电子就这样被他发现了，并很快得名正电子。

这个结果一出来，很多实验物理学家就意识到，他们在自己的实验设备中也看到过正电子，不过都被当成是实验误差而未予理会，或是错误解读了实验结果——正电子在一个方向上运动的轨迹可能

① 这是一种对称性，可以这么理解：如果一个物理系统在镜子的世界里也能实际发生，我们就说它是宇称的。宇称是量子系统的一个基本属性，且很长一段时间内人们相信任何物理系统的总宇称在任何物理作用下应该都是保持不变的，直到在实验上发现钴 60 的 β 衰变过程中系统的总宇称不再守恒，也就是正文中所说的弱相互作用破坏了宇称。另，从词源上说，“宇”指的就是空间，“宇称”也就是空间（翻转）对称的意思。——编者

会被误认为是电子在朝着相反方向运动。剑桥大学甚至还有两名杰出的实验物理学家，在看到正电子的一些证据后，跟狄拉克讨论过正电子存在的可能性。然而他们犹犹豫豫不敢公布，也不愿接受有反物质存在这一看起来荒诞不经的想法。即使在进行了更多实验，进一步支持了狄拉克的假说后，他们发表的论文最后仍只是小心翼翼地承认这种粒子存在："在对这种带正电的电子的性质有过更多详细研究后，或许就能检验狄拉克理论的这些预测了。似乎没有证据能否定其正确性。"

写下这几句话的人是帕特里克·布莱克特（Patrick Blackett）和朱塞佩·奥基亚利尼（Giuseppe Occhialini）。奥基亚利尼本来在佛罗伦萨工作，但他中间休了两年假去了剑桥。他是我父母的好友，还参加过他们的婚礼。他这个人精力充沛，很讲原则，也富有冒险精神，二战前就因为遭到掌权后的法西斯政府的排斥而离开了意大利。他在巴西寻求庇护，有一段时间还不得不放弃物理学，在巴西高地当山地向导谋生。大战结束前他回到欧洲，与英国人一起战斗，最后终于回到解放后的意大利。这一切都可以表明，奥基亚利尼绝非胆小之人。然而就连他，也只愿意说："似乎没有证据……"而不肯断言更多。

其他人同样表示怀疑，因为狄拉克的理论跟过去太不一样了。海森堡说："发现反物质可能是本世纪所有重大飞跃中最重大的。这个发现极其重要，因为它改变了我们对物质的整个看法。"刚开始玻尔也不相信安德森的实验结果，而他之所以这么犹豫，是因为狄拉克理论中带空穴的、由负能量状态组成的无边无际的海洋看起来非常不可能。这一构想在玻尔和泡利看来非常难以接受，他俩甚至分别写信给狄拉克说，就算证明了反电子存在，他们也无法接受他的理论。

莉泽·迈特纳决定验证安德森和剑桥二人组的结论。他们的实验基于对宇宙射线所引发反应的分析，这里宇宙射线是个通称，指来自外太空的辐射。没有任何先验理由认为来自宇宙的光子和实验室产生的光子有任何不同，而她知道，实验室里进行的实验可以很好地控制，也可以重现，还没有什么能真正取代实验室实验的这些优势。她一上手就很快确认了他们的结果，还加以进一步的拓展。

光子产生反物质的能力存在一个阈值，最早验证这个阈值的就是迈特纳的实验。爱因斯坦著名的质能方程 $E=mc^2$ 反映了质量中含有多少能量，但物理学家还没想到过，粒子的质量可以完全消失，然后变成能量重新出现。然而，粒子遭遇其反粒子时发生的，正是这种情形。电子和正电子湮灭后可以只有光子出现，能量是守恒的，但这对粒子的质量在两者相遇后已完全消失。反过来，如果光子的能量足够高，两个光子就可以转变为正负电子对，等于是完全用能量创造出了质量。要让这一过程发生，光子的能量必须至少等于电子和正电子的质量之和乘以光速的平方。迈特纳的实验证实了这个预测，从此，对产生成了物理学家词汇表中的新词。

理论推动了实验，实验又反过来促进理论发展，一直就是这个样子。迈特纳的助手德尔布吕克在 1932 年写给玻尔的一封信中自称是迈特纳的“家庭理论物理学家”，他也参与了这些工作。现在德尔布吕克开始思考，反物质可能会对光子产生什么影响。大家都知道，其他光子的出现不会改变已有光子的路径，但如果有些光子能转变成正负电子对，就算只是一小会儿，也会改变这一情形。迈特纳的论文附上了对这个问题的讨论，让人很感兴趣。对这一我们现在称之为德尔布吕克散射的现象的解释，结果成了他对理论物理学最知名的贡献，直到现在都还有人在研究。

正负电子对的产生解决了克莱因实验中电子数似乎不守恒的问题，那个问题也曾经让玻尔大伤脑筋。1929 年玻尔提出，能量在原子核尺度上并不守恒，并希望这一假说能为那四个困扰物理学界的互不相干的问题提供一个统一的解释。然而到了 1933 年底，已经很明显，另外三个问题的答案也跟能量守不守恒没有关系。氮原子核的所谓错误统计问题由中子解决了，原子核β衰变有能量损失的问题通过中微子得到了解释，而最后一个问题，恒星何以能产生异乎寻常的能量，在我们了解核反应的细节后也就只道是寻常了。

到头来，能量作为大自然基本参数的重要地位得以保留，而能量守恒也依然是所有相互作用都必须遵守的基石。在1936年6月发表在《自然》杂志上的一篇短文中，玻尔正式承认自己错了。文章题为《量子理论中的守恒定律》，结尾写道：

> 最后可以指出，在原子核发出β射线的问题中对能量守恒定律是否严格成立表示怀疑的依据，现在已经基本上都站不住脚了，因为与β射线有关的实验证据迅速增多，由泡利提出后又在费米的理论中有很大发展的中微子假说也与这些实验证据极为相符，这很能说明问题。

正电子和中子的发现是这一重大年份中最出人意料也最饱受赞誉的两大实验成果，前者证实狄拉克理论本质上是对的，后者则开启了核物理研究领域。汉斯·贝特（Hans Bethe）因为阐明太阳核心处的核物理反应的细节而获得了诺贝尔奖，他说，1932年以前是“核物理学的史前时期，从1932年开始，历史进入了核物理时代”。中子的发现是分界线，而1932年也被称为奇迹之年。

之前那些年最重大的进步是量子力学的发展。但风水轮流转，1932年因为出现了这么多影响深远的开创性实验，物理学的风水离开了理论这边。并不是说1932年到1934年没有取得重大理论进步，但这一时期的理论进步通常都是由新的、意想不到的实验数据推动的。现在是实验在引导物理学前进。其中有个特别重要的实验完成于1932年4月，也就是哥本哈根会议正在进行的时候。

卡文迪许实验室的约翰·科克罗夫特和欧内斯特·沃尔顿经过三年多的建设和规划，终于做到了当年卢瑟福在跟伽莫夫聊过后交待他们去做的事情："给我造一台 100 万电子伏的加速器，我们就能不费吹灰之力，把锂原子核敲开了。"他们用质子做发射物，一字不差地做到了。

在得知科克罗夫特和沃尔顿的成果后，玻尔写信给卢瑟福说："现在原子核研究领域的进展实在是太快了，大家都在想，下一篇文章会带来什么。"没过多久他就知道了答案。卢瑟福的消息出来没多久，汉堡的实验物理学家奥托·施特恩，他特别擅长做超级难的实验，便告诉玻尔自己成功测量了质子的所谓磁矩，也就是能说明质子在磁场中会怎么运动的物理量。如果质子和预计的一样跟电子是同一种粒子，只是质量更大、电荷相反，那么狄拉克方程就已经能给出答案。

1920 年代泡利在汉堡的时候跟施特恩就是好朋友，他知道施特恩有多喜欢做难做的实验，便告诉他继续进行下去，试着测量一下，尽管泡利也声称，所有人早就知道答案了。然而出乎意料，又一颗重磅炸弹爆炸了。施特恩的结果是预测结果的 3 倍，无论是泡利还是其他人，都小看了质子。这是最早表明质子和中子自身也有内部结构的实验证据。

20 世纪初物理学家面临的挑战是证明物质由原子组成，随后卢瑟福证明原子由原子核及绕核旋转的电子组成。然后在原子核里发现了质子和中子，如今又证明质子和中子也有自己的结构。这简直是马拉松式的发现之旅，任何结局都无法事先预料。

大科学诞生

有件事很清楚：越大越好。但说来有些矛盾，探测原子核里越来越小的尺度需要用到的能量越来越大。考虑到这一点后，对于未来新的实验规划，现在人们有了一个设想。套用卢瑟福的话来说，要传达的信息就是："给我造一台 10 亿电子伏的加速器，我们就能不费吹灰之力，把质子敲开了。”但建造这样一台机器需要用一套截然不同的办法。卢瑟福是卡文迪许实验室的头儿，他的方式是强调自己动手，克勤克俭。你自己建造、组装，做自己的实验，可能也会跟别人合作，偶尔还会有三个人一起工作的时候，但人数不会再多了。不需要分配任务，不需要专门的技术人员，也不需要团队协作。大体上来讲，其他实验物理学家，比如施特恩和迈特纳，也都是这么搞研究的。但是，如果物理学家想建造并操作 10 亿电子伏的加速器，就不可能仍然走这条老路了。

这种新的物理实验形式首次出现也是在 1932 年。这年 9 月，加州大学伯克利分校的欧内斯特·劳伦斯（Ernest Lawrence）用自己新发明的回旋加速器的第一台原型机，重现了科克罗夫特和沃尔顿的实验结果。劳伦斯受到鼓舞，很快谈起打算建造更大、更先进的回旋加速器。刚开始只是过家家的实验，却很快变成了伟大事业，需要专业的技术人员和固定员工，而所有这些都需要相当高的建设和维护费用。

在技术进步的推动下，这场新冒险的领导者从欧洲人变成了美国人，接下来五十年也一直由美国领先。未来粉碎原子的大业属于伯克利，不属于卡文迪许实验室，一个时代也就此结束了。到 1930 年代结束时，美国已经有十多台回旋加速器，欧洲只有 5 台。接下来几十年，仪器造得越来越大，现在则变成了需要全世界通力合作的事情。

欧洲核子研究中心有早年那些加速器最大的后继者，在那里工作三年后，我也开始认识到这个地方有多么不同凡响。这一组织由多个欧洲国家于 1954 年联合组建，位于法国和瑞士交界处的日内瓦郊区，意在让欧洲夺回亚原子研究的领先地位。现在那里有大约三千名员工，每年的运行费用将近 10 亿美元，主要工作人员仍然是欧洲人，但来自全球各地的访问学者也都会参与到它的研究项目中。这里已经成为科学界的小小联合国，是跨越国界的国际合作最好的例子。

1990年代，欧洲核子研究中心的研究活动主要围绕大型正负电子对撞机（LEP）展开。在这台对撞机里，电子束和正电子束会被高强度的磁场加速到接近光速。加速器的环形地下隧道长27公里，正反电子束在隧道里以相反方向每秒转一万多圈，在瑞士和法国之间来回穿梭。为尽量避免两束粒子与空气分子发生碰撞，隧道保持着极高的真空度，还不到标准大气压的十亿分之一。正反电子束在引导下进入4台巨大的碰撞探测器并发生碰撞，这4台探测器分别叫阿列夫、德尔菲、L3和欧泊，运行每一台探测器的国际合作团队都有三百多名物理学家。

1930年代，物理学家无比惊讶地发现了正电子，而到了1990年代，正电子束已经成为了研究工具。这些实验极其灵敏，就连日内瓦湖的水位变化都必须考虑进来。尽管日内瓦湖在10公里以外，但湖中水位高低的季节性变化会给湖岸上的压力带来变化，足以使正反电子束的位置移动个几分之一毫米。这样的干扰，以及过往火车、月球轨道的变化都必须考虑，如此才能得到所需要的最大精度。此外，那4台碰撞探测器得出的数据量极为庞大，检查实验结果让欧洲核子研究中心那么强大的算力也只能满负荷运转。为协调世界各地物理学家一起参与这些数据的分析工作，欧洲核子研究中心还开发了一种工具，叫万维网，首字母缩写就是www，即今天互联网的前身。

从卢瑟福发现原子核到查德威克发现中子有二十年，到物理学家开始认识到质子和中子也有内部结构又是二十年，再到人们意识到准确答案是3个夸克又过去了二十年。还需要二十年，科学界里的很多人才会开始认为，这些夸克是超弦在振动。现在，我们正在等待万亿电子伏加速器的出现。大型正负电子对撞机在欧洲核子研究中心的后继者是大型强子对撞机（LHC），预计会在未来几年投入使用，可能会为剩下的一些问题提供答案[①]。

这些仪器已经花了数十亿美元、瑞士法郎和欧元，实验团队也从一两个人变成了数百人。为了给这些仪器筹集资金，用这些仪器做实验，人们跨越了国界。1932 年，大科学诞生了。

锤子和针

通过用氢离子（质子）束和氦离子（α 粒子）束轰击原子并加以研究，核物理学取得了很大进展。经过二十年的研究，由卢瑟福开创的这项技术在科克罗夫特和沃尔顿的实验中达到了顶峰，但现在有了一种新的发射物，就是中子。用质子和 α 粒子做发射物就必须克服发射物与带同种电荷的标靶之间的静电斥力，这一直是核物理实验的一大难题，但中子呈电中性，就不会有这个问题。

但从另一个角度来看，电中性也是个不利因素。因为中子不受静电作用力的影响，也就不能用这种作用力来使之加速。如果能量相对较低的发射物就能满足你的实验需求，那么用中子来探测原子核就非常完美，但如果你想在 1932 年把原子核砸碎，就只能用质子和 α 粒子，并将其加速到能量特别特别高的状态。也就是说，如果只是想给原子核挠痒痒，那么中子就很理想，但如果想把原子核撞个粉碎，就只能用经过加速的质子和 α 粒子。中子是针，质子和 α 粒子是锤子。

1932 年，科学界在锤子的引领下走向大科学，与此同时，针也产生了自己的影响。尽管 1932 年开启了核物理学时代，当时却少有科学家想到这些知识有什么实际应用，最多也就是能在治疗某些类型的癌症上发挥点作用。实际上，一贯直言不讳的卢瑟福勋爵就曾在 1933 年底提醒英国科学促进会：“对那些想在原子嬗变中找到能

---

① 大型强子对撞机于 2008 年开始试运行，2012 年在此发现了希格斯玻色子。——译者

量来源的人，我想说的是，这种期待最是镜花水月，虚无缥缈。”

1934年，居里和约里奥夫妇发现，有些物质在受到α粒子轰击后会变得有放射性，这一发现让这些期待发生了改变。放射性是已知能源，如果能按意愿诱导出来，就有希望找到新的“能量来源”。之后没多久，罗马的费米团队就用慢中子作为轰击粒子，观察到居里和约里奥夫妇发现的人工诱导的放射性，但规模要大得多。这是朝建造核反应堆迈出的一大步。随着针得到运用，跟卢瑟福的说法刚好相反，用核物理技术来产生能量的可能性越来越大。

1934年，费米做出了重要转变，从理论物理学家变成了实验物理学家，罗马团队的研究也是从这里开始的。但如果认真观察，会发现费米的转变并非突然，绝非一时兴起，更非永久性的。费米在后来的研究生涯中一直来回切换，既是一流的理论物理学家，也是顶尖的实验物理学家，并因此在所有物理学家中都显得独一无二。大部分理论物理学家只是密切关注实验结果，但费米跟他们不一样，他想自己动手做实验。

费米的早期成就全都在理论物理领域，但在罗马站稳脚跟后，他就开始谋划要在罗马大学陈旧的物理系做一个现代实验项目。第一步是为他那些年轻的合作者争取奖学金，让他们去国外学习最先进的实验技术。他们动身去了帕萨迪纳、阿姆斯特丹、莱比锡、汉堡和柏林，之后全都回了罗马。佛朗哥·拉塞蒂（Franco Rasetti）去了柏林的迈特纳实验室两次，第二次是在中子发现之后，这两次深造都尤其重要。他是费米身边的年轻人中较为年长的，也是跟费米关系最亲密的，从大学时代起就跟费米是好朋友，俩人形影不离。费米得到的外号是教皇，而拉塞蒂的别号是红衣主教。

用中子做入射粒子是费米一直在等待的，这么做在核物理学中开启了一个全新的领域。1934年初，这两位意大利人已经在建造测量设备，准备用在他们预计要进行的核物理研究中。他们的新仪器几乎马上就取得了成功，其重要性也得到了卢瑟福认可。1934年4

月，他给费米写了封信，表示自己对他的工作很感兴趣，对初步结果也赞不绝口，并诙谐地补充道："恭喜你成功逃离了理论物理学领域。"费米给《自然》杂志写了两封信描述最近的测量结果，以供发表。杂志社马上接收了这两篇文章，卢瑟福也在 7 月把罗马团队撰写的一篇细节详尽的文章转给了《皇家学会报告》。这年早些时候《自然》杂志还拒绝发表费米对弱相互作用的研究成果，说"这些猜测与物理现实过于脱节"，而今新文章的内容被视为事实而非猜测。

如果想领略物理学世界的变化有多快，可以记住这个例子：查德威克于 1932 年 2 月发现了中子，两年后费米就在用中子做发射物来研究核反应了。科学界经常就是这样：昨天的发现，到今天就成了工具。

用针进行的研究还产生了另一个影响深远的后果。如果进入原子核的中子改变了这个原子核，使之释放出 2 个中子，而这 2 个中子又继续进入另外 2 个原子核，放出 4 个中子，这样 2 变 4，4 变 8，8 变 16……如果针每次插入都会释放出能量，而且这一连串反应发生得非常快，释放出的能量都来不及把标靶炸开使反应停止，那么我们就得到了链式反应，能迅速把标靶中几乎所有原子核都卷进来。要是把这么大的能量储备利用起来，效果无法想象！只需要几斤重的裂变材料，就能得到好几千吨炸药那么大的威力。做成的炸弹会非常小，可以装在卡车或飞机上，甚至有一天能放进手提箱里。

这个想法似乎非常牵强，但有个人名叫利奥·西拉德（Leo Szilard)，是匈牙利物理学家，长着一张胖乎乎的圆脸，他想到这一点后马上警觉起来，那是 1933 年 9 月。西拉德认识到，链式反应可以用来制造武器。当然，造这样的武器需要在技术上投入大量的努力。努力的结果没人敢打包票，要花的钱却深不见底。然而，用这一原理来制造武器的可能性尽管很小，几个月前才刚刚从德国出逃到英国的西拉德，还是无比敏锐地注意到了。

西拉德非常了解德国的科学有多发达，也对那里越来越让人担心的政治氛围心知肚明。1920 年代，西拉德基本上都在柏林度过，先是学生，后来当上了柏林大学的讲师，但希特勒于 1933 年 1 月 30 日被任命为德国总理后，他便开始计划离开德国。2 月 27 日国会纵火案发生后，希特勒对德国政府的控制进一步加强。1933 年 3 月底，通过所谓的《授权法》，新总理实质上已成为这个国家的独裁者。对犹太人的大规模迫害几乎马上就开始了，西拉德也是犹太人，他立即离开了德国。

西拉德在柏林的朋友和合作者阿尔伯特·爱因斯坦也很快离开了德国。爱因斯坦遭受了十多年反犹太主义针对他的攻击，因此他对德国的未来很是忧虑。1933 年 3 月初，爱因斯坦在到访美国期间接受了纽约一家报纸的采访，公布了自己不再回德国的决定，他说，那个国家没有“公民自由、宽容忍让和法律面前人人平等”。他乘船回到欧洲，在比利时的安特卫普下了船，从那里直接去了布鲁塞尔的德国大使馆，正式交出护照，宣布放弃德国公民身份。之后没多久他又回到美国，再也没有回过欧洲。

第十四章　埃伦费斯特的结局

瓦格纳

天啊！学艺无止境；

我们的生命很短。

尽管我努力研究，从事批判，

却常感苦闷而伤透脑筋。

（歌德《浮士德》，第一部，210—213）

挚友爱因斯坦的离去对埃伦费斯特来说是个沉重的打击。希特勒上台，所有埃伦费斯特珍视的德国的制度和习惯也都在衰落，他感到焦虑、悲伤和沮丧，只能眼睁睁地看着他的英雄一个个消失却无能为力。洛伦兹已经去世。对德国的所作所为普朗克并不赞成，但他作为威廉皇帝学会主席，在保卫国家的两难境地中越陷越深。埃伦费斯特现在也意识到，他可能再也见不到爱因斯坦了，他们曾共同度过了他一生中好些最快乐的时刻。

教学和研究工作也不再像以前一样能给他带来安慰。对于新兴的核物理领域，埃伦费斯特既没有精力也没有意愿去深入了解其细节。1932 年秋天，他发表了《量子力学的一些探索性问题》，列出了一些一直在困扰他的问题。为了让头脑保持活跃，他把自己敏感的批判性思维用于去理解他认为没有充分阐述的一些早期概念上。

泡利看到了埃伦费斯特的思考，当即给他写了一封长信，先是告诉埃伦费斯特看到他提出这些问题自己有多高兴，并说自己最近在准备《物理学手册》的量子力学内容时，让他觉得很困扰的也是这些问题。接下来，泡利也尽力给出了这些问题的答案。埃伦费斯特因为这封信激动不已，回信说自己犹豫着要不要提交这篇文章已经有一年多了，因为他担心玻尔和泡利会因为这篇文章而看不起他，认为他的努力没有价值。就像埃伦费斯特/浮士德在滑稽短剧中说的那样：

> 困扰着我的，是世间**所有**疑虑、**所有**顾忌；
> 我害怕的那个魔鬼就是泡利。

插图　埃伦费斯特/浮士德肖像

收到泡利的来信，这显然让埃伦费斯特喜不自胜，但也只是暂时缓解了他日渐消沉的情绪。他越来越因为朋友的离去、家庭问题和他自认为的缺点而心神不宁，甚至开始考虑自杀。1932 年 8 月，他写了好几封信给玻尔、爱因斯坦等朋友，信中流露了自杀的愿望，但都没有寄出去。到了 1933 年，情形进一步恶化，结束生命的打算对他来说似乎已经回不了头了。

20 年前，洛伦兹对他深爱着的莱顿的物理学前景深感担忧，直到确定莱顿的物理学有了足以胜任的人接手后才放心地退休。埃伦费斯特觉得自己也要做好交接才行。他以前的学生卡西米尔，也就是他曾带去参加第一次哥本哈根会议的那位，如今在苏黎世，接替了派尔斯在给泡利当助手。卡西米尔想在那儿至少再待一年，但 1933 年的复活节他收到埃伦费斯特的一封信，要他 9 月回莱顿，让他大惑不解。埃伦费斯特在信中最后一句话用上了他对卡西米尔的爱称，他恳求道："卡齐呀，用你宽阔的肩膀把莱顿物理学的马车拉起来吧。"卡西米尔和泡利都不明白埃伦费斯特为什么会提这样一个要求，也想不通他为什么会用这么奇怪的语气，但他们很快认定，还是尊重他的意愿为好。

复活节假期通常都是用来举办哥本哈根会议的，但由于玻尔正在美国进行长期访问，会议日程便重新安排到了夏季结束时，开幕时间定在 9 月 13 日，是个周日。

这次会议的前排阵容可以在照片 14 中看到：玻尔、狄拉克、海森堡、埃伦费斯特、德尔布吕克和迈特纳。这个阵容令人高山仰止，他们能前排就座象征着他们在物理学界的地位，而且绝非偶然。与会者走进报告厅就座时，前排并不需要放上"预留席位"的牌子，能坐在那里的都会是备受敬重的人，而谁应该坐在那儿，以及他们凭什么可以坐在那儿，没有人有任何疑问。

泡利通常也会被安排坐在前排。但这一次他又没来参会，而这次是因为完成了《物理学手册》中的量子力学概述后，他感觉身体被掏空了，便决定 9 月去法国南方度个假。但就算他不在，会议也还是很让人兴奋。海森堡在回到莱比锡后写信给玻尔说，像在哥本哈根开会这样短短一周时间就学到那么多新东西，他很久都没有过这种体验了。泡利也知道自己没能与会是个遗憾，但他觉得到 10 月去参加将在布鲁塞尔举办的索尔维会议时，就能赶上他这些哥本哈根的朋友了。他肯定没想到，自己错过了见埃伦费斯特最后一面的机会。

9月20日会议结束后，埃伦费斯特直接回了荷兰。25日，他从莱顿去阿姆斯特丹一家严重弱智儿童护理机构看望十五岁的小儿子瓦西尔吉（昵称瓦西克）。埃伦费斯特有一个非常可怕的错误想法，就是认为应当和儿子同时结束这种痛苦，于是他把儿子带到附近的一个公园，从口袋里掏出一把左轮手枪，先对瓦西克开了枪，随后又把枪口对准了自己。瓦西克遭枪击后双目失明，但没有死去，埃伦费斯特则当场身亡。哥本哈根会议的前排照片，也许是这位莱顿物理学家留给世界的最后一幕影像。

埃伦费斯特去世3天后，狄拉克写信给玻尔说，他没有采取任何措施阻止埃伦费斯特自杀，对此他感到非常自责。他告诉玻尔，会议结束时他曾碰到埃伦费斯特，感谢他为这些讨论做出的无与伦比的贡献，埃伦费斯特闻言非常激动，眼泪夺眶而出，在突然离去之前结结巴巴地对他说了一句话："你刚才说的那些话，由你这样的年轻人说出来，对我来说太重要了。因为，可能，像我这样的人，已经觉得没有力气再活下去了。"

我们永远不会知道，究竟是埃伦费斯特对狄拉克放松了警惕才会说出这番话（对玻尔和其他老朋友他绝对不会这么做），还是善于按照字面意思来理解他人所言的狄拉克听到了一些别人不以为意的话。玻尔安慰狄拉克说，无论如何，就算他去干预，结果也不会有任何不同。

想到埃伦费斯特的自杀，再回头去看1932年的戏仿之作《浮士德》，并进一步从中读出浮士德博士与埃伦费斯特之间多么相似，不免让人细思极恐。歌德的剧作里也有个孩子被杀了，尽管是格蕾辛而不是浮士德，杀死了他们爱情的果实。歌德戏剧第二部结尾时也有人遭受了眼盲的打击，尽管是浮士德本人。浮士德和埃伦费斯特之间密切相关的感觉，也是他们的个性之一。那些25岁的年轻人知道埃伦费斯特自我批评有些过度，但并不知道这下面隐藏着深深的绝望。

《浮士德》开场有这样的独白：

> 到如今，唉！我已对哲学、
> 法学以及医学方面，
> ……
> 我既没有财产和金钱，
> 也没有浮世的名声和体面；
> 就是狗也不能这样贪生！
>
> （《浮士德》，第一部，1—2，21—23）

这段在滑稽短剧中是以埃伦费斯特/浮士德列举量子物理学家需要学习的所有学科的面目出现的。最后他总结道：

> ……就连猎犬也无法忍受我的遭际，
> 我就是这样一个批评家，悲伤而可鄙。

读者不会把埃伦费斯特当成“悲伤而可鄙”的人来记住。泡利在埃伦费斯特的讣告中评论说，他这个人“智慧和才华光芒万丈，会以尖锐的批评介入讨论，与此同时对科学观点慧眼独具，能把人们的注意力吸引到还没有得到关注或足够重视的关键问题上”。

埃伦费斯特去世后不到一个月，一群悲伤的人在布鲁塞尔相聚，参加第七次索尔维会议。尽管与会者对希特勒的崛起深感担忧，也不可能没注意到有些人缺席了，比如爱因斯坦，但从物理学的角度来看，这次会议依然可以说是极为成功的。然而，与会者们还是很想念玻尔和爱因斯坦关于量子力学意义的大论战，那是前两次索尔维会议在拟定议程之下涌动的巨大暗流。他们为那个戴着圆眼镜的矮个子男人感到痛心，也会永远记得与他们俩一起散步时他热切的笑容。

第七次索尔维会议的主题跟当时物理学的中心议题一样，是原子核。在布鲁塞尔的一周，查德威克回顾了发现中子的过程，并评价了这件事对核物理的影响；海森堡就核力发表了大会主旨演讲；布莱克特和迈特纳等人讨论了证明正电子存在的实验；狄拉克则分享了他对电子理论的新想法。泡利首次公开提出了中微子假说，并再次强调，他坚信即便是在核反应中，能量也必然守恒。这次盛会充满了新想法，核物理时代就此开启，结果无论是好是坏，都会纷至沓来。

费米在会议期间一直相当沉默，回到意大利时，他已经坚定地认为，物理学近在咫尺的下一刻就藏在核物理研究中。没过几周他就提出了弱相互作用理论，而几个月后就开始用中子轰击原子标靶了。费米不像西拉德那样对政治很敏感或很有远见，那时他可能还没想到链式反应，核武器就更不用说了。但接下来十年，这都是他关心的核心问题。后来他移民到美国（他妻子是犹太人），领导一众物理学家实现了第一个可控核链式反应，而在制造原子弹的过程中，他也是最不可或缺的物理学家之一。

1934 年，哥本哈根可以天马行空、无忧无虑地交流的时代结束了。布莱丹斯维的物理学家之间的对话，如今夹杂着这样一些问题：他们当中又有谁离开了意大利、德国或苏联，谁留了下来，他们自己国家的真实情形如何，他们在哪里才能找到安全的港湾，以及未来可能还会发生什么事情。伽莫夫是他们当中第一个被政府禁止出国旅行的人，但现在，他们所有人都面临着这样那样的限制。他们深爱的物理学造出人类从来没见过的最强大的武器的那一天仍藏身幕后，但很快就会到来。

量子理论和原子的亚微观世界将成为国家之间权力争夺的重要

因素。实现核链式反应将改变人类的世界观。物理学家的讨论将从无伤大雅的《浮士德》戏仿作品，转向黑云压顶的浮士德式交易。海森堡和卡尔·弗里德里希·魏茨泽克仍然很亲密，只有一小段时间例外，是因为海森堡向卡尔的小妹阿德尔海德求爱却遭到了拒绝。后来，这两位物理学家成了德国核武器小组的重要成员。奥本海默领导的美国团队有很多本书出现过的物理学家加盟：汉斯·贝特、查德威克、费米、弗里施、派尔斯、塞格雷和韦斯科普夫，他们全都去了洛斯阿拉莫斯。玻尔逃离丹麦的过程惊心动魄，最后他在墨西哥州的沙漠中与大家重聚，但在团队中他更多的是元老和指导者的角色，而不是解决技术问题的人。

那时候他们并不知道，1932 年的哥本哈根会议是他们这些青年科学家一生中最后一次一起笑谈天主和梅菲斯特之间的斗争。那些天真无邪的日子很快便一去不复返。然而，象征自由追寻、永不退缩的哥本哈根精神引人注目地流传了下来，成为对其深厚根基的一曲赞歌。现在，会议规模更大了，实验更大型了，研究也越来越专业化。往日长篇大论的尺牍已被注定不会留下记忆的电子邮件取代，新的结果马上就可以通过互联网传遍世界各地，计算方法也已经发展到几乎无法想象的地步。但在世界上任何地方，随便走进一间物理实验室，你仍然能看到两三个理论物理学家在白板前争论不休的情景。他们仍然会因为曾逗乐布莱丹斯维“男孩物理学家”的那类笑话而捧腹大笑，仍然会上演拿长辈开玩笑的滑稽短剧，仍然会不失分寸地批评与揶揄长辈，也仍然会致力于寻找重大想法，期待着揭开大自然的秘密。

尾声　前排另外六人的余生

你们又走近了，缥缈无定的姿影
当初曾在我蒙昽的眼前浮现。
这次我可要试图把你们抓紧？

（歌德《浮士德》，第一部，献诗，1—3）

迈特纳发现核裂变

希特勒掌权后通过了一系列种族法律，德国很多最杰出的物理学家在那之后很快就都离开了德国。青年物理学家要离开会更容易些，因为他们更容易找个新地方另起炉灶，但像马克斯·玻恩、奥托·施特恩，当然还有阿尔伯特·爱因斯坦这样的老一辈物理学家这时也离开了。还有一些人没走。莉泽·迈特纳也有犹太血统，因而很容易受到德国甚嚣尘上的反犹主义的伤害，但她很犹豫，不想抛下正在蓬勃发展的实验室，也不想改变她历尽艰辛才打拼出来的生活。而且她觉得自己奥地利公民的身份能保护自己，但1938年3月德国吞并奥地利后，这一重保护也没有了。到这年6月，很明显，威廉皇帝学会准备把她扫地出门。另外，她的旧护照已经过期，而作为德国公民，申请新护照也被拒绝了。她和别的犹太人都发现，现在边境对他们来说实际上已经关闭了。

7月13日，没有护照，也没带任何随身物品的迈特纳，通过一个罕有人迹的很小的边境口岸偷偷进入荷兰。之后不久她飞往哥本哈根，并在玻尔帮助下去了瑞典避难。5 个月后的圣诞节期间，她同为物理学家的外甥奥托·弗里施，那时在哥本哈根工作，来到瑞典找他最心爱的姨妈度几天假。他发现，姨妈正在思考一些奇怪的核物理结果，是奥托·哈恩跟他的合作者弗里茨·施特拉斯曼（Fritz Strassmann）刚刚通过实验得到的，就在几个月前，迈特纳自己也在做这些实验。那时哈恩本来可以下楼走进大厅直接问迈特纳自己的发现意味着什么，但现在他只能靠鸿雁传书来问了。

哈恩和斯特拉斯曼用中子轰击铀原子核，希望铀核吸收中子后发生衰变，并得到比铀核略轻的镭核这个副产品。然而哈恩得到的结论非常奇怪，他在给迈特纳的信中写道："镭的这些同位素有些事情太值得注意了，现在我们只告诉了你。"他们得到的镭似乎更像是钡，这个结果怎么看怎么不可能，因为钡元素要轻得多，在元素周期表里的位置跟镭相距很远。

1938 年圣诞节前一天早上，弗里施和迈特纳出门散步。在散步中他们意识到，如果吸收中子导致铀核分裂成两个较小的原子核，其中一个是钡核，那么就可以解释那些数据了。这是真正的原子核分裂，而随后释放的巨大能量，就算按核物理学的标准来看也大得惊人。几天后，弗里施回到哥本哈根跟玻尔聊了聊，玻尔立即对他们的想法大表赞赏。据弗里施回忆，当时玻尔说："天哪，我们全都笨得可以啊！我的天，这也太妙了！就只能是这个样子！"

弗里施很快在他哥本哈根的实验室里直接观测到了原子核分裂，从而证实了他们的猜想的主要内容。在给这个过程起名字时，他决定将其命名为核裂变。铀核分裂过程中产生的能量是诱导裂变的中子所携带能量的十亿倍以上。除此之外，铀核分裂时，还放出了两个乃至更多中子。也就是说，生产链式反应核武器的两大关键因素现在都已经齐备了，至少理论上如此。

然而造核弹的技术难题似乎仍然难以克服，因为普通的铀不会发生裂变。还有两种备选材料可以用来制造爆炸装置，但要积累足够的原材料来造一个大小还算可以的核武器，这两种材料都需要进行相当大量的工业级加工处理。我们可以用超铀元素[①]钚，也可以从普通铀矿中分离出稀有的铀同位素 U－235。美国在 20 世纪 40 年代初同时采用了这两种方法，而最后这两种方法也都生产出了核弹。在长崎用的是钚弹，在广岛用的是铀弹。

战争期间在瑞典与世隔绝的迈特纳，这段时间里都对核武器的进展一无所知，尽管有些大众媒体在广岛之后说，1938 年她是带着核弹的秘密逃离德国的，之后又把这个秘密交给了同盟国。二战后她拒绝了返回德国的邀约，在瑞典一直待到 1960 年，随后去了英国剑桥，奥托·弗里施那时候在那里当教授。1968 年，她在剑桥平静地离开了人世。奥托·哈恩比她早几个月去世，他因为发现了重原子核裂变，获得了 1944 年的诺贝尔化学奖。

玻尔过上了幸福的生活

玻尔后来跟之前一直以来的形象没什么区别，仍然是深刻的思想家，喜欢为他人着想的暖男，正直的典范，在一代又一代科学家看来有如父兄一般。

1932 年夏天，就在上演了《哥本哈根的浮士德》的那次会议结束几个月后，玻尔一家搬进嘉士伯荣誉公寓。这座宏伟的哥本哈根别墅建于 19 世纪，嘉士伯啤酒厂的创始人将其遗赠给丹麦政府，条件是只能由科学或艺术领域最杰出的丹麦人来居住。这年 9 月，玻尔经过精挑细选，在新家接待了第一拨客人，就是卢瑟福勋爵夫妇，他们过来小住了 10 天。

---

① 指原子序数大于 92，也就是原子核中拥有超过 92 个质子的元素。它们都比铀要重，而且都有放射性，且大多数都是人工合成的元素。——编者

但玻尔最喜欢的住处还是林德赫斯特，这是位于齐斯维尔德的乡村住所，从哥本哈根沿着西兰岛海岸线走大概 5 万米就到了。玻尔夫妇感觉非常需要一个属于自己的地方，因此在 1924 年买下了这里，那时他们还住在布莱丹斯维研究所大楼的顶层。

林德赫斯特建在森林边缘一个巨大的沙丘上，森林里满是山毛榉和松树，还是两百年前为了固定流动的沙子而栽下的。茅草屋顶的房子简单而舒适，对这个人丁越来越兴旺的家庭来说是理想的静居之所。玻尔去那儿是为了放松，但他几乎总是会带上一两名青年物理学家，因为对他来说，跟他们聊天也是放松的一种方式。他们会一起在离房子四五十米远的小书房里工作，要么讨论物理，要么就是去玩玩帆船，再不就是跟玻尔家的孩子们一起玩游戏。

但似乎有时悲剧也会降临到最幸福的人身上。对玻尔来说，最糟糕的事情发生在 1934 年 7 月 2 日。这天他和几个朋友以及他的大儿子克里斯蒂安一起在离海岸线不远的地方玩帆船，突然一个大浪打来，把那个少年抛进水中。他们扔给他一个救生圈，他也差点儿就够到了，但又被卷进了水里。玻尔的朋友们得拼命抱住他，才能阻止他自己跳到海里去。

泡利造访齐斯维尔德对玻尔来说最是赏心乐事，因为这是他最喜欢的批评家来他最喜欢的地方看他。1929 年 8 月，泡利写信提出要去海边找玻尔，他在信中写道："8 月中旬左右去你那个没有自来水的房子拜访你，这想法真诱人啊……我会带好多蜡烛去的。"玻尔很快复信："你要能来该多好啊……好多问题我都渴盼着跟你讨论讨论……不用带蜡烛，现在我们这里有电灯了。我希望你能多住一段时间。"

30 年代玻尔一直致力于为逃避迫害的科学家提供庇护。二战爆发后他加倍努力，直到非常清楚他自己也会被驱逐出境（玻尔的母亲是犹太人）的紧急关头，他才离开丹麦。瑞典外交官通知他们说很快会开始围捕犹太人，他、玛格丽特和几个朋友才在 1943 年 9 月

29日夜间乘坐一艘渔船非法越境去了瑞典。玻尔立即去了斯德哥尔摩，并私下以个人身份直接呼吁国王宣布瑞典会为丹麦犹太人提供庇护。呼吁很成功，10月2日就宣布了。接下来两个月，百分之九十多的丹麦犹太人，包括玻尔的所有家人在内，都先是躲藏起来，随后乘坐渔船从丹麦领海来到瑞典船只上，再由瑞典船只把他们带到新的避难所，就此获救。

这段时间也有人担心，斯德哥尔摩的德国特工会暗杀玻尔。为防止这种事情发生，玻尔于10月5日搭乘一架轻型轰炸机飞往英国。这架飞机可以飞得很高，已占领挪威的德军的高射炮打不到它。轰炸机的装弹仓为了能容纳一名乘客还特意做了改装，但玻尔没能成功打开氧气，起飞后很快就昏了过去。飞行员意识到这个情况，尽快下降到较低的高度，让玻尔有惊无险度过了这段旅途，毫发无伤。几个月后的1943年初冬，他飞到美国前往洛斯阿拉莫斯，开始鼓动那里的物理学家考虑如何在战争结束后实现裁军和世界和平。这些问题，他余生一直在挂念。

1962年一个周日的午后，心脏病发作夺走了玻尔的生命，那时他正在荣誉公寓的卧室里小睡。几个月前，他刚刚和玛格丽特庆祝了他们的金婚纪念。

狄拉克结婚了

狄拉克的生活一直过得风平浪静，跟他同一个时代有很多人都经历过大起大落，但他显然都没有经历过。诺贝尔奖、卢卡斯教席等等诸多加在他头上的荣誉，都没有改变他稳健的步伐。剑桥大学专供学院研究员享用的高桌上，美酒雪茄应有尽有，但狄拉克仍然过着苦行僧一般的生活，这才是他的口味。

独来独往的狄拉克会跟一个女的发展出一段关系，在大部分认识他的人看来都会觉得很奇怪，更不用说还跟一个女的结婚了，但这事儿确实发生了。1934年，他离开剑桥，去普林斯顿待了一段时间。在那里，他跟尤金·维格纳重新熟识起来，他也是著名的理论物理学家，普林斯顿大学的教授，差不多十年前，他们在哥廷根见过面。

狄拉克在普林斯顿时，维格纳的妹妹玛吉特（Margit）也刚好来普林斯顿看望哥哥。玛吉特最近刚离婚，有两个孩子，住在布达佩斯。维格纳的妹妹跟狄拉克成了好朋友，次年夏天，狄拉克便去了布达佩斯拜访她，1937年，他们结婚了。随后狄拉克搬出圣约翰学院，和家人住在一起，很快夫妇俩在剑桥又生了两个孩子，让这个家庭更加壮大。1970年，狄拉克从剑桥退休后要去佛罗里达州立大学当教授，一家人便搬到了佛罗里达州州府塔拉哈西。

尽管他一直到1984年才去世，生前也一直很活跃，但他生命的后半个世纪做的任何研究，就重要性和影响力来说都不能跟他1925年到1934年间做的工作相提并论。他自己也承认并接受这个事实，他曾很坦率地说："从很早的时候开始，我的贡献就已经不值一提了。"

狄拉克向别人介绍自己妻子时总是说这是维格纳的妹妹，有时候人们会觉得有些困惑，但他只不过是在讲逻辑罢了，因为他就是这么认识玛吉特的。

海森堡激发了朋友的绘画天赋

海森堡也在1937年结婚了，妻子是伊丽莎白·舒马赫（Elisabeth Schumacher）。刚好9个月后，伊丽莎白生了一对龙凤胎，引得泡利前来祝贺他们成功"对产生"，明显是一语双关，也在说正负电子对。

30年代后半段对海森堡来说极为艰难。有些人指责他是所谓的白人中的犹太人，因为他拒绝跟玻恩和爱因斯坦等人划清界限；也有人说他是纳粹，因为他还在默默支持纳粹政权。二战爆发后情形甚至更加糟糕，他担任了德国核武器项目的领导人，魏茨泽克也又一次成为他的助手。他在那个项目里究竟有什么目标没有人清楚，一直到现在这都是个会引起激辩的话题，为此展开论战的人也是会分成两派。有人说他用上了毕生所学就为了给德国造原子弹；但也有一些人坚持认为，他有意破坏了这个项目[①]；还有很多人则认为，海森堡一直就没有解决自己内心的矛盾。二战后他发表过的讲话也都没有完全澄清这个问题。

战争结束后，海森堡在德国科学界重新占据了高位，成为威廉皇帝学会位于哥廷根的物理研究所的所长，后来这个研究所更名为马克斯·普朗克物理研究所，简称马普所。他在 1933 年发表的关于原子核作用力的文章在当时为学界带来了重大进展，但在那之后，他对所在领域学术上的影响力就小多了。理论物理学领域年过三十就会马上过气的诅咒再次降临，但是跟狄拉克不同，海森堡不服老，拒绝接受这个定论。

他坚持认为自己可以改变物理学的进程，特别是通过他发展起来的所谓非线性理论。1957 年他还曾找泡利咨询，非线性理论有哪些潜力。他们一直保持交流，但从 1930 年以来就没有在任何研究方向上合作过了。刚开始泡利对跟这位将近四十年的老朋友再度联袂很是热心，觉得也许会像他们俩的旧时光一样。他们开始一起工作，并很快准备好了论文初稿。

但在深入研究了这个问题，并听取了玻尔等人的意见后，泡利的批判能力占了上风，他退出了这个项目。但海森堡不想打退堂鼓，他在哥廷根向听众宣布了他自以为已经得到的发现，后来又在庆祝马克斯·普朗克诞辰一百周年的大会上向将近两千人的会众宣讲。

---

① 有传说海森堡故意把小数点点错一位，造成需要大量铀才能制成原子弹的假象，从而让纳粹德国放弃原子弹计划。但就目前留存于世的证据来看，海森堡当时应该真的就是算错了，而不是故意点错小数点的。——编者

1958 年夏天，在日内瓦举行了一场国际会议，海森堡在其中一次以《根本想法》为题的会议上发表了讲话。这次会议的主持人泡利在介绍海森堡时，开场就说跟这次会议的主题刚好相反，他觉得海森堡在讲话中提不出什么根本性的想法。海森堡说这个理论只是还缺一些技术细节，后来为了嘲讽海森堡这个说法，泡利寄给朋友们一幅画，画上是一个空白的矩形框，下面还有这么一句："这是为了证明我可以像提香（Titian）那样画画，只是还缺一些技术细节。——沃·泡利。"海森堡和往常一样是他们俩中间更勇于创新的一个，但这一次，更喜欢批评也更阴阳怪气的泡利才是对的。

1958 年 9 月，海森堡把马克斯·普朗克研究所搬到了他心心念念的慕尼黑，20 多年前，他曾希望能在这里接替索末菲的职位当上教授。若不是泡利于 1958 年 12 月去世，他们俩几乎可以肯定会捐弃前嫌弥合裂痕，因为海森堡接受泡利的冷嘲热讽也不是第一次了，但现在没有机会了。

1976 年，海森堡因癌症在慕尼黑的家里去世。

泡利因阿尼玛情结[①]离开了美国

由于荣格及其助手进行的精神分析，也有可能仅仅因为时间流逝，泡利所说的神经症似乎痊愈了。1933 年，在共同朋友的介绍下他认识了弗兰切斯卡·伯特伦（Franca Bertram），一个跟他一样意志坚定的女人。他们俩从一开始就相处十分愉快，1934 年，他俩修成正果。这次的婚姻稳定而幸福。

随着二战临近，泡利认识到他的犹太血统会给自己带来危险。

---

① 阿尼玛情结（anima）是荣格心理学中的一个术语，指男性精神中的女性原型意象，或者可以理解为男性的无意识中或多或少都有一点女性的性格、形象与特质。与之相对的，女性也会有阿尼姆斯情结（animus）。泡利显然是在和好友荣格的长期通信中获知这一情况的。——编者

德国吞并奥地利后，他申请成为瑞士公民，但在他获得这个身份之前，德国至少在原则上都仍然可以宣布他是德国臣民。1940 年夏末，泡利夫妇逃到美国，在普林斯顿住了下来。1945 年泡利拿到诺贝尔物理学奖后，刚刚授予他教授职位的普林斯顿高等研究院还给他办了一场派对来庆祝。当时爱因斯坦未经安排就来了一场即兴演说，深深打动了泡利："我永远不会忘记，1945 年我拿到诺奖后，他在普林斯顿为了我发表的那场关于我的演讲。就好像国王退位了，把我当做选中的儿子来继承王位。"

泡利强烈感觉到能跟爱因斯坦共事是何等荣幸，他也非常想留在美国，但他同样知道，自己需要一个政治中立的环境。在后来写给一位心理学家朋友的信中，泡利表露了当时的不安情绪，并说自己渴望回瑞士："跟一战期间在奥地利的时候一样，那一年（1945 年）我也突然有了一种置身'犯罪'之中的感觉——就是在那两颗原子弹投下的时候……我的阿尼玛情结让我变得暴躁易怒，时不时就会大发脾气，直到我离开美国。"

1949 年，泡利回到苏黎世，再次领导起一个高效多产的理论物理学家团队，而且也跟先前一样，其中有很多人是从遥远的海外前来访问的。但他的影响力也同样再没有以前那么大。

1958 年 12 月，泡利因癌症在苏黎世去世，而他的癌症直到去世前不久才诊断出来。他在物理学领域的最后一篇文章题为《中微子早期到最近的历史》，从这个领域的早期工作一直写到最近由克莱德·考恩（Clyde Cowan）和弗雷德里克·莱因斯（Frederick Reines）宣布的，他们用核反应堆成功地直接观测到了中微子的实验结果。他对这起里程碑事件非常高兴，还把这篇文章寄给莉泽·迈特纳，告诉她这是向她八十寿辰献礼的一份小小心意。

二战后，泡利逐渐得到了一个新的绰号，也不像"上帝之鞭"那么凶神恶煞。以前刻薄的个性仍然还在，但泡利坚决拒绝为政治做贡献，尤其是跟军事有关的项目，他对学术事务的兴趣十分坚定，而且他坚决只支持质量最高的工作而不管这工作是谁做的，这一切为他赢得了“物理学的良心”这个新绰号，几十年前，他的老朋友保罗·埃伦费斯特也得到过同样的绰号。

德尔布吕克成了生物学家

在给迈特纳实验室当“家庭理论物理学家”期间，德尔布吕克也经常回哥本哈根看望玻尔，以及布莱丹斯维街上流水一样变换的物理学家团体。1932 年 4 月，哥本哈根会议结束后他回到了柏林，但 8 月又去了哥本哈根。睡眼惺忪地走出从柏林到哥本哈根的通宵列车车厢时，德尔布吕克惊讶地发现玻尔最信任的合作者莱昂·罗森菲尔德正在等他，给他带来了玻尔的口信。玻尔要他直接去丹麦国会上议院的会议大厅，玻尔要在那里的国际光照治疗师大会上做开幕演讲。这场演讲题为《光与生命》，很大程度上算是一场仪式，到场嘉宾包括丹麦储君、首相等贵人。玻尔知道德尔布吕克对生物学很感兴趣，所以想叫他也去听听。结果，就是这场演讲改变了德尔布吕克的人生。

1932 年，仍有一些生物学家坚持认为，普通的物理和化学定律未能描述的一些特殊作用力才是生命存在的原因。但大部分生物学家，尤其是生物化学家和生理学家都反对这个观点。这一年玻尔开始关注这道裂痕，想找到办法来调和这两种截然不同的看待生命的观点，就像以前他也曾解决过光究竟是粒子还是波的问题一样。他问道：互补原理是否能应用到生命上面？也许有生命和无生命之间的区别没那么容易搞明白。测量行为会是评估有无生命的决定性步骤吗？

问题在于我们是否能同时观察到生命及形成生命的机制。有生命的物质和无生命的物质由同样的原子组成，也都遵守同样的物理和化学定律，但玻尔认为可能有一些看不见摸不着的特质把有生命的物质和无生命的物质区别开来，而这种特质无法精确量化。他并非暗指“神圣的火花”，而是类似于无法准确说出光究竟是光子还是波的那样一种情形。玻尔的猜想很能激发人们的好奇心，这也是玻尔的本意，但最后事实证明他猜错了。DNA 和 RNA 是生命的答案，不是互补性。

但是，物理学和生物学之间的潜在联系已经浮现出来。如果德尔布吕克没有想过，他也许能在生命存在的根本原因中找到一些类似于互补原理的东西，他还会成为生物学家吗？分子生物学如果没有德尔布吕克运用从玻尔那里得到的训练而强加其上的结构，这门学科还能有现在这样的发展吗？很多了解这个领域的人都认为，这两个问题的答案都是否定的。1953 年，詹姆斯·沃森（James Watson）写信告诉德尔布吕克，他和弗朗西斯·克里克（Francis Crick）发现了 DNA 的双螺旋结构，德尔布吕克对其简洁感到震惊，但也因其简单而感到失望。听说生命不需要任何新的基本原理就能得到解释，他说，在他看来就像是 20 世纪 20 年代的时候，不需要量子力学就完全解释了氢原子的全部性质一样。

那时候德尔布吕克已经在分子生物学这个新领域成为了像玻尔一样的人物。在纽约长岛的冷泉港实验室，在加州理工学院，他都为青年生物学家创造了跟哥本哈根类似的氛围。他也在德国做了同样的事情，那是 60 年代初，他回德国待了两年，帮科隆大学创立了一个现代分子遗传学研究团队。1962 年 6 月 22 日，在这个团队成立的仪式上，尼尔斯·玻尔发表了主旨演讲，题为《再谈光与生命》，这也是玻尔最后一场正式演讲，他准备发表的版本到他去世时都还没完成。

德尔布吕克也许曾对不需要通过类比互补原理来解释生命为何存在而感到失望，但他和萨尔瓦多·卢里亚（Salvador Luria）、阿尔弗雷德·赫西（Alfred Hershey）一起证明了噬菌体（会攻击细菌的一种病毒）是遗传学研究最简单也最有效的工具，三人也一同获得了1969年的诺贝尔生理学或医学奖。这种病毒由蛋白质外壳包着核酸组成，可以攻击细菌，并按照德尔布吕克和卢里亚发现的一系列规则交换遗传物质。这些发现，在很多方面都可以说跟玻尔1913年发现的氢原子辐射要遵循的原则同等重要。

此外，跟玻尔对物理学的影响一样，德尔布吕克的个性对分子生物学这门新学科也有重要意义。沃森曾这样写道："马克斯·德尔布吕克为人非常正直，对浮夸深恶痛绝，学术思想上诚实、开放，他的这些人格特性让我们完全明白，如果要配得上科学生涯，我们应该如何行事。"

也许这些特性便是泡利和德尔布吕克之间长达一生的深情厚谊的基础。卢里亚在他的回忆录中写到了他和德尔布吕克第一次见面时的情景，那时他们俩都是刚从欧洲逃到美国的难民。那是1941年12月下旬，也就是珍珠港事件刚发生还没几周的纽约：

> 马克斯带我和另外两位科学家一起去吃晚饭，其中一位就是伟大的物理学家沃尔夫冈·泡利。我当然怯场了，但泡利只是用德语问了我一句："会说德语吗?"然后没等我回答，就继续边吃饭边飙德语，说得特别快，我一个字都没听懂。要是我知道泡利还说过"还这么年轻，就已经那么寂寂无名了"这么一句经典的话，我肯定会更加呆若木鸡的。

好在年轻的卢里亚很快就做出了大量贡献。

至于说泡利，他最后一封重要信件写于去世前两个月，是写给德尔布吕克的，长达12页。这封信一开始讨论了莉泽·迈特纳八十寿辰的庆祝活动，结尾是一则更个人化的说明："我无法忘记你向我告别时那亲切的举止，那会让我回想起过去。我的印象是，我们之间的一些东西恢复了，这一点很重要。"

德尔布吕克会跟青年生物学家在南加州的沙漠里徒步旅行和露

营，而不是像玻尔那样在丹麦的北海海岸上散步，但这种精神和玻尔的如出一辙。跟玻尔彬彬有礼的“我不是想批评啊，就是想了解一下”不一样，德尔布吕克一直以粗鲁著称，如果发表演讲的人没有切中肯綮，他会直接从研讨会上扬长而去。如果他一直听到演讲结束，大家都知道他会说：“这是我听过的最糟糕的研讨会了。”如果有同事告诉他一个结论，他一向都会马上说：“我一个字都不信”，要求这位同事拿出更多理由来说服他。所以我们可以看到，尽管这种精神来自玻尔，风格却来自泡利。有时候他会跟朋友们打趣说，他想成为“天主和梅菲斯特，合二为一”。

1981 年，德尔布吕克在加州去世。

余　音

本书开篇讲述了我的妈妈卡蒂娅和岳母凯特1918年秋天来到慕尼黑的故事，在结束本书之前，我想再跟你们讲讲她们后来都发生了什么。

1934年纳粹杀害了凯特的第一任丈夫，后来凯特再婚，第二任丈夫是物理学家、著名登山家赫尔曼·霍尔林（Hermann Hoerlin）。夫妇俩婚后搬到美国，先是住在纽约州的宾厄姆顿，在那里生下了贝蒂娜，也就是我现在的妻子。后来他们搬到洛斯阿拉莫斯，跟本书写到的很多人物都成了好朋友。凯特的晚年在马萨诸塞州波士顿附近度过，跟她在慕尼黑出生的两个女儿住得很近。1985年，她在那里去世，安葬在奥本山公墓。

卡蒂娅嫁给了安杰洛·塞格雷，跟他一起住在佛罗伦萨。就在二战爆发前他们和两个儿子一起搬到美国，但战争结束后很快就又搬回佛罗伦萨去了。多年以后我父亲去世，卡蒂娅决定还是回美国，跟自己的儿子和孙子住得近些，那时他们都已经在美国定居。她搬到波士顿，也就是在慕尼黑出生的我哥哥生活的地方。1987年她去世后，我们决定把她安葬在奥本山公墓，于是去那里打听有哪些墓地可用。他们向我们推荐了一块背山面湖的墓地，在一片小山坡上，可以俯瞰一个美丽的小湖。我跟凯特的女儿贝蒂娜一起去看那块墓地时，无比惊讶地发现我们准备让卡蒂娅安眠的地方跟凯特的安息之处非常近。她们的道路又一次交会了。

再见了卡蒂娅，再见了凯特，再见了，过去时光里所有那些缥缈无定的姿影。感谢你们。

致 谢

写作本书是爱的劳作，让我得以跟我年轻时的很多学界英雄共度一段时光。写作过程中，我从历史记载中，从亲身参与了那些事件的人撰写的回忆录中，以及更为真切地，从这些参与者在得出发现的过程中的书信往还里，得到了很多信息和灵感。尽管现代技术给我们带来了很多优势，但我很担心，什么都比不上这些信件提供的这种记录。

有两个人的贡献我想单独拿出来说一说，尽管我想这么做的原因在他们俩身上非常不一样。第一个是已故的亚伯拉罕·佩斯，他是杰出的理论物理学家，他的工作我一直很钦佩。他起先是在哥本哈根做博士后，后来又去了普林斯顿高等研究院当教授，在职业生涯中亲身接触过本书写到的大部分人物。他对自身职业的发展历史很感兴趣，而晚年他也意识到，自己是为数不多的亲眼见证了大部分历史而仍然在世的人之一。佩斯记下了他知道、了解到的内容，最后写成了多部著作，包括玻尔和爱因斯坦的传记，以及 20 世纪物理学一路追寻，对物质越来越小的成分加以研究的历史。他的著作对我来说是无价之宝。

我想单拿出来说的第二位作者是已故的乔治·伽莫夫，也是非常杰出的物理学家，我希望在本书的叙述中，这一点已经很清楚了。他除了自身的开创性研究以外，还花了相当多时间撰写面向大众的科普图书，向全球读者介绍现代物理学的奇迹。他也非常喜欢开玩笑、非常幽默，如果不是他，哥本哈根会议上一年一出滑稽短剧的传统基本上不可能出现并延续下来。我很感谢他，也很感谢他的妻子芭芭拉，因为他们翻译并出版了《布莱丹斯维的浮士德》，这出神剧在本书中起到的作用实在是太大了。同样要非常感谢伽莫夫的儿子鲁斯特姆·伊戈尔·伽莫夫（Rustem Igor Gamow）和儿媳埃尔弗里德（Elfriede），他们慨然允许我引用老伽莫夫的著作，并在本书中使用了很多乔治·伽莫夫绘制的插图。这些内容无疑使拙作大为增色。

我请了物理学界四位同僚通读了本书手稿并帮忙纠错。拉尔夫·阿马多（Ralph Amado）、迈克尔·科恩（Michael Cohen）、库尔特·戈特弗里德（Kurt Gottfried）和罗伯特·哈里斯（Robert Harris）都欣然同意。他们的建议与我和菲尔·纳尔逊（Phil Nelson）关于本书的多次对话一样，都非常宝贵。当然，本书仍然存在的错误都是我的责任，但如果没有他们，错误只会更多。

在我查阅美国哲学学会关于量子力学历史的迷人资料时，该学会的厄尔·斯帕默（Earle Spamer）为我提供了大量帮助。美国物理学会的希瑟·林赛（Heather Lindsay）和哥本哈根尼尔斯·玻尔档案馆的费莉希蒂·波尔斯（Felicity Pors）也给了我很多帮助。此外，我也要感谢我任教的宾夕法尼亚大学，感谢他们让我休了一段长假来写作本书，还要感谢利古里亚基金会慷慨提供的空间，让我和贝蒂娜在该基金会的博利亚斯科中心度过了一段美好时光。

我很感激我的版权代理人约翰·布罗克曼（John Brockman）和卡金卡·马特森（Katinka Matson）夫妇，他们写作科学内容很有创意，还鼓励我同样沿着这个方向发展自己的兴趣。维京出版社的温迪·沃尔夫（Wendy Wolf）是一名出色的编辑，克利福德·科科伦（Clifford Corcoran）的协助更是让她如虎添翼。她帮助我重新构思了本书手稿，不时指出哪里缺乏什么重点，给出的建议总是慧眼独具。有一次我把我认为基本上可以算是完整版的书稿给她看，她温和地说，还不错呀，但是你为什么不试试写一本真正的好书呢？

我希望我达到了她的期待，但无论如何，本书都是因为她的督促和批评才能有现在的样子。另外，我也需要感谢唐·霍穆尔卡（Don Homolka）的审稿工作。

在此我也想纪念一下三个人，他们的精神为我指引了方向。第一位是先父安杰洛·塞格雷，最早是他引领我走进学习的世界。第二位是维克托·韦斯科普夫，我刚开始学物理时就认识了他，很多年以后他跟贝蒂娜的继姐结了婚，我们也就成了连襟。他秉承的来自玻尔和哥本哈根的精神总是很鼓舞人心。最后一位是亚伯拉罕·佩斯，以他的名义颁发的物理学奖仍然是我们物理学界所有人成就的试金石。

跟我的前一部作品一样[①]，最后要感谢的是我的妻子贝蒂娜·霍尔林，感谢她的爱、她的耐心、她的好心情，尤其是她的帮助和批评。每回我跟温迪·沃尔夫聊天，聊到某个时候她就必定会问起："这个问题贝蒂娜怎么看?"就在我准备回答的时候，温迪会微笑着说："你最好听她的。"因此，致谢的最后一句话，这么再说一次最为恰当：本书献给贝蒂娜，以我全部的爱。

---

① 指《迷人的温度》，英文版出版于 2003 年，中文版已由上海译文出版社于 2017 年出版。——译者

注 释

为区分同一作者的不同著作，给出了参考文献的出版时间，例如 Dirac（1926）和 Dirac（1929）。其他情况的出版年份从略。

缩略语

AHQP　量子物理历史档案。存于宾夕法尼亚州美国哲学学会及马里兰州美国物理联合会。

CW　尼尔斯·玻尔文集，自 1972 年开始出版，11 卷。阿姆斯特丹，北荷兰出版社[①]。

NBA　尼尔斯·玻尔档案馆。丹麦，哥本哈根，尼尔斯·玻尔研究所。

PSC　沃尔夫冈·泡利，1975 年。《与玻尔、爱因斯坦、海森堡等人的科学通信》，6 卷。K. v. Meyenn 编，A. Hermann 及维克托·韦斯科普夫协助，纽约，斯普林格出版公司。

引言

玻尔与爱因斯坦之间的关系在已故的亚伯拉罕·佩斯的著作中有极为详尽的讨论。佩斯与两人均极为熟识，也为两人都写下了出色的长篇传记。

玻尔对我们……比不上他：Heisenberg (1986), vol. 4C, p. 144, 另见 Pais (1991), p. 14。

他的观点……决定性真理的人：Letter from Einstein to Bill Becker, March 20, 1954, 见 Calaprice, p. 73。

泡利的诚实……直接表达出来：Weisskopf, p. 84。

我碰到泡利……新异端的观点：Letter from Bohr to Bartel van der Waerden, July(?) 1959, 见 CW, vol. 5, p. 507。

一个人……像死了一样：Goethe (1905)。本书所有《浮士德》引文均来自这个由 Anna Swanwick 翻译的英文译本。

把美国变成一个大工厂：Blumberg and Owens, p. 89, 另见 Rhodes, p. 294。

第一章　慕尼黑今昔

泡利的性格……不堪重负啦：Werner Heisenberg in International Atomic Energy Agency Bulletin, Special Supplement, 1968, p. 45, 另见 Meyenn and Schucking, p. 43。

是的呢枢密顾问……会更喜欢：Weisskopf, p. 85。

任何一个……批判性评价：Einstein (1922), 另见 Meyenn and Schucking, p. 44。

我见过俄国……那样的事：Blumberg and Owens, p. 51。

第二章　时代在改变

1920 年代

博物馆是墓地……更美丽：Marinetti (作者自译)。

---

① 本书英文版写作时该文集已出版十一卷，其后又陆续出版了两卷。——译者

量子诞生

这是很绝望……都可以违背：Hermann, p.74。

大教堂里的……一只小飞虫：Cathcart, p.6。

为什么是哥本哈根?

对我来说……另一位父亲：CW, vol.1, pp.106 and 533,另见 Pais (1991), p.129。

我从索末菲……物理学：Heisenberg (1986), part C, vol.1, p.4;另见 Pais (1991), p.163。

开启会议

人们迄今为止……是明智之举：Heisenberg (1925), p.33,英文翻译见 Van der Waerden, p.262。

你马上……最重要的事情：Casimir, p.89。

我把这孩子……历练历练：Casimir, p.91。

昨天晚上……都深受感动：Segrè (1993), p.122。

第三章　歌德与《浮士德》

关于歌德的文献当然汗牛充栋。通俗易懂并带有进一步阅读指南的介绍性文章，我推荐丹尼尔·布尔斯廷（Daniel Boorstin）的《创造者》[①]，第 61 章，598—613 页。本书引用的《浮士德》均来自 19 世纪的一个译本（Goethe [1905] ），可能更真实地代表了哥本哈根那些物理学家读到的这部伟大剧作的样子。不过我在参考文献中也给出了一些更适合当代读者的译本。

《哥本哈根的浮士德》在本书中有时也称《布莱丹斯维的浮士德》，以玻尔研究所所在街道命名，本书从中所引段落均来自乔治和

① 《创造者》为丹尼尔·布尔斯廷“文明的历史”三部曲之一，中文版已由上海译文出版社出版，有多个版次。——译者

芭芭拉·伽莫夫伉俪翻译的英译本，见伽莫夫的《震撼物理学的三十年》纽约多佛出版社 1985 年重印本，165—214 页（Gamow [1966]）。只有出现在第五章“老年是一种怕冷的热病”一节的数行例外，这几行伽莫夫的译本似乎省略了，不过在德语原文中仍能见到，即 Meyenn, Stolzenburg, and Sexl, p. 308。这几行由本书作者自译。

在歌德的光辉中

对歌德来说……得出的：Heisenberg (1971), p. 123。

《哥本哈根的浮士德》

我会给……安排好一切事情：Gamow (1970), p. 111。

布莱丹斯维……部分内容：Gamow (1966), pp. 168 - 69。

玻尔教授……歌德的话语：R. Moore, p. 9。

第四章　前排：老护卫

尼尔斯·玻尔

关于尼尔斯·玻尔的信息主要来自玻尔本人的文集（CW），亚伯拉罕·佩斯所著出色传记（Pais [1991]），以及 Stefan Rozental 编辑的纪念文集。关于 1926 年与薛定谔的那次重要会面，另见文集第六卷 Jorgen Kalckar 写的文章。关于玻尔技术性没那么强的传记，我推荐 Ruth Moore 的作品。

收到泡利……倾听着一样：Leon Rosenfeld essay in Rozental, p. 114。

任何时候……解释的内容：Richard Courant essay in Rozental, p. 303。

他规定……痛苦地坐在那里：Weisskopf, p. 70。

玻尔和薛定谔……根深蒂固：Heisenberg (1971), p. 73ff。

要是所有这些……感到遗憾：Heisenberg (1971), p. 75。

我不是想批评啊，但是：例如 Dirac in C. Weiner，p.136。亦请注意，Gamow（1966）中伽莫夫绘制的玻尔研究所的插图，底部也有这句格言，见该书 165 页。

保罗·埃伦费斯特

关于保罗·埃伦费斯特的信息主要来自马丁·克莱因为埃伦费斯特写的信息量极为丰富的传记，但该著作只追述到 1920 年。本节几乎所有引文均来自该书。爱因斯坦写给埃伦费斯特的信件在普林斯顿大学出版社出版的《爱因斯坦文集》（1987 年始）中可能也能读到。

我现在很……从中治愈呢：埃伦费斯特日记，转引自 Klein，p.47。

我们俩一见如故……一样：Klein，p.177，及爱因斯坦《保罗·埃伦费斯特》一文 p.215，Einstein (1950)。

对于你这样……这么做就行：Letter from Einstein to Ehrenfest，May 12,1912,转引自 Klein，p.180。

他讲学……令人啧啧称奇：Letter from Sommerfeld to Lorentz，May 24,1912,转引自 Klein，p.184。

我以前从未……属于你们：Letter from Einstein to Ehrenfest，November 9,1919,转引自 Klein，p.314。

埃伦费斯特……亲密的朋友：Letter from Meitner to Klein，February 12,1958,转引自 Klein，p.49。

你走了，令我食不甘味：Letter from Ehrenfest to Bohr，June 4，1919,见 CW，vol.3，p.16。

我能做的……做出来的物理：Letter from Ehrenfest to Einstein，August 6,1920,转引自 Klein，p.319。

不要埋怨自己……的优势：Letter from Einstein to Ehrenfest，August 13,1920,转引自 Klein，p.319。

不要对我……给一脚踩死：Letter from Ehrenfest to Einstein，

September 2, 1920, 转引自 Klein, p. 319。

莉泽·迈特纳

关于莉泽·迈特纳的信息主要来自 Ruth Lewin Sime 所著极为详尽又引人入胜的传记。

他性情极为纯粹……考虑：Meitner, 引自 Sime, p. 406。

如果有人……自由自在的人：Pais (1982), p. Ⅶ。

亚马逊人……下一代身上：Sime, p. 26。

他们所有人……挺不容易的：Hahn, p. 91。

我完全没时间考虑这些：Sime, p. 35。

一个人仅仅……十分高兴；能见到你……我们的谈话：关于玻尔和爱因斯坦这段交流的叙述见 Pais(1991), p. 228。爱因斯坦致玻尔的信写于 1920 年 5 月 2 日，玻尔致爱因斯坦的信写于 1920 年 6 月 24 日，发表在 CW, vol. 3, pp. 22 及 634。前一封另见 Calaprice, p. 73。

第五章　前排：革命者

维尔纳·海森堡

大卫·卡西迪（David Cassidy）的海森堡传记在我看来是最权威的，该书也是我在书写这位复杂而非凡的人物时的主要信息来源。

亲爱的……跟你聊一聊：Letter from Bohr to his brother, Harald, June 19, 1912, 见 CW, vol. 1, p. 559。

只有埋首科研……太难熬了：Letter from Heisenberg to his mother, November 12, 1936, 转引自 Cassidy, p. 367。

除了对音乐……平易近人：海森堡之子 Jochen, 引自 Frayn。

肯定是 1920 年……指引方向：Heisenberg (1971), p. 1。

我在慕尼黑大学……的时候：Heisenberg (1971), p. 27。

我还记得……传递给了别人：Letter from Heisenberg to his

mother, December 15, 1930, 转引自 Cassidy, p. 289。

沃尔夫冈·泡利

现在我们非常幸运，能有 Charles Enz 写的泡利的传记。这位作者是泡利的最后一位助手，本人也是杰出的物理学教授。

从科学角度……深情厚谊：Jorgen Kalckar, CW, vol. 6, p. Ⅵ。

泡利先生……感受刚好相反：Enz, p. 89。

我发现……都是女孩子的话：Letter from Pauli to Gregor Wentzel, December 5, 1926, 见 PSC, vol. 1, p. 360。

独自坐在……我的歇斯底里：Meier, p. 151。

如果我妻子离家……通知单：Letter from Pauli to Oskar Klein, February 10, 1930, 见 PSC, vol. 2, p. 2。

她就是找了个……化学家：Pauli (1994), p. 18。

至此……完全已知的了：Dirac (1929), p. 714。

保罗·狄拉克

关于狄拉克的进一步信息，我推荐 Helge Kragh 的精彩传记 (1990)，及 Peter Goddard 编辑的书籍。

跟羚羊一样……一样谦卑：Sunday Dispatch, November 19, 1933; cf. 另见 Goddard, p. 20。

又搞物理学……反过来的：Pais essay in Goddard, p. 54。

在所有……最为纯洁：Rudolf Peierls 在 Taylor 中引用玻尔, p. 5。

我父亲……很早就开始了：Dirac (1980), 转引自 Schweber, p. 17; 另见 Kursonoglu and Wigner 中 Margit Dirac 的章节。

虽然他给我……很少见：C. Weiner, p. 116。

我记得……十分令人钦佩：Born (1968), p. 226。

经典力学与量子力学

就算是……之间的关系：Van der Waerden, p. 262。

经典理论只有……量子版本：Dirac (1926), p. 561。

我非常崇拜……玻尔在说话：C. Weiner, p. 134。

我们坐蒸汽轮船……让人开心呢：Heisenberg in Mehra, p.816。

海森堡爬到……人间惨剧：Dirac (1971),转引自 Schweber, p.21。

每一篇博士……新领域：Weisskopf, p.67。

第六章　前排：年轻人

“男孩物理学”的诅咒

就是现在……道个别吧：这个故事同样出现在 Brown and Rigden, p.131。

马克斯·德尔布吕克

Ernest Fischer 和 Carol Lipson 两人合著的德尔布吕克传记尽管主要关注的是他作为生物学家的职业生涯，也还是强调了他与互补原理的关系，以及与玻尔的私人关系。Gunther Stent 介绍德尔布吕克 *Mind From Matter?* 一书的文章也强调了这个关联。

我已经接受……友好关系：Letter from Delbrück to Bohr, June 1932,转引自 Fischer, p.60。

第七章　风暴将至

元素周期表

要能看出……思想的能力：Sacks, p.191。

至此……完全已知的了：Dirac (1929), p.714。

毕达哥拉斯……高山仰止啊：Pauli (1994), p.59。

理解自然……之间的对应：Pauli (1994), p.221。

能够看到……语言来思考：Fischer and Lipson, p.26。

新开普勒

他一工作起来……才有的事：Nielsen, p.22。

人们会觉得……这么认为的：对尼尔斯·玻尔的采访，

T. S. Kuhn, L. Rosenfeld, E. Rudinger, and A. Petersen, October 31, 1962, AHQP。

这是个……肯定是对的：Letter from Hevesy to Bohr, September 23, 1913, 见 CW, vol. 2, p. 532。

玻尔……让我感到绝望：Letter from Ehrenfest to Lorentz, August 25, 1913, 转引自 Klein, p. 278。

在哥本哈根……量子化了：Stanley Deser, in Lindstrom, p. 49; 另见 Pais (2000), p. 138。

如今我们……玻尔的大名：Sommerfeld (1923a), p. 1。

只要德国科学……的行列：Heilbron, p. 88n3。

1922 年的哥廷根

这一成功……走得更远：Letter from Ehrenfest to Sommerfeld, May 1916, 转引自 Klein, p. 286。

我怀着……你是怎么看的：Letter from Ehrenfest to Bohr, September 27, 1921, 见 CW, vol. 3, p. 627。

玻尔提出……挺有意思的：Kragh (1979), p. 156, 及 French and Kennedy, p. 60。

一根有点神秘……不起作用：Kragh (1979), p. 156, 及 French and Kennedy, p. 60。

我们全都……完全不一样了：Heisenberg (1971), p. 38。

对理论架构……才有分量：Heisenberg essay in Rozental, p. 95。

这次散步……才真正开始的：Heisenberg (1971), p. 38。

那是我第一次……非常担心：对维尔纳·海森堡的采访，T. S. Kuhn, November 30, 1962, AHQP。

过了几天他……出发了：Heisenberg (1971), p. 46。

与尼尔斯……新篇章：Pauli (1946)。

胜利与危机

对于我在……稀土元素：Letter from Bohr to James Franck,

July 15, 1922, 见 CW, vol. 4, p. 24。

能跟你同时获奖……荣幸：Letter from Bohr to Einstein, November 11, 1922, 见 CW, vol. 4, p. 28。

我可以……喜欢你的想法了：Letter from Einstein to Bohr, January 10, 1923, 见 CW, vol. 4, p. 28。

为能促进……的亮点之一：CW, vol. 4, p. 27。

事实已经证明……失败了：Sommerfeld (1923b)。

是我的老相识……值得尊重：Letter from Einstein to Ehrenfest, May 31, 1924, Einstein Archives, Hebrew University of Jerusalem。

没有……不可能成功的：Letter from Einstein to Ehrenfest, July 12, 1924, Einstein Archives, Hebrew University of Jerusalem。

去赌场……当物理学家：Letter from Einstein to Born, April 29, 1924, 转引自 Born (1971), p. 82。

即便从……太针锋相对了：Letter from Pauli to Bohr, October 2, 1924, 见 PSC, vol. 1, p. 163。

我们只能……别无他法：Letter from Bohr to R. Fowler, April 21, 1925, 见 CW, vol. 5, p. 81。

现在再也……很令人欣慰：Letter from Bohr to S. Rosseland, January 6, 1926, 见 CW, vol. 5, p. 484。

新的乐观情绪

亲爱的泡利……海森堡：Postcard from Heisenberg to Pauli, December 15, 1924, 见 PSC, vol. 1, p. 142。

我的良知……吵架的机会：Letter from Bohr to Pauli, December 11, 1924, 见 CW, vol. 5, p. 34。

亲爱的泡利……关键的转折点：Letter from Bohr to Pauli, December 22, 1924, 见 PSC, vol. 1, p. 193。

没事的……也没关系：对乔治・乌伦贝克的采访，T. Kuhn, March 31, 1962, AHQP。

提名沃尔夫冈……爱因斯坦：Telegram from Einstein to the Royal Swedish Academy of Sciences, January 13, 1945，转引自 Pais (1982), p. 517；副本另见 Einstein Archives, Hebrew University of Jerusalem。

授予沃尔夫冈……泡利原理：Nobel Lectures (1964)。

第八章　开始革命

黑尔戈兰岛

量子态的……这样的例子：Letter from Pauli to Bohr, December 12, 1924，见 CW, vol. 5, p. 426；另见 PSC, vol. 1, p. 186。

那些弱者……所以会相撞：Letter from Pauli to Bohr, December 31, 1924，见 PSC, vol. 1, p. 197。

年轻时……不是革命者：Mehra and Rechenberg, vol. 1, p. XXIV，及 Pais (1986), p. 314。

他不大注重……领域的发展：Letter from Pauli to Bohr, February 11, 1924，见 PSC, vol. 1, p. 143。

在黑尔戈兰岛……满心欢喜：Heisenberg in Van der Waerden, p. 25。

打心底里确信……正确的：Letter from Heisenberg to Pauli, June 29, 1925，见 PSC, vol. 1, p. 229。

众所周知……明智之举：Heisenberg (1925)，英文译文见 Van der Waerden, p. 261。

又一个不眠之夜

我开始思考……烂熟于心了：Born in Van der Waerden, p. 37，及 Richter, p. 60。

我去他那间……物理思想：Van der Waerden, p. 37。

我们必须确保……洪流淹没：Letter from Pauli to Ralph

Kronig, October 9,1925,见 PSC, vol. 1, p. 242。

海森堡的量子……机械运动：Pauli (1926),英文译文见 Van der Waerden, p. 387。

我不用写信……有多钦佩：Letter from Heisenberg to Pauli, November 3,1925,见 PSC, vol. 1, p. 252。

我无比高兴……给我写信：Letter from Bohr to Pauli, November 13,1925,见 PSC, vol. 1, p. 254。

是波还是粒子

我认为……微弱的曙光：Letter from Einstein to Lorentz, December 16, 1924, Einstein Archives, Hebrew University of Jerusalem。

你从那么年轻……新的荣耀：1929 Nobel Prize in Physics Presentation Speech, Nobel Lectures (1965)。

1923 年……电子上面：de Broglie, p. 4。

在他生命中……工作成果：Hermann Weyl 评论 Abraham Pais, Pais (1986), p. 252。

海森堡对薛定谔

就像一个……答案一样：Letter from Planck to Schrödinger, February 4,1926,见 Przibram, p. 3。

你文章里的想法真是天才：Letter from Einstein to Schrödinger, April 16,1926,见 Przibram, p. 24。

我确信你……路线跑偏了：Letter from Einstein to Schrödinger, April 26,1926,见 Przibram, p. 28。

过去两周……所有精彩结果：Letter from Ehrenfest to Schrödinger, May 29,1926,转引自 W. Moore, p. 491。

年轻人……都扔到一边了：Heisenberg (1971), p. 73, 及 letter from Heisenberg to Pauli, July 28,1926,见 PSC, vol. 1, p. 337。

启发我得出……敬而远之：Schrödinger footnote in W. Moore,

p. 209.

量子力学……不会掷骰子：Letter from Einstein to Born, December 4, 1926, 见 Born (1971), p. 90。

晚上八九点……甚至1点：对维尔纳·海森堡的采访，T. Kuhn, February 19, 1963, AHQP。

很快你就……捍卫的立场：Letter from Schrödinger to Wilhelm Wien, October 21, 1926, 转引自 W. Moore, p. 228。

其他大多数……的终点：对尼尔斯·玻尔的采访，T. Kuhn, February 19, 1963, AHQP。

有的人可能……口无遮挡：Letter from Pauli to Heisenberg, October 19, 1926, 见 PSC, vol. 1, p. 347。

这场冲突……会被压垮的：Undated memorandum of Kramers to Klein, NBA, 转引自 Pais (2000), p. 159。

不确定性原理和互补原理

我们俩都……绝望的问题：Heisenberg (1971), p. 77。

我完全了解……无情的批评：Letter from Heisenberg to Pauli, February 23, 1927, 见 PSC, vol. 1, p. 376。

玻尔努力跟我……的压力了：对维尔纳·海森堡的采访，T. Kuhn, February 19, 1963, AHQP。

玻尔和我……劝说就放弃：Pais (1991), p. 239。

因果律……是个本质问题：Heisenberg (1927)。

原子的性质……联系起来：Feynman, section 37-1。

第九章　国王已黄花

关键的索尔维会议

如果我……也不需要更多：Berg, p. 115。

学术辩论……就是解决之道：Snow (1981), p. 111。

我还想说……人情味和友好：对尼尔斯·玻尔的采访，A. Bohr and L. Rosenfeld, July 12,1961, NBA,转引自 Pais (1991), p.229。

那些量子问题……一样多：Einstein 评论 Otto Stern,转引自 Pais (1982), p.9。

玻尔完全……反对爱因斯坦：Letter from Ehrenfest to Goudsmit, Uhlenbeck, and Dieke, November 3,1927,见 CW, vol.6, p.38。

索尔维会议……考卷的话：Holton and Elkana, p.84。

看到我们……真让我高兴：Letter from Heisenberg to Bohr, October 2,1928, NBA,转引自 Pais (1991), p.309。

非常感谢……和谐的时候：Letter from Bohr to Heisenberg, undated (December 1928),见 CW, vol.6, p.24。

国王爱因斯坦

如果下面……恐怕微乎其微：Letter from Pauli to Bohr, June 16,1928,见 PSC, vol.1, p.462;英文译文另见 CW, vol.6, p.52。

海森堡和玻尔……躺那儿吧：Letter from Einstein to Schrödinger, May 31,1928,见 Przibram, p.31。

我们很多人……我们的旗手：M.J.Klein引自法文,p.150。

关于量子理论……很遗憾：Letter from Pauli to Einstein, December 19,1929,见 PSC, vol.1, p.526。

我想补充一点……表示哀悼：Letter from Pauli to Einstein, December 19,1929,见 PSC, vol.1, p.526。

我觉得……像你这样写信：Letter from Einstein to Pauli, December 24, 1929,见 PSC, vol. 1, p. 528;另见 Einstein Archives, Hebrew University of Jerusalem。

把这个问题……怎么想的：Letter from Einstein to Pauli, December 24, 1929,见 PSC, vol. 1, p. 528;另见 Einstein Archives, Hebrew University of Jerusalem。

亲爱的泡利……你这个无赖：Letter from Einstein to Pauli,

January 22, 1932, 见 PSC, vol. 2, p. 109; 另见 Einstein Archives, Hebrew University of Jerusalem。

第十章 大综合

狄拉克方程

我更感兴趣的是……方程：Holton and Elkana, p. 84。

薛定谔和我……以此为基础：C. Weiner, p. 136。

我真的很害怕……去探险：C. Weiner, p. 143。

薛定谔和狄拉克……非常高兴：Letter from Heisenberg to Bohr, November 27, 1933, 转引自 Cassidy, p. 325。

德尔布吕克加盟“男孩物理学”

我很小的时候……的感觉：转引自 Fischer and Lipson, p. 38, 及 Beranek, p. 528。

对我这样……放慢了很多：Born (1968), p. 37。

至此……是完全已知的了：Dirac (1929), p. 714。

还可以接受，但相当沉闷：Fischer and Lipson, p. 50。

物理学开始分裂

最后一位……全面的天才：Segrè (1980), p. 222。

爱因斯坦……给他面授机密：Pais (1982), p. 253。

有那么几天……不能自已：Letter from Einstein to Ehrenfest, January 17, 1915, 转引自 Pais (1982), p. 253。

有人第一次……他的焦虑：对保罗·狄拉克的采访，T. Kuhn, May 7, 1963, AHQP。

我跟理论物理……作用了：Letter from Ehrenfest to Bohr, May 13, 1931, NBA, 转引自 Pais (1991), p. 418。

德尔布吕克的选择

整个结果……结构都打破：Rutherford (1919), p. 581。

他们颠来倒去……真正的事实：Blackett，p.61。

第十一章　能量守恒

神秘的原子核

您别给我寄……可以喝：Letter from Lise Meitner to Hedwig Meitner，May 4,1923,转引自 Sime，p.98。

势垒太高了

我永远不会……也是这样：Barry Streuwer 引自 Harper，p.33。

在合上那本……逾越的势垒：Gamow (1970)，p.60。

在座的任何人……扔出去：Gamow (1970)，p.60。

秘书跟我说……待一年吗：Gamow (1970)，p.59。

我还以为你……就这么做了：Gamow (1970)，p.83。

朗道的脑子……最敏捷的：Casimir，p.106。

我们形成了……逗趣之处：Casimir，p.105。

跟尼尔斯……相信他错了：Frisch，p.101。

天地间

偶尔能有……写对了的句子：Casimir，p.117。

本书文字……比文字更吓人：Casimir，p.117。

在讨论实验时毫无帮助：Letter from Pauli to Klein，February 18,1929,见 PSC，vol.1，p.488。

你还打算怎么……能量法则：Letter from Pauli to Bohr，March 5,1929,见 PSC，vol.1，p.493。

就让星星好好发光吧：Letter from Pauli to Bohr，July 17,1929,见 PSC，vol.1，p.512。

迈特纳女士……无稽之谈：Letter from Pauli to Klein，March 16,1929,见 PSC，vol.1，p.494。

让这个音符休止……吧：Letter from Pauli to Bohr，July 17,

1929,见 PSC, vol.1, p.512。

我对这个问题……能量守恒：Letter from Dirac to Bohr, November 26,1929, NBA。

我听说你在……所可企及：Letter from Rutherford to Bohr, November 19,1929, NBA。

革命主张

你所望见……再也听不到了：William Shakespeare, The Merchant of Venice, act 5, scene 1.（此处中文译文采自上海译文出版社《威尼斯商人》方平译本。——译注）

我们真的……不知道的原因：Letter from Pauli to Bohr, July 17,1929,见 PSC, vol.1, p.513。

在现实生活……别人的反抗：Meier, p.135。

尊敬的放射性……泡利：Letter from Pauli to Meitner, December 4,1930,见 Pauli (1994), p.198。

我人生中……愚蠢的蠢孩子：Letter from Pauli to Delbrück, October 6,1958, Pauli Archive, CERN Scientific Information Service, Geneva, Switzerland, Enz, p.533 引用。

小资、庸俗……不用说了：Letter from Pauli to Gregor Wentzel, September 7,1931,见 PSC, vol.3, p.752。

三个天才三本书

我已经不再……太难了：Letter from Heisenberg to Bohr, July 27,1931, Bohr Scientific Correspondence, vol.20, sec.2, AHQP,转引自 Cassidy, p.290。

没有我之前……著作更好：Casimir, p.51。

然而，近来……心理图像：Dirac (1958), p.Ⅶ。

这些新理论……才能掌握：Dirac (1958), p.Ⅶ。

并没有给出任何……方程：对保罗·狄拉克的采访，T. Kuhn, May 7,1963, AHQP。

第十二章　新一代成长起来

学徒制

一个非常不好……绝对真理：Letter from Pauli to Ehrenfest, February 15, 1929, 见 PSC, vol. 1, p. 486。

然而，有一件事……上帝之鞭：Letter from Pauli to Ehrenfest, February 15, 1929, 见 PSC, vol. 1, p. 486。

我的事先……经常会去那儿：R. Kronig, "The Turning Point," 见 Fierz and Weisskopf, pp. 5 - 39。

会打破砂锅问到底……论点：Peierls, p. 48。

你往往会……拐弯抹角：Peierls, p. 121。

他在面对……就很危险了：Peierls, p. 33。

他的方法总是……非常简单：Peierls, p. 88。

1932 年的哥本哈根

你也跟他们……当回事：Bloch, p. 32。

然而注意力……实际工作：Casimir, p. 125。

西部片里……才是大傻帽：Casimir, p. 97。

《布莱丹斯维的浮士德》

我的朋友……陌生的领域：Letter from Heisenberg to his mother, October 8, 1934, 转引自 Cassidy, p. 326。

德尔布吕克的困境

谢谢你的消息……事竟成：转引自 Enz, p. 489。

第十三章　奇迹之年

发现中子

我一边告诉……类似的时候：Chadwick, 1964, in the

Proceedings of the Tenth Annual Congress on the History of Science, 引自 Rhodes, p.162。

如果我们假设……中子：Chadwick (1932a), p.312。

现在我只想……两个星期：Snow (1981), p.35。

中子的奖……拿到诺奖的：Segrè (1980), p.184。

哥本哈根与中子

伟大真理……也是伟大真理：French and Kennedy, p.223。

目前除了……可能性很小：Chadwick (1932b), p.392。

他在面对……的数学方法：Peierls, p.33。

等于零……比起来非常小：E. Fermi, vol.1, p.568。

这些猜测……过于脱节：Segrè (1970), p.75。

奇迹之年

在对这种……否定其正确性：Blackett and Occhialini, p.699。

发现反物质……整个看法：Mehra (1973), p.271。

家庭理论物理学家：Letter from Delbrück to Bohr, June 1932, 转引自 Fischer, p.60。

最后可以指出……说明问题：Bohr (1936), p.25。

核物理学……核物理时代：Hans Bethe,口述史采访录音,见 the American Institute of Physics, p.3,引自 Rhodes, p.165。

现在原子核……会带来什么：Eve, p.356。

锤子和针

对那些想在……虚无缥缈：Rutherford (1933), p.432。

恭喜你……理论物理学领域：Letter from Rutherford to Fermi, April 23,1934,见 E. Fermi, vol.1, p.841。

公民自由……人人平等：见 Clark, p.264,及 Calaprice, p.106。

第十四章　埃伦费斯特的结局

卡齐呀……马车拉起来吧：Casimir，p.147。

你刚才说的……再活下去了：Letter from Dirac to Bohr，September 28，1933，NBA，转引自 Pais（1991），p.410。

智慧和才华……关键问题上：Pauli（1933），p.884，及 Pauli（1994），p.79。

尾声　前排另外六人的余生

迈特纳发现核裂变

镭的这些……只告诉了你：Letter from Hahn to Meitner，December 12，1938，Meitner Papers，Churchill College，Cambridge University，引自 Sime，p.233。

天哪，我们……这个样子：Frisch，p.116。

玻尔过上了幸福的生活

8 月中旬……好多蜡烛去的：Letter from Pauli to Bohr，July 17，1929，见 PSC，vol.1，p.512。

你要能来……多住一段时间：Letter from Bohr to Pauli，July 31，1929，见 CW，vol.6，p.194。

狄拉克结婚了

从很早的时候……不值一提了：Dirac（1949），p.392。

海森堡激发了朋友的绘画天赋

这是为了证明……泡利：Pauli，引自 Enz，p.530。

泡利因阿尼玛情结离开了美国

我永远不会……继承王位：Letter from Pauli to Born，April 25，1955，见 PSC，vol.3，p.412。

跟一战期间……我离开美国：Letter from Pauli to M. L. Franz, May 17,1951,见 PSC, vol.3, p.306。

德尔布吕克成了生物学家

马克斯……应该如何行事：James D. Watson,引自 Fischer and Lipson 著作封面。

马克斯带我……呆若木鸡的：Luria, p.33。

我无法忘记你……很重要：Letter from Pauli to Delbrück, October 6,1958, Pauli Archive, CERN Scientific Information Service, Geneva, Switzerland,引自 y Enz, p.533。

这是我听过……一个字都不信：引自 J. Weiner, p.47。

天主和梅菲斯特，合二为一：Perutz, p.180。

图字：09-2022-147号

图书在版编目（CIP）数据

哥本哈根的浮士德/（美）吉诺·塞格雷著；舍其译. —上海：上海译文出版社，2024.7
（译文纪实）
书名原文：Faust in Copenhagen
ISBN 978-7-5327-9513-0

Ⅰ.①哥… Ⅱ.①吉…②舍… Ⅲ.①物理学 Ⅳ.①O4

中国国家版本馆CIP数据核字（2024）第102930号

哥本哈根的浮士德
[美]吉诺·塞格雷 著 舍 其 译
责任编辑/张吉人 张 磊 装帧设计/邵 旻 观止堂_未氓

上海译文出版社有限公司出版、发行
网址：www.yiwen.com.cn
201101 上海市闵行区号景路159弄B座
上海市崇明县裕安印刷厂印刷

开本 890×1240 1/32 印张 9.75 插页 2 字数 192,000
2024年7月第1版 2024年7月第1次印刷
印数：0,001—8,000册

ISBN 978-7-5327-9513-0/K·328
定价：68.00元